DE L'ORIGINE

ET DES LIMITES

DE LA

CORRESPONDANCE

ENTRE

L'ALGÈBRE ET LA GÉOMÉTRIE

DE L'IMPRIMERIE DE CRAPELET

RUE DE VAUGIRARD, 9

DE L'ORIGINE

ET DES LIMITES

DE LA

CORRESPONDANCE

ENTRE

L'ALGÈBRE ET LA GÉOMÉTRIE

PAR A.-A. COURNOT

INSPECTEUR GÉNÉRAL DE L'UNIVERSITÉ

> Les nombres imitent l'espace, qui sont
> de nature si différente
>
> PASCAL

L. HACHETTE ET Cie

LIBRAIRES DE L'UNIVERSITÉ ROYALE DE FRANCE

A PARIS	A ALGER
RUE PIERRE-SARRAZIN, No 12	RUE DE LA MARINE, No 117
(Quartier de l'École de Médecine)	(Librairie centrale de la Méditerranée)

1847

AVERTISSEMENT.

J'ai tâché de donner à cet ouvrage un titre qui en indiquât avec justesse le but et la portée. Je n'ai point entendu composer un traité d'application de l'algèbre à la géométrie, matière sur laquelle nous avons, pour le besoin des classes, de bons livres élémentaires, dont le nombre s'accroît tous les ans. On se méprendrait encore plus sur l'objet du mien, si l'on se figurait que j'ai tout simplement voulu produire, après tant d'autres, une théorie des quantités négatives. A peine ai-je consacré quelques pages à exposer à ma manière (comme ne peut guère se dispenser de le faire tout auteur d'un livre d'algèbre) l'origine de la distinction entre les valeurs positives et négatives ; et l'explication des faits que j'ai eus principalement en vue, ne dépend pas de la manière de concevoir l'introduction des valeurs négatives en algèbre. Après avoir montré par une foule d'exemples que, lorsqu'on soumet au calcul algébrique des questions de géométrie, il arrive tantôt que l'algèbre et la géométrie s'accordent, tantôt qu'elles ne s'accordent pas, j'ai voulu soumettre ces particularités d'accord ou de désaccord à une coordination logique, à une explication régulière. On verra, si l'on daigne me lire, jusqu'à quel point j'y suis parvenu ; mais je crois pouvoir affirmer que la question, loin d'être rebattue, n'est posée nettement nulle part : ce qui m'a obligé de remonter jusqu'aux premières notions, et d'entrer dans des développements dont je demande que l'on veuille bien, d'après cette considération, me pardonner la longueur. Par suite, quoique ce livre ne soit destiné qu'à ceux qui savent déjà les mathématiques, qui même en ont étudié les parties les plus élevées, on y trouvera sur les doctrines les plus élémentaires des détails qui sembleraient ne pouvoir s'adresser qu'à des commençants : mais j'ai dû recourir à cet artifice de rédaction dans des cas où le tour didactique est moins traînant que la discussion critique, et laisse mieux apercevoir l'enchaînement des idées.

J'ai employé partout de préférence les exemples les plus simples et les plus connus, afin de faciliter les comparaisons avec d'autres ouvrages qui traitent de questions analogues ou connexes.

N. B. Les chiffres entre parenthèses indiquent les numéros du texte auxquels on renvoie.

TABLE DES CHAPITRES.

DE L'ORIGINE

ET DES LIMITES

DE

LA CORRESPONDANCE

ENTRE

L'ALGÈBRE ET LA GÉOMÉTRIE.

CHAPITRE PREMIER.

DE L'ARITHMÉTIQUE PURE OU DE LA THÉORIE DES NOMBRES, ET DE SES LIAISONS AVEC LA THÉORIE DES COMBINAISONS ET DE L'ORDRE.

1. Nous acquérons l'idée de *nombre* dès que nous commençons à nous rendre compte de nos perceptions, à démêler des objets distincts et semblables, à observer le retour des mêmes phénomènes ou de phénomènes analogues. Quand même l'homme, privé de ses sens ou de certains sens, n'aurait pas la connaissance des objets extérieurs, si, d'ailleurs, ses facultés intellectuelles n'étaient pas condamnées à l'inaction,

on conçoit que l'idée de nombre pourrait lui être suggérée par la conscience de ce qui se passe en lui, par l'attention donnée à la reproduction des mêmes affections et des mêmes actes.

En nous formant l'idée abstraite de nombre, nous sentons bien que cette idée n'est pas une fiction arbitraire, une création artificielle de l'esprit, faite pour la commodité de nos recherches, comme le serait l'idée de corps parfaitement rigides ou fluides, ou l'idée d'un genre, d'une classe, dans tel système artificiel de classification. Lorsque nous étudions les propriétés des nombres, nous croyons, et avec fondement, étudier certains rapports généraux entre les choses, certaines lois ou conditions générales des phénomènes : ce qui n'implique pas nécessairement que toutes les propriétés des nombres jouent un rôle dans l'explication des phénomènes, ni à plus forte raison que toutes les circonstances des phénomènes ont leur raison suprême dans les propriétés des nombres, comme certains esprits spéculatifs ont eu du penchant à le croire dès la plus haute antiquité, et lorsque la vraie théorie des nombres était dans l'enfance.

L'esprit ne peut travailler sur les idées de nombres, pas plus que sur toutes les idées abstraites, qu'à l'aide d'images sensibles ou de signes conventionnels. Mais en obéissant à cette loi de notre nature, nous comprenons que l'idée, le rapport ou la vérité intelligible est en soi tout à fait indépendante de l'image ou du signe sensible que nous lui donnons pour support : de telle sorte qu'il n'y aurait nulle contradiction à supposer que des intelligences autrement faites atteignissent directement l'idée ou la vérité intelligible, sans le secours de l'image ou du signe.

2. Des images sensibles, telles que des traits ou des points, ne pourraient servir à fixer l'idée que des nombres les plus simples : bientôt l'image deviendrait confuse, indiscernable ; et il y a nécessité de recourir à des signes conventionnels, régulièrement construits d'après une loi systématique, qui permette d'exprimer tous les nombres possibles, de manière que la loi de construction du signe soit adéquate à la loi de génération de l'idée. Tel est l'objet de la *numération* dont l'enfant apprend l'ébauche avec les éléments de la langue, et dont l'explication raisonnée doit passer avant toute autre chose dans l'ordre de l'enseignement scientifique. Mais, au fond, cette explication repose déjà sur la connaissance des propriétés fondamentales des nombres, et il conviendra mieux à notre but de considérer ces propriétés directement et indépendamment de la loi des signes dont nous avons fait choix pour représenter les nombres.

3. Un nombre est une collection ou un groupe d'*unités* décomposable en d'autres groupes, ou susceptible d'être formé de diverses manières par la réunion d'autres groupes. De là les idées de l'addition et de

la soustraction des nombres, idées si simples qu'il suffit de les indiquer : de là ces jugements dont quelques-uns servent de citations proverbiales, et qui consistent à reconnaître l'identité des mêmes nombres obtenus de diverses manières par l'addition ou la soustraction de nombres différents.

La décomposition du groupe total en groupes partiels peut avoir lieu sans ordre ni régularité apparente ; mais elle deviendra régulière, et même la règle de décomposition sera aussi simple que possible, si chacun des groupes partiels ou composants contient le même nombre d'unités. Soit un groupe a composé de m groupes, de n unités chacun : il est clair qu'on peut prendre une unité dans chacun des m groupes pour en former un nouveau groupe de m unités, et répéter n fois cette opération, de manière à transformer le système primitif dans le système de n groupes de m unités chacun. On peut donc indifféremment considérer le nombre a comme formé par le nombre n répété m fois, ou comme formé par le nombre m répété n fois. Les nombres m et n sont appelés pour cette raison les *facteurs* du nombre a, et l'on dit que a est le *produit* des nombres m et n. Ceux-ci peuvent à leur tour admettre des facteurs qui seront aussi facteurs du produit a. On dit encore que a est un *multiple* des nombres m ou n, et que ceux-ci sont des *sous-multiples*, des *diviseurs* ou des *parties aliquotes* du nombre a.

De là cette distinction capitale dans la théorie des nombres, entre les nombres décomposables en facteurs, et ceux qui n'admettent pas de facteurs proprement dits, ou de facteurs autres que l'unité, et qu'on nomme nombres *premiers*.

Cette distinction est absolue : mais, si l'on considère deux nombres, on dira qu'ils sont ou qu'ils ne sont pas *premiers entre eux*, selon qu'ils n'admettent pas de diviseurs communs ou qu'ils en admettent.

Les nombres se rangent en deux catégories et jouissent de propriétés différentes, suivant qu'ils sont pairs ou impairs, c'est-à-dire suivant qu'ils ont ou qu'ils n'ont pas pour diviseur 2, le plus simple des nombres après l'unité. En suivant l'analogie, on distinguera de même des nombres de trois classes ou de trois *formes*, suivant qu'ils sont divisibles par 3, ou bien suivant qu'ils donnent pour reste 1 ou 2, après qu'on en a retranché le plus grand multiple de 3 qu'ils contiennent. En général, quand on prend pour base de classification un certain nombre fondamental m, qui porte aussi le nom de *module*, les autres nombres se distribuent en autant de classes ou de formes qu'il y a d'unités dans m : une classe comprenant les nombres divisibles par m, une autre comprenant les nombres qui donnent l'unité pour reste ou pour *résidu*, après qu'on en a retranché le plus grand multiple de m qui s'y trouve contenu; une troisième comprenant les nombres qui donnent 2 pour résidu après ce retranchement, et ainsi de suite. Il est évident que les multiples d'un même module, ou plus généralement que les nombres qui donnent le même résidu par rapport à ce module, reviennent périodiquement ou à intervalles égaux dans la série ascendante des nombres,

$$1, 2, 3, 4, 5, 6, 7, \text{etc.};$$

tandis qu'il a été impossible jusqu'ici d'apercevoir, et qu'il n'existe probablement pas une loi régulière qui exprime l'ordre suivant lequel apparaissent dans cette série les nombres premiers consécutifs

$$1, 2, 3, 5, 7, 11, 13, 17, 19, \text{etc.};$$

ce qui fait l'une des grandes difficultés de la théorie des nombres.

4. Pour mettre de l'ordre dans tout assemblage d'objets individuels, pour les classer d'après leurs rapports naturels, d'après certaines vues de notre esprit, l'on est toujours conduit à former d'abord certains groupes d'individus ou d'unités, puis à former avec ces premiers groupes des groupes supérieurs ou de second ordre, avec les groupes de second ordre des groupes de troisième ordre, et ainsi de suite. Supposons, ce qui est le cas le plus simple, que tous les groupes de premier ordre comprennent le même nombre n d'unités; que tous les groupes de second ordre comprennent le même nombre p de groupes de premier ordre; que tous les groupes de troisième ordre comprennent le même nombre q de groupes de second ordre, et ainsi de suite. Le nombre total des unités du système sera le produit des nombres n, p, q, etc. Maintenant, pour que la loi du système atteigne la plus grande simplicité, il faut considérer le cas spécial où les nombres n, p, q, etc., seraient tous égaux entre eux; de sorte qu'un seul nombre n donnerait l'échelle ou la clef du système. Alors le nombre d'unités comprises dans un groupe de second ordre serait le produit de n par n, ce qu'on nomme la *seconde puissance* ou le *carré* du nombre n; le nombre d'unités comprises dans un groupe de troisième ordre serait la *troisième puissance* ou le *cube* du nombre n; en général, le nombre de groupes de l'ordre $l^{\text{ième}}$, compris dans un groupe supérieur de $m^{\text{ième}}$ ordre, serait une *puissance* de n, d'un degré marqué par la différence entre les nombres m et l; et le nombre indiquant ce degré est ce qu'on nomme l'*exposant* de la puissance.

A la notion de *puissance* correspond celle de *racine*. La racine carrée de n est le nombre dont le carré ou la seconde puissance est n; la racine $m^{\text{ième}}$ de n est le nombre qui a pour $m^{\text{ième}}$ puissance le nombre n. On dit en pareil cas que le nombre m est l'*indice* de la racine.

Dans la série ascendante des nombres, on peut considérer à part les nombres carrés, cubiques, etc.;

et ces nombres jouiront de propriétés caractéristiques, absolues ou relatives à d'autres séries de nombres déjà considérées. Par exemple, la série ascendante des nombres impairs

$$1, 3, 5, 7, 9, 11, \text{etc.},$$

engendre la série ascendante des nombres carrés

$$1, 4, 9, 16, 25, 36, \text{etc.},$$

en ce sens que chaque nombre ou *terme* de la seconde série est la somme du terme de même rang et de ceux qui le précèdent dans la première série : loi simple et qui trouve son application, sa réalisation physique (1) dans le phénomène de la chute des graves. La raison de cette loi ou sa démonstration sont aisées à trouver : mais, si l'on voulait démontrer cette autre propriété curieuse, et jusqu'ici sans application dans l'ordre des phénomènes, à savoir qu'on peut toujours former un nombre quelconque, non carré, en prenant la somme de deux nombres carrés, ou de trois, ou de quatre au plus, il faudrait recourir à des raisonnements beaucoup plus compliqués, et qui ont exercé de grands géomètres. De nos jours, la théorie des propriétés des nombres est devenue une science aussi vaste que difficile, cultivée par quelques esprits spéculatifs avec cet attrait qui naît de la difficulté même.

Un tel corps de doctrine ne dépend en rien du système de numération parlée ou écrite. A la rigueur, on conçoit qu'il aurait pu se former en l'absence de tout système de numération régulière et sans la connaissance de nos procédés d'arithmétique vulgaire : bien qu'en fait, et conformément d'ailleurs à la direction naturelle de l'esprit humain, une numération systématique, une arithmétique appropriée aux besoins du commerce et de la vie civile aient précédé de beaucoup ces spéculations abstraites sur les nombres, qui bientôt s'éloignent, ou du moins, dans l'état de nos connaissances, semblent s'éloigner de toute application immédiate aux autres sciences spéculatives, et à plus forte raison aux choses qui nous intéressent dans la pratique.

Dans ce genre de recherches, et pour raisonner sur des propriétés qui appartiennent à tous les nombres en général, ou à tous les nombres d'une certaine forme ou catégorie, il serait bon d'avoir des signes conventionnels, dépourvus d'une valeur numérique déterminée, et par exemple d'affecter à cette désignation conventionnelle les lettres de l'alphabet, comme nous l'avons fait dans les rapides indications qui précèdent. Il serait bon aussi d'avoir des signes très-simples, tels que certains hiéroglyphes, pour indiquer brièvement que l'on prend la somme, ou la différence, ou le produit de deux nombres; que deux nombres sont égaux; qu'un nombre est le carré ou le cube d'un autre, etc. Mais ces notations abrégées, hiéroglyphiques n'auraient rien d'essentiel à la science des nombres dont elles seraient seulement destinées à faciliter l'étude : bien qu'elles pussent contenir le germe d'une autre doctrine, comme nous l'expliquerons en son lieu. Provisoirement, nous emploierons dans l'occasion les signes de cette espèce

$$+, \, -, \, =, \text{ etc.,}$$

que l'usage a consacrés, et que nous pouvons supposer connus de tous nos lecteurs.

5. Notre numération décimale, dans l'exposition de laquelle il serait, à plus forte raison, inutile d'entrer ici, implique évidemment les notions élémentaires que l'on vient de rappeler : celles de puissances, de facteurs, de restes ou de résidus. Les groupes ou unités d'ordres supérieurs sont les puissances successives du nombre 10, base de la numération; le nombre à exprimer est décomposé en multiples de ces puissances successives, auxquelles s'ajoute un reste moindre que 10; et par ce mode de décomposition, on met en évidence les restes qu'on obtiendrait si l'on retranchait du nombre proposé, non-seulement le plus grand multiple de 10, mais le plus grand multiple de toute autre puissance de 10 contenue dans ce nombre.

Sur l'algorithme de la numération décimale sont fondées les quatres règles si connues, qui ont pour objet l'*addition*, la *soustraction*, la *multiplication* et la *divi-*

sion des nombres exprimés dans le système décimal. Mais il est clair que la numération, opération préalable à celle même de l'addition, n'est pas autre chose qu'une division dans laquelle figurent comme dividende le nombre à exprimer, et comme diviseurs, le nombre 10 et ses diverses puissances.

On a coutume de dire, dans les éléments, que la multiplication et la division ne sont qu'une addition et une soustraction abrégées, et alors on ne voit plus bien pourquoi la multiplication et la division ne s'abrégent pas à leur tour; pourquoi quatre opérations fondamentales plutôt que deux, ou six, ou huit? Mais c'est qu'au fond ces quatre opérations, la première comme la dernière, impliquent les mêmes idées fondamentales, idées puisées dans la nature des nombres, indépendamment de tout système de notation, et qui ne changeraient pas, dont le nombre ne serait ni réduit ni augmenté, quand on changerait de système de notation, ou quand, sans en changer, on simplifierait ou perfectionnerait les procédés de calcul appropriés à la construction de ce système artificiel.

Il y a une règle spéciale pour trouver la racine d'un nombre donné, et il n'y en a pas d'autre que la multiplication ordinaire pour élever un nombre donné à ses diverses puissances. La symétrie observée pour les quatre règles précédentes se trouve en défaut : ce qui n'empêche pas que la théorie des nombres, dégagée de tout ce qui tient à des artifices de calcul, ne nous offre entre les termes de puissance et de racine une correspondance analogue à celle qui subsiste entre les termes de multiple et de diviseur.

On dit encore que toutes les opérations de l'arithmétique se ramènent à quatre ou à cinq opérations fondamentales, en comptant comme cinquième opération celle de l'extraction des racines : mais cela repose toujours sur une confusion d'idées. Prenons pour exemple la règle dont l'objet est de trouver le plus grand diviseur commun à deux nombres : cette règle est un théorème sur les nombres, qui ne dépend en aucune façon du système de numération, et qui subsisterait, de quelque manière que l'on s'y prît pour effectuer les divisions successives indiquées par cette règle, lors même qu'on ne saurait les faire que par tâtonnements, et qu'on n'aurait pas inventé la règle de division, appropriée à la numération décimale. Or, il en est de ce théorème comme de tout autre qui porte sur les propriétés absolues des nombres : il ne peut offrir qu'une combinaison des idées primitives immédiatement liées à la notion de nombre.

Dans l'arithmétique ordinaire, telle qu'on l'enseigne et qu'on doit l'enseigner aux commençants, se trouvent continuellement mélangées des règles et des théories qui n'ont ni la même valeur, ni la même origine : les unes portant sur les propriétés essentielles et absolues des nombres; les autres se référant à la loi des signes artificiels auxquels nous avons recours pour représenter les nombres. Cette confusion qui ne gêne pas l'exposition didactique, doit être signalée dans l'exposition philosophique dont le but, comme l'a parfaitement exprimé Bertrand de Genève *, « est de bien distinguer, dans les idées que nous nous faisons des choses, ce qui appartient aux choses mêmes, de ce qui n'appartient qu'à la manière dont nous pouvons et voulons les envisager. »

6. A côté de l'idée de nombre se placent dans l'entendement les idées non moins générales, non moins abstraites, non moins nécessaires de combinaison et d'ordre; et la théorie des nombres a d'étroites connexions avec celle des combinaisons et de l'ordre. On trouve dans toutes les langues une série des nombres *ordinaux*, parallèle à la série des nombres purs ou *cardinaux*. L'emploi des nombres pour indiquer l'ordre est tout aussi primitif, tout aussi fondé dans la nature des choses et dans les lois de la pensée, que l'emploi des nombres pour mesurer les grandeurs continues, sur lequel porteront les remarques du chapitre suivant.

Dès les premiers pas que l'on fait dans la théorie des combinaisons, on en voit la liaison avec les notions fondamentales de la science des nombres. Supposons, pour prendre l'exemple le plus simple, qu'un chimiste

---

* *Développement nouveau de la partie élémentaire des mathématiques*, chap. 1, n° 5.

veuille essayer toutes les combinaisons des acides en nombre m avec les bases en nombre n : il sera assuré de n'en omettre aucune, si, après avoir distingué par des numéros d'ordre ses acides et ses bases, il combine successivement la base n° 1 avec chacun des acides; puis la base n° 2 avec chacun de ces mêmes acides, et ainsi de suite. Mais par là même on voit que le nombre des combinaisons à faire, ou du moins à essayer, est égal au produit mn. Le résultat ne devrait pas changer, si l'on avait opéré dans un autre ordre, en combinant d'abord l'acide n° 1 avec chacune des bases, puis l'acide n° 2 avec chacune de ces mêmes bases, et ainsi de suite. Donc, d'après la considération des combinaisons, le produit nm est identique au produit mn, conformément au théorème fondamental démontré au n° 2, par un tour de raisonnement évidemment tiré de la considération de l'ordre. On démontrerait de même indifféremment, par la considération des combinaisons ou par celle de l'ordre, que le produit $mnp\ldots$ ne change pas, dans quelque ordre qu'on opère les multiplications successives.

Soient des objets quelconques en nombre m, à combiner entre eux, et pour fixer les idées, désignons-les par les lettres

$$a, b, c, \ldots k, l.$$

Pour épuiser les combinaisons deux à deux ou les combinaisons *binaires* dont ces objets ou éléments sont susceptibles, on pourra combiner l'élément a avec chacun des $m-1$ éléments $b, c,\dots k, l$, puis l'élément b avec chacun des $m-1$ éléments $a, c,\dots k, l$, et ainsi de suite : ce qui donnera en tout un nombre de combinaisons exprimé par le produit $m\,(m-1)$. Mais de cette manière il est évident qu'une même combinaison (celle de a et de b, par exemple) aura été obtenue deux fois, savoir quand on a combiné b avec a, puis quand on a combiné a avec b : donc le nombre des combinaisons binaires distinctes est la moitié du produit $m\,(m-1)$.

Les combinaisons trois à trois ou *ternaires* seront épuisées, si l'on associe successivement chaque combinaison binaire (ab) avec chacun des $m-2$ éléments $c,\dots k, l$. Par là, on obtiendra trois fois la même combinaison (abc), savoir en combinant (ab) avec c, (ac) avec b, et (bc) avec a : donc le nombre des combinaisons ternaires distinctes est le quotient qu'on obtient quand on divise le produit $m\,(m-1)\,(m-2)$ par le produit des nombres 2 et 3.

Sans avoir besoin de pousser plus loin ce raisonnement, on voit que le nombre des combinaisons distinctes entre m éléments, pris n à n, est le nombre qu'on obtient au quotient, quand on divise le produit

$$m\,(m-1)\,(m-2)\dots(m-n+1) \qquad [\mathrm{M}]$$

par le produit

$$2.3\dots n,$$

que l'on préfère écrire sous cette forme

$$1.2.3\ldots n, \qquad\qquad [N]$$

afin que les facteurs soient en nombre n au dividende comme au diviseur : les facteurs du dividende composant la suite descendante des nombres, de m à $m-n+1$ inclusivement, tandis que les facteurs du diviseur composent la suite ascendante des nombres, de 1 à n inclusivement.

Si la loi arithmétique des nombres [M] et [N] nous était donnée, indépendamment de toute application à la théorie des combinaisons, il serait aisé de prouver par la pure arithmétique que le second des deux nombres divise nécessairement le premier ; mais ce théorème d'arithmétique peut aussi être censé démontré par les raisonnements qui précèdent, et en vertu de la loi de formation des combinaisons, exposée ci-dessus : ce qui nous fait comprendre comment, dans des cas plus compliqués, la théorie des combinaisons peut venir au secours de l'arithmétique, et fournir la démonstration la plus naturelle et la plus simple de certaines propriétés des nombres. C'est ainsi que, dans les sciences qui ont pour objet les conceptions abstraites de la raison, comme dans celles qui embrassent le monde sensible, les diverses théories s'enchaînent par des liens, tantôt apparents, tantôt cachés, et s'appliquent fréquemment les unes aux autres, avec profit pour le perfectionnement et l'extension de nos connaissances.

7. Si l'on associait à l'idée pure de combinaison celle de certains rapports d'ordre ou de situation, tellement que la combinaison ba ne dût plus se confondre avec ab, les m éléments fourniraient $m(m-1)$ combinaisons binaires, $m(m-1)(m-2)$ combinaisons ternaires, et en général un nombre de combinaisons n à n exprimé par le produit [M]. Il suit de là que le produit [N] exprime le nombre de toutes les permutations possibles entre n éléments. C'est ce qu'il est facile de prouver par un raisonnement direct, qui nous confirmera d'ailleurs dans l'idée que la théorie des permutations et de l'ordre en général n'est au fond que la théorie des combinaisons, traitée d'un autre point de vue.

Supposons, dans un ordre quelconque, m places déterminées (désignées, si l'on veut, par les n°s 1, 2, 3,...m), et donnons-nous deux éléments à placer, a et b. On épuisera tous les arrangements possibles, en fixant d'abord l'élément a à la place 1, et en portant successivement l'élément b à chacune des places 2, 3,...m; puis en fixant a à la place 2, pour faire ensuite occuper successivement par b chacune des places 1, 3,...m, et ainsi de suite. Par conséquent, le nombre des arrangements, dont le système des deux éléments est susceptible, a pour expression $m(m-1)$. Si le système comprend un troisième élément c, on prendra un à un chacun des arrangements précédemment formés; tels que celui qui met a à la place 1 et b

à la place 2 , pour faire ensuite occuper successivement à l'élément c chacune des $m-2$ places 3, 4,...m. Le nombre des arrangements que comporte le système de trois choses est donc $m(m-1)(m-2)$; et, en général, le produit $[M]$ exprime le nombre des arrangements avec n éléments, le nombre des places étant toujours m. Or, le produit $[M]$ devient le produit $[N]$, quand on prend m égal à n, ou quand le nombre des places devient égal à celui des éléments qu'il s'agit de placer ou d'ordonner.

Concevons maintenant le système de m places décomposé en deux systèmes ou groupes partiels A , B ; l'un qui comprend n places, l'autre qui en comprend $m-n$. Le nombre des arrangements distincts que peuvent présenter m éléments est

$$1.2.3....m;$$

mais si l'on n'a en vue que le partage des éléments entre les deux groupes partiels A, B, il ne faut plus regarder comme distincts les arrangements qui ne diffèrent que par des transpositions d'ordre dans le groupe A, ou par des transpositions d'ordre dans le groupe B; d'où il suit qu'il faut d'abord diviser le produit précédent par le produit

$$1.2.3....(m-n),$$

ce qui donne pour quotient un nombre $[M]$, et diviser derechef le nombre $[M]$ par le produit $[N]$: en sorte qu'on retombe ainsi, en se laissant guider par la seule idée de l'ordre, sur le résultat auquel avait conduit la seule idée de combinaison.

La même question d'ordre peut se présenter d'une autre manière. Si l'on a n lettres A et $m—n$ lettres B, le quotient de la division de [M] par [N] exprimera en combien de manières distinctes on peut les placer les unes à la suite des autres : car, lorsque l'on considère toutes ces lettres comme individuellement distinctes, le nombre des permutations est $1.2.3....m$; et dans le cas contraire, il faut regarder comme identiques les arrangements qui ne diffèrent que par des transpositions d'ordre dans le groupe des lettres A et dans celui des lettres B.

8. Les liaisons entre la théorie des nombres et celle de l'ordre deviennent surtout remarquables lorsque l'on considère en particulier l'ordre *périodique*. Soit, pour fixer les idées, la suite périodique

$$abcde \quad abcde \quad abcde \quad abc... \qquad [1]$$

que nous supposerons indéfiniment prolongée, et dont la période comprend cinq lettres destinées à figurer des objets ou éléments quelconques : si l'on prend de deux en deux les lettres de cette série, en omettant les lettres intermédiaires, on formera une autre suite périodique

$$acebd \quad acebd \quad acebd \quad ace... \qquad [2]$$

dont la période comprend les mêmes éléments, en même nombre, mais disposés dans un autre ordre; et de même, en prenant de trois en trois, puis de quatre en quatre les éléments de la série primitive, on formera ces deux nouvelles séries

$$adbec \ adbec \ adbec \ adb... \qquad [3]$$

$$aedcb \ aedcb \ aedcb \ aed... \qquad [4]$$

qui ne se distinguent non plus des précédentes que par l'ordre des éléments. Il est évident qu'on peut indifféremment partir de l'une quelconque de ces quatre séries pour reproduire les trois autres d'après le même procédé.

On peut observer encore que rien n'empêche de concevoir les quatre séries comme indéfiniment prolongées à gauche aussi bien qu'à droite, en arrière comme en avant; et que même ce prolongement indéfini de la série dans les deux sens est plus conforme à ce que la nature nous offre habituellement dans la succession des phénomènes soumis à la loi de périodicité. Or, cela conçu, on remarquera que la série [4] n'est pas autre chose que la série [1], lue à rebours ou en sens inverse; et de même, que la série [3] se confond avec la série [2] retournée ou renversée.

En général, considérons une suite périodique

$$abc...kl \ abc...kl \ abc...$$

dont la période comprenne m lettres ou éléments, et supposons qu'on prenne ces éléments de n en n, à partir de a : nous disons que, si n est premier avec m, on passera par tous les éléments avant de retomber sur l'élément a, et qu'on formera ainsi une autre série dont la période comprendra les mêmes éléments en nombre m, mais disposés dans un autre ordre. En effet, admettons pour un moment qu'après avoir placé m' termes dans la nouvelle série (m' étant moindre que m), et avoir par conséquent laissé derrière soi $m'n$ termes dans la série primitive, on retombe sur le terme a : le nombre $m'n$ devrait être multiple de m, ce qu'on ne saurait admettre, puisque d'une part m' est moindre que m, et que d'autre part n est premier avec m. Réciproquement, si l'on passe par tous les termes de la période avant de retomber sur celui d'où l'on est parti, il faut que n soit premier avec m.

Il revient au même de multiplier d'abord par n le nombre m et de multiplier ensuite par n' le produit obtenu, ou de multiplier tout d'un coup le nombre m par le produit nn'. De même on peut indifféremment former d'abord avec une série périodique de m éléments une seconde série en prenant les éléments de n en n, puis avec celle-ci une troisième série en prenant les éléments de n' en n', ou bien tirer immédiatement cette troisième série de la série primitive en prenant les éléments de nn' en nn'. Beaucoup de théorèmes d'arithmétique peuvent être élégamment démontrés à la faveur de rapprochements de ce genre, entre les propriétés des nombres et les propriétés de l'ordre périodique *.

---

* Voyez dans le tome X du Journal de M. Liouville les *Réflexions sur les principes fondamentaux de la théorie des nombres,* par M. Poinsot, chap. III.

CHAPITRE II.

DE L'APPLICATION DES NOMBRES A LA MESURE DES GRAN-
DEURS CONTINUES. — CONSÉQUENCES DU CHOIX ARBITRAIRE
DE L'UNITÉ. — ORIGINE DES VALEURS FRACTIONNAIRES
ET INCOMMENSURABLES.

9. Tous les phénomènes sensibles nous suggèrent
l'idée de *grandeur continue*, c'est-à-dire l'idée d'un tout
homogène, susceptible d'être divisé, au moins par la
pensée, en tel nombre qu'on voudra de parties parfaitement similaires ou identiques : ce nombre pouvant croître de plus en plus sans que rien en limite
l'accroissement indéfini.

Nous disons que les phénomènes sensibles nous
suggèrent l'idée de la continuité et non qu'ils nous la
donnent, puisque l'expérience sensible ne peut opérer qu'une division limitée. C'est par une vue de la
raison que l'idée de la continuité, et par suite l'idée
de la grandeur continue, sont saisies dans leur rigueur
absolue. Ainsi nous concevons nécessairement que la
distance d'un corps mobile à un corps en repos, ou
celle de deux corps mobiles, ne peuvent varier qu'en
passant par tous les états intermédiaires de grandeur,
en nombre illimité ou infini; et il en est de même du
temps qui s'écoule pendant le passage des corps d'un

lieu à un autre. En général, lorsqu'une grandeur physique varie avec le temps, ou en raison seulement de la variation des distances entre des corps ou des particules matérielles, ou par l'effet de l'écoulement du temps combiné avec la variation des distances, il répugne qu'elle passe d'un état à un autre sans passer dans l'intervalle par tous les états intermédiaires.

A la notion de grandeur se rattache immédiatement celle de *mesure* : une grandeur est censée connue et déterminée lorsqu'on a assigné le nombre de fois qu'elle contient une certaine grandeur de même espèce, prise pour terme de comparaison ou pour *unité*. Toutes les grandeurs de même espèce, dont celle-ci est une partie aliquote, se trouvent alors représentées par des nombres ; et comme on peut diviser et subdiviser suivant une loi quelconque l'unité en autant de parties aliquotes que l'on veut, susceptibles d'être prises à leur tour pour unités dérivées ou secondaires, il est clair qu'après qu'on a choisi arbitrairement l'unité principale, et fixé arbitrairement la loi de ses divisions et subdivisions successives, une grandeur continue quelconque comporte une expression numérique aussi approchée qu'on le veut, puisqu'elle tombe nécessairement entre deux grandeurs susceptibles d'une expression numérique exacte, et dont la différence peut être rendue aussi petite qu'on le veut.

Dans la pratique, il y a nécessairement une limite

aux subdivisions successives et à l'exactitude que comporte l'expression numérique des grandeurs continues, à cause de l'imperfection de nos sens et de nos instruments ; et par la même raison le choix de l'unité n'est arbitraire qu'avec de certaines restrictions ; il serait déraisonnable de prendre pour unité une grandeur inappréciable, ou dont on ne peut répondre dans l'opération de la mesure ; mais ces considérations sont étrangères au sujet qui nous occupe ici.

Dans cette application des nombres à la mesure des grandeurs continues, le terme d'*unité* prend évidemment une acception autre que celle qu'il avait en arithmétique pure : c'est un inconvénient sans doute, mais un inconvénient moindre que celui de recourir à un autre terme que l'usage n'aurait pas sanctionné.

10. Lorsque, par suite d'un choix convenable d'unité, plusieurs grandeurs de même espèce se trouvent exprimées exactement par des nombres, on peut en prendre la somme ou la différence, répéter une de ces grandeurs autant de fois qu'il y a d'unités dans une autre grandeur de même espèce ou même d'espèce différente, en un mot effectuer sur les grandeurs ainsi exprimées, qui prennent alors le nom de *quantités*, les trois premières opérations de l'arithmétique comme on le ferait sur des nombres purs ; mais la quatrième opération, ou la division, donne lieu à de nouvelles remarques.

Diviser le nombre m par le nombre n, c'est chercher combien de fois m contient n, dans le cas où m se trouve être un multiple de n; sinon, et plus généralement, c'est chercher en même temps combien de fois n est contenu dans le plus grand multiple de n qu'on puisse extraire de m, et le reste ou résidu qu'on obtient après cette extraction. L'opération n'a pas d'autre sens tant qu'il ne s'agit que de nombres purs. Maintenant, si le nombre m mesure une grandeur continue qu'il faille diviser en un nombre de parts égales exprimé par n, il est clair que le quotient q, donné par l'opération arithmétique connue sous le nom de division, mesurera chacune de ces parts s'il n'y a pas de reste ; et que dans le cas contraire il faudra encore partager en n parties égales le reste r, moindre que n, pour joindre une de ces parties à la grandeur déjà mesurée par le nombre q, et compléter ainsi la part cherchée. Or, ce nouveau partage sera effectué si l'on divise chacune des unités du reste r en n parties égales et qu'on en prenne r ; et même, puisque r est moindre que n, il suffira de partager une des unités de r en n parties égales, et d'en prendre r. La *fraction* d'unité ainsi obtenue est désignée par la notation $\frac{r}{n}$: le *dénominateur* n exprimant en combien de parties égales l'unité est divisée ou censée divisée, et le *numérateur* r combien l'on prend de ces parties.

Il résulte de cette définition que l'expression ou la

valeur fractionnaire $\frac{m}{n}$ est également propre à mesurer la grandeur obtenue par la division de la grandeur m en n parties égales, soit que le nombre m surpasse n ou se trouve moindre que n. La barre horizontale placée entre les nombres m et n indique donc en général la division de m par n : division impossible arithmétiquement tant que m n'est pas un multiple de n, mais qui est toujours possible dans le sens qui s'attache au partage des grandeurs continues, et qui deviendra possible, même arithmétiquement, par un changement de l'unité arbitraire, à la condition de prendre pour unité nouvelle la $n^{\text{ième}}$ partie de l'unité primitive, ou un sous-multiple quelconque de cette $n^{\text{ième}}$ partie, ou même (quand m et n ne sont pas premiers entre eux) des multiples de cette $n^{\text{ième}}$ partie, convenablement choisis.

11. Mesurer une grandeur, c'est la rapporter à une autre grandeur de même espèce prise pour unité ; sa mesure, c'est son rapport avec cette grandeur : réciproquement, le rapport d'une grandeur A à une autre grandeur B de même espèce, c'est le nombre ou l'expression numérique qui donnerait la mesure de A, si B était prise pour unité. Par cette définition, on ôte au mot de *rapport* (*ratio*, λόγος), l'indétermination qu'il a dans le langage ordinaire et même dans la langue philosophique : on lui donne une acception technique, simple et rigoureusement déterminée.

D'après cela, si les grandeurs A et B, rapportées à une troisième grandeur C prise pour unité, sont respectivement mesurées par les nombres m et n, et si m est un multiple de n, le quotient q de la division de m par n sera le rapport de A à B. Quand m ne se trouve pas être un multiple de n, la valeur fractionnaire $\frac{m}{n}$ est encore l'expression du rapport de A à B, puisque la $n^{\text{ième}}$ partie de B est contenue m fois dans A : en sorte que, pour former A avec B, il faudrait prendre la $n^{\text{ième}}$ partie de B et la répéter m fois. A ce nouveau point de vue, la division, qu'elle soit ou non possible arithmétiquement, est une opération qui a pour but d'assigner le rapport de deux grandeurs.

Le rapport de deux grandeurs A et B ne saurait changer avec la troisième grandeur C, dont on fait choix arbitrairement pour l'unité de mesure. Si les grandeurs A et B, rapportées à cette troisième grandeur C, se trouvent exprimées par des valeurs ou des nombres fractionnaires, on remplacera les nombres fractionnaires par des nombres *entiers*, en changeant convenablement l'unité de mesure, et l'on retombera sur le cas envisagé d'abord.

Deux grandeurs A et B sont dites *commensurables*, lorsqu'elles ont une commune mesure, ou lorsqu'on peut assigner une grandeur de même espèce qui soit une partie aliquote de l'une et de l'autre : dans le cas contraire, les grandeurs sont dites *incommensurables*.

Une grandeur commensurable avec celle qui sert d'unité de mesure est ce qu'on nomme une grandeur *rationnelle*, soit qu'elle ait pour expression numérique un nombre entier ou une valeur fractionnaire : celle qui ne comporte point d'expression numérique de l'une ou de l'autre espèce, parce qu'elle est incommensurable avec l'unité, est qualifiée d'*irrationnelle*.

A priori, il serait raisonnable d'admettre que deux grandeurs quelconques de même espèce ne sont pas nécessairement commensurables, et même qu'il est infiniment peu probable que deux grandeurs de même espèce, prises au hasard (c'est-à-dire déterminées chacune par des causes dont quelques-unes ne dépendent en rien de celles qui influent sur la détermination de l'autre), soient rigoureusement commensurables. Ainsi, il est, *a priori*, infiniment peu probable que le *mètre* ou la dix-millionième partie du quart du méridien terrestre, et la longueur du pendule simple qui bat les secondes de temps solaire moyen à la latitude de Paris, et à la hauteur de cette ville au-dessus du niveau de la mer, soient des grandeurs rigoureusement commensurables. Il est clair que l'expérience ne peut donner la confirmation de cette vue de l'esprit, puisque toute mesure expérimentale n'est jamais qu'approchée ; mais la théorie fournit la preuve directe de l'incommensurabilité d'une foule de grandeurs, comme cela va être expliqué tout à l'heure.

12. Des grandeurs exprimées ou mesurées par des valeurs fractionnaires sont manifestement susceptibles d'être ajoutées les unes aux autres ou retranchées les unes des autres ; elles peuvent être prises un certain nombre de fois, c'est-à-dire être multipliées par des nombres entiers : mais on ne voit pas tout d'abord ce que pourrait signifier la multiplication d'une grandeur par une fraction, ni quel sens donner à l'opération qui consiste à diviser une grandeur en un certain nombre de parts égales, quand ce nombre se trouve remplacé par une fraction. Il y a là une induction, une extension analogique très-remarquable, et sur laquelle il faut insister plus qu'on ne le fait d'ordinaire, parce que, si elle est une fois bien comprise, elle sert de fil conducteur pour d'autres inductions, d'autres extensions qui semblent d'abord plus abstraites, et que l'esprit a toujours de la peine à saisir quand il n'y est pas amené graduellement.

Des grandeurs de même espèce ou d'espèces différentes peuvent être liées entre elles, de manière que, si l'une vient à changer, l'autre change nécessairement, soit qu'elles augmentent et diminuent ensemble, soit que l'une augmente quand l'autre diminue, ou réciproquement. Or, ce qu'on peut imaginer de plus simple quand des grandeurs sont ainsi liées entre elles, c'est qu'elles augmentent ou diminuent *proportionnellement,* en sorte que, si l'une devient deux fois, trois fois, quatre fois plus grande, l'autre devienne aussi double, triple, quadruple, et ainsi de suite. Telle est, dans l'ordre des phénomènes naturels, la liaison entre l'espace décrit par un corps qui n'éprouve plus, une fois mis en mouvement, l'action d'aucune force ni d'aucune résistance, et le temps pendant lequel il se meut. Telle est encore, pour passer aux faits les plus vulgaires dans la vie pratique, la liaison entre la quantité d'une denrée qui se vend à tant le mètre, le litre, le kilogramme, et le prix de la quantité vendue.

De même qu'on obtiendra l'espace décrit pendant $2, 3, 4$ unités de temps, en multipliant par $2, 3, 4$, le nombre qui mesure l'espace décrit pendant l'unité de temps, on obtiendra l'espace décrit pendant la moitié, le tiers, le quart d'une unité de temps en divisant ce nombre par $2, 3, 4$. On obtiendrait l'espace décrit pendant $\frac{2}{3}$ d'unité de temps en divisant ce nombre par 3, puis en doublant le résultat, et ainsi de suite. La liaison dont il s'agit conduira donc selon les cas, tantôt à une multiplication arithmétique, tantôt à une division arithmétique, tantôt, et plus généralement, à une combinaison de ces deux opérations de calcul. Cela dépendra des valeurs particulières des grandeurs qu'on aura à comparer; et même, ces grandeurs ne variant pas, il suffirait de changer l'unité de temps qui est arbitraire, pour substituer à une opération arithmétique l'opération inverse.

Cependant la nature d'une telle liaison est indépendante, non-seulement des valeurs particulières attribuées aux grandeurs que l'on compare, mais encore des unités dont on a fait choix pour chaque espèce de grandeurs. Si donc nous voulons conserver dans le signe ou dans l'expression de l'idée le degré d'abstraction ou de généralité qui se trouve dans l'idée même, il faudra désigner par le même terme le lien mathématique entre le nombre h qui mesure l'espace décrit dans l'unité de temps, le nombre t qui mesure le temps écoulé durant le mouvement, et le nombre l qui mesure l'espace décrit pendant ce temps : les trois nombres h, t, l pouvant être indifféremment entiers ou fractionnaires. On dira en conséquence dans tous les cas que l est le produit de h et de t, ou qu'on obtient l en multipliant h par t; et alors on considérera la division de h par $2, 3, 4$, etc., comme la multiplication de h par les fractions $\frac{1}{2}, \frac{1}{3}, \frac{1}{4}$, etc.

13. Est-ce là une pure convention, une arbitraire définition de mots, ou bien une définition d'idée, la juste expression d'un rapport que nous percevons entre les choses, mais que nous n'y avons pas mis? Nous sommes heureux de trouver dès le début un exemple si simple, qui caractérise avec autant de netteté tout un ordre d'idées sur lesquelles dans la suite doivent porter nos réflexions. Il est clair que cette question ne se tranchera point par une démonstration mathématique; il est clair que la science du calcul res-

tera la même, de quelque façon qu'on y réponde. On peut la regarder comme futile, indifférente, ou même n'y pas trouver de sens, et n'en être pas moins un savant arithméticien : ce sera seulement la preuve qu'on n'a pas cette tournure d'esprit qui fait saisir le sens des questions philosophiques, qui fait attacher de l'importance à la discussion critique de l'origine et de la valeur représentative des idées fondamentales dans les sciences (5).

Pour notre part, nous n'hésiterons point à regarder cette notion de la multiplication par les fractions, introduite dans l'arithmétique la plus élémentaire, comme une notion nécessaire, tenant à la nature même des choses, et non comme une définition conventionnelle qui n'aurait d'autre raison que le besoin de donner au discours plus de brièveté.

Admettons pour un moment qu'il y ait une science dans laquelle on traite des liens qui existent entre les grandeurs, indépendamment des valeurs particulières dont elles sont susceptibles, et des unités arbitraires qui en déterminent l'expression numérique, et que cette science s'appelle *algèbre* : il faudra dire alors, pour la parfaite justesse de l'expression, que, dans l'exemple précédent, l est égal au *produit algébrique* de h et de t, ou que l est donné au moyen de la *multiplication algébrique* de h par t, multiplication algébrique qui pourra conduire selon les cas, et d'après le choix de l'unité arbitraire, tantôt à une multiplication arithmétique, tantôt à une division arithmétique, tantôt à une combinaison de ces deux opérations.

Au lieu de se proposer de déterminer la grandeur l au moyen des grandeurs h et t, on pourrait se proposer de déterminer la grandeur t au moyen des grandeurs l et h, ou bien encore de déterminer la grandeur h au moyen des grandeurs l et t : ce qui nous conduirait à faire sur la division des remarques analogues à celles qui viennent d'être faites à propos de la multiplication. De pareilles analogies sont saisies tout de suite, et il serait inutile d'y insister.

14. Le lien mathématique entre des grandeurs n'est pas toujours aussi simple que nous l'avons supposé d'abord. Ainsi, pour un corps qui tombe dans le vide sous l'action de la pesanteur, la théorie démontre, et l'expérience confirme, que les espaces décrits croissent proportionnellement aux carrés des nombres qui mesurent les temps de chute : de manière, par exemple, que l'espace décrit en deux secondes est quadruple de l'espace décrit dans la première seconde, l'espace décrit en trois secondes égal à neuf fois ce même espace, et ainsi de suite. Inversement, les nombres qui mesurent les temps de chute sont proportionnels aux racines carrées des nombres qui mesurent les espaces décrits. Cette relation ne dépend nullement du choix des unités arbitraires d'espace et de temps, et doit subsister pour des valeurs correspondantes quelconques de ces deux grandeurs, quelle qu'en soit l'expression numérique.

Supposons qu'en vertu de cette relation on se propose de déterminer le temps t qu'il faudra à un corps pesant pour décrire un espace l égal à 7 fois l'espace g décrit dans la première seconde de sa chute. Ce temps sera compris entre 2 secondes et 3 secondes, puisque le nombre 7 tombe entre 4 et 9 qui sont respectivement les carrés des nombres 2 et 3. Afin d'approcher davantage de la mesure de la grandeur t, concevons que l'on change d'unité de temps, et qu'on prenne pour unité nouvelle le dixième de seconde : on trouvera que le temps t tombe entre $\frac{26}{10}$ et $\frac{27}{10}$ de seconde; car, d'après la loi, l'espace g' décrit dans le premier dixième de seconde est la 100e partie de l'espace g décrit dans la première seconde et la 700e partie de l'espace l; d'ailleurs le nombre 700 tombe entre 676 et 729 qui sont respectivement les carrés des nombres 26 et 27; donc le temps de chute tombe entre 26 et 27 dixièmes de seconde. En poursuivant ce raisonnement, on approcherait d'aussi près qu'on voudrait de la mesure de la grandeur t, sans jamais pouvoir l'obtenir exactement : puisqu'il faudrait pour cela qu'en multipliant le nombre 7 qui n'est pas un carré, par un nombre tel que 100, 10 000, etc., compris dans la série des nombres carrés, on obtînt pour produit un nombre compris lui-même dans la série des carrés; et c'est ce qui répugne aux propriétés fondamentales des nombres. En conséquence, le temps t dont nous cherchions l'expression numérique est une grandeur incommensurable avec l'unité de temps que nous avons choisie (**11**). Pour qu'on pût l'exprimer exactement en nombre entier ou fractionnaire, il faudrait changer l'unité de temps et en prendre une autre qui serait nécessairement incommensurable avec l'unité primitive.

15. En arithmétique pure, l'opération de l'extraction de la racine carrée consiste en général à trouver la racine du plus grand carré contenu dans un nombre proposé, et le reste qu'on obtient après que ce plus grand carré a été retranché du nombre qui le contenait. L'opération ne peut pas avoir d'autre sens tant que l'on considère les nombres en eux-mêmes; mais, du moment qu'on les conçoit appliqués à la mesure des grandeurs continues, après un choix préalable d'unités arbitraires, l'opération prend un autre sens : elle consiste à évaluer en fractions de l'unité choisie une grandeur assujettie à croître proportionnellement aux racines carrées des nombres qui mesurent une autre grandeur, quelle que soit l'unité choisie et si petite qu'on la suppose. D'après ce qu'on vient de voir, cette évaluation en fractions de l'unité choisie n'est pas possible exactement, quand le nombre dont il s'agit d'extraire la racine n'est pas un carré parfait, mais on peut en approcher d'aussi près qu'on veut; et en ce sens l'opération est toujours possible, elle tend toujours à un résultat déterminé. D'ailleurs ce qu'on vient de dire à propos des racines carrées s'applique aux racines d'un ordre ou d'un *degré* quelconque.

Pour désigner d'une manière générale le nombre qui est la racine d'un nombre m, il sera commode d'avoir un signe conventionnel, et le signe convenu est $\sqrt{m}$. Quand on aura attribué à m une valeur particulière, et que l'opération arithmétique dont le signe $\sqrt{}$ est l'indice pourra s'effectuer sur cette valeur particulière, ou quand m sera un carré parfait, on effectuera l'opération, et l'on ne sera pas obligé de conserver ce signe qui n'avait été introduit que pour faciliter des raisonnements généraux. Mais, si m n'est pas un carré parfait, que ce soit par exemple 7, il faudra conserver le signe $\sqrt{}$ et écrire $\sqrt{7}$ si l'on veut avoir une juste expression de la grandeur $\sqrt{m}$ dans ce cas particulier, un signe qui la définisse rigoureusement, et non pas seulement des valeurs approchées, telles que

$$\frac{26}{10}, \quad \frac{264}{100}, \quad \frac{2645}{1000}, \quad \frac{26457}{10000}, \quad \text{etc.}$$

C'est ainsi que, pour avoir une expression exacte de la grandeur qui résulte de la division de la grandeur m en n parties égales, laquelle en général se désigne par $\frac{m}{n}$, il faut, même après qu'on a attribué à m et à n

des valeurs numériques particulières, conserver la barre horizontale qui est le signe de la division, si la division est impossible arithmétiquement, ou si le nombre m n'est pas un multiple de n.

On voit par là comment des signes qui n'étaient ou pouvaient n'être originairement que l'indication d'une opération à effectuer sur des nombres, ou d'un lien mathématique entre des grandeurs, indépendant de leurs valeurs particulières, viennent s'incorporer à l'expression même des grandeurs déterminées et isolées, comme une particule du discours qui deviendrait l'affixe d'un nom.

Si la grandeur fractionnaire $\frac{m}{n}$, si la grandeur irrationnelle $\sqrt{m}$ doivent entrer dans de nouvelles combinaisons du calcul, il est encore plus à propos d'en conserver dans le cours du calcul l'expression simple et rigoureuse : de manière à garder pour la fin l'opétion qui consiste à tirer de cette expression rigoureuse une évaluation numérique, approchée, et dont on se trouvera dispensé, si la même grandeur est successivement soumise à des opérations inverses dont les signes s'entre-détruisent.

16. Ainsi l'on est conduit à inventer un système de signes généraux, qui n'étaient que commodes lorsqu'il s'agissait de spéculations sur les nombres purs, et qui deviennent nécessaires quand le but est d'étudier les propriétés des grandeurs continues et les liaisons que ces grandeurs ont entre elles : non point des propriétés ou des liaisons quelconques, mais celles qui ont leur origine ou leur raison dans l'arithmétique, et qu'on reconnaîtra à ce caractère, qu'elles ne peuvent être primitivement conçues et définies, comme aussi directement démontrées, qu'à la faveur de l'hypothèse de la commensurabilité des grandeurs; bien que les résultats obtenus s'étendent ensuite aux grandeurs quelconques, même incommensurables, en vertu d'un raisonnement indirect, fondé sur ce que l'unité ou la commune mesure est arbitraire et susceptible de décroître au-dessous de toute limite.

On peut envisager avec plus de généralité encore, comme nous l'expliquerons par la suite, la théorie des grandeurs et des liens qui les unissent ; mais, en se tenant dans les termes de la définition précédente, la théorie des grandeurs est précisément ce que Newton a appelé l'*arithmétique universelle*, et ce que les vieux auteurs ont souvent désigné par le nom de *logistique* : nom bien choisi (11), et dont nous regrettons que l'usage se soit perdu. Il est clair que la théorie dont il s'agit ne dépend point du système artificiel de numération, des procédés de calcul fondés sur ce système ; et c'est pour cela que Newton la qualifie d'*universelle*. Elle emprunte sans doute à la théorie des nombres ou à l'arithmétique pure les notions fondamentales de facteurs et de produits, de puissances et de racines, mais pour leur faire immédiatement

subir une extension exigée par la nature des grandeurs continues, et qui donne lieu à des développements tout différents. Il ne peut plus être question des
propriétés des nombres en tant que pairs ou impairs,
premiers ou composés, carrés ou non carrés, en un
mot de toutes celles qui varient brusquement dans le
passage d'un nombre à ceux qui l'avoisinent : ces propriétés incompatibles avec la loi de continuité restant
l'objet propre de la théorie des nombres considérés
en eux-mêmes et indépendamment de toute application à la mesure des grandeurs continues ou à l'expression des rapports de ces grandeurs.

17. Entre ces branches issues d'une même souche
il peut y avoir et il y a en effet des rapprochements
nombreux. Pour en donner une idée, supposons
qu'on range par ordre de grandeur toutes les fractions
irréductibles, dont le dénominateur ne surpasse pas
6, de cette manière :

$$\frac{1}{6}, \frac{1}{5}, \frac{1}{4}, \frac{1}{3}, \frac{2}{5}, \frac{1}{2}, \frac{3}{5}, \frac{2}{3}, \frac{3}{4}, \frac{4}{5}, \frac{5}{6};$$

on remarquera 1° que les fractions à égales distances
du terme moyen $\frac{1}{2}$ ont le même dénominateur et ont
pour somme l'unité; 2° que les dénominateurs de
deux fractions consécutives sont toujours premiers
entre eux; 3° que la différence de deux fractions consécutives est toujours une fraction ayant l'unité pour
numérateur. Or, ces propriétés sont générales et sub-

sistent, quel que soit le nombre, autre que 6, qu'on prenne pour limite des dénominateurs des fractions irréductibles. D'un côté, ces propriétés supposent l'idée de fraction et par conséquent celle de l'application des nombres à la mesure des grandeurs continues : d'autre part, elles sont exclusives de la loi de continuité dans le passage d'une fraction à l'autre et ont leur raison dans les propriétés des nombres en tant qu'agrégats d'unités qui ne se fractionnent point. La même remarque est applicable à la théorie des fractions continues et à beaucoup d'autres.

18. Dans l'usage ordinaire, les matières de la logistique se rattachent à l'arithmétique ou à l'algèbre, suivant qu'on se sert, pour fixer l'imagination et faciliter le raisonnement, de nombres ou de lettres ; suivant qu'on emploie avec plus ou moins de sobriété les signes des opérations fondamentales ; suivant qu'on se borne, avec les anciens, à l'usage des proportions et des signes de proportionnalité, ou qu'on fait avec les modernes un usage habituel des équations et du signe d'égalité : mais évidemment une classification basée sur de pareils caractères est purement arbitraire et sans valeur philosophique. La logistique, ainsi qu'on l'a déjà indiqué, conduit naturellement et en quelque sorte forcément à l'institution de signes tels que ceux dont on se sert en algèbre : de sorte qu'elle contient l'algèbre en germe. Nous tâcherons d'expliquer

bientôt comment ce germe, en se développant, fait apparaître l'algèbre proprement dite, qui n'est pas seulement un art, une langue ou un instrument à l'usage de la théorie des nombres et de la logistique, mais une science ayant son objet propre : et c'est ce qui nous fera peut-être pardonner d'avoir eu recours provisoirement à un mot vieilli, pour désigner un corps de doctrine qui subsiste indépendamment de l'organisation de l'algèbre, et qui avait déjà pris une notable extension bien avant l'apparition de l'algèbre proprement dite.

CHAPITRE III.

DE L'EMPLOI DES NOMBRES ET DES GRANDEURS CONTINUES
POUR LA DÉTERMINATION DES RAPPORTS DE SITUATION.
— CONSÉQUENCES DU CHOIX ARBITRAIRE DE L'ORIGINE
POUR LES GRANDEURS A ORIGINE ARBITRAIRE. — ORIGINE
DES VALEURS NÉGATIVES.

19. De même que les nombres peuvent être considérés, d'abord dans leur nature propre, puis dans l'application qu'on en fait à la mesure ou à la détermination des grandeurs, ainsi les grandeurs peuvent être étudiées, d'abord en elles-mêmes ou dans les propriétés qui tiennent à leurs caractères généraux et essentiels, ensuite dans l'emploi qu'on en fait, et qu'on est nécessairement conduit à en faire, pour la détermination des rapports de situation.

Cela se comprendra sans peine sur l'exemple le plus simple. Le temps ou la durée est une grandeur continue. Si l'on veut mesurer ou exprimer en nombres la durée d'un phénomène, il faudra faire choix d'une unité arbitraire ; et, moyennant cette convention, tous les rapports entre des grandeurs de cette espèce se trouveront convertis en rapports entre des nombres. Si maintenant on veut fixer l'*époque* à laquelle un phénomène instantané a eu lieu, celle à laquelle un phénomène d'une durée appréciable a commencé ou fini, on choisira arbitrairement un point de départ ou une *origine*, et l'on mesurera le temps écoulé entre l'instant pris pour origine et celui dont on veut fixer l'époque. On pourra faire la même chose pour une multitude d'autres instants, en ayant soin de partir toujours du même point ou de la même origine; ce qui donnera une suite de grandeurs destinées à fixer l'ordre des événements, l'ordre de l'apparition ou de la disparition des phénomènes dans la série des temps, leur *situation* dans le temps, en un mot leur chronologie. Les situations dans le temps (soit absolues, soit relatives) restant les mêmes, les grandeurs qu'on emploie pour les définir changeraient arbitrairement avec le choix arbitraire de l'origine : de sorte que les nombres qui servent à exprimer ces mêmes grandeurs seraient susceptibles de changer arbitrairement, tant à cause du choix arbitraire de l'unité que par suite du choix arbitraire de l'origine.

20. Les événements dont il s'agit d'établir la chronologie peuvent être tous postérieurs, ou tous antérieurs, ou les uns postérieurs, les autres antérieurs à l'instant pris pour origine. Il faudra distinguer par une abréviation, par un signe quelconque, les nombres chronologiques ou les *dates* des événements, suivant qu'elles se rapportent à des événements postérieurs ou antérieurs à l'*ère*, c'est-à-dire à l'origine chronologique. Supposons que, dans la fixation de tous les événements, on commette une erreur de même sens ; que par exemple l'on perçoive tous les phénomènes trop tôt ou qu'on les perçoive tous trop tard : cette erreur de même sens fera croître les nombres qui se rapportent à des événements antérieurs à l'origine et décroître ceux qui se rapportent à des événements postérieurs, ou inversement. Supposons que l'ère soit sujette à se déplacer, selon les usages des peuples ou les systèmes des chronologistes : le même déplacement d'ère ou d'origine fera croître ou décroître les dates d'un nombre constant, suivant qu'il s'agira d'événements antérieurs ou postérieurs à l'une et à l'autre origine. En un mot, les grandeurs que les dates mesurent marchent évidemment en sens contraires, pour les événements situés en deçà et pour les événements situés au-delà de l'origine.

Que l'on veuille, au moyen d'un tableau chronologique, assigner le temps écoulé entre deux événements, on retranchera de la date de l'événement le plus nouveau la date de l'événement le plus ancien, s'il s'agit de deux événements postérieurs à l'origine ; on retranchera au contraire de la date de l'événement le plus ancien la date de l'événement le plus nouveau, dans le cas de deux événements antérieurs à l'origine ; enfin l'on ajoutera la date de l'événement le plus ancien à la date de l'événement le plus nouveau, si celui-ci est postérieur à l'origine et si l'autre la précède.

Ces règles, quoique très-simples, ne peuvent-elles pas se simplifier encore, ou se résumer dans une règle unique qui les comprendrait toutes? Oui, sans doute, et pour cela il suffit d'une modification dans le langage ou dans la notation, comme celle que nous avons vue s'introduire à propos de la multiplication par les nombres fractionnaires (12 et 13).

21. Soient

$$...., g, h, i, k, l, m, n, o, p, q, r, s, t,....$$

les dates d'une suite d'événements

$$...., G, H, I, K, L, M, N, O, P, Q, R, S, T,....$$

dont les uns précèdent, les autres suivent l'événement O dont l'époque est prise pour origine, ou dont la date est *zéro*. On reporte l'origine à l'événement K, et les dates

$$...., t, s, r, q, p$$

(à commencer par celle de l'événement le plus récent), toutes augmentées du nombre k, deviennent

$$...., k+t, k+s, k+r, k+q, k+p.$$

La date de l'événement O, qui était zéro, devient $k+$zéro, ou simplement k. Celles des événements N, M, L, K, deviennent

$$k-n, k-m, k-l, k-k, \text{ ou zéro.}$$

Par où l'on voit déjà que, si l'on avait distingué les anciennes dates au moyen des caractères $+$ et $-$ suivant qu'elles appartenaient à des événements postérieurs ou antérieurs à l'ancienne origine, la règle, pour passer d'une origine à l'autre, aurait consisté à joindre avec leurs signes, au nombre constant k, les dates

$$\ldots, +s, +r, +q, +p, \text{zéro}, -n, -m, -l, -k,$$

relatives à l'ancienne origine, ou à *ajouter* constamment au nombre k, les anciennes dates, soit qu'il s'agît de dates *positives*

$$\ldots, +s, +r, +q, +p,$$

ou de dates *négatives*

$$-n, -m, -l, -k :$$

l'opposition qui existe entre les termes *positif* et *négatif*, ou entre les opérations d'addition et de soustraction arithmétiques dont les caractères $+$ et $-$ sont les signes, correspondant d'ailleurs parfaitement à l'opposition qui existe entre les sens des dates ou des grandeurs chronologiques, selon qu'elles se rapportent à des événements antérieurs ou postérieurs à l'origine, puisque les unes croissent et les autres décroissent de la même quantité, en vertu du même déplacement dans la série des temps.

Cette première règle, une fois établie, s'appliquera

sans difficulté aux événements qui précèdent K. Leurs dates qui étaient, quand on tient compte du signe,

$$-i, \quad -h, \quad -g, \text{ etc.},$$

deviendront

$$k-i, \quad k-h, \quad k-g, \text{ etc.};$$

et attendu que le nombre k est plus petit que les nombres i, h, l, etc., on pourra mettre les expressions précédentes sous la forme

$$k-k-(i-k), \quad k-k-(h-k), \quad k-k-(g-k), \text{ etc.},$$

ou sous la forme plus simple

$$-(i-k), \quad -(h-k), \quad -(g-k), \text{ etc.}$$

De cette manière, les dates des événements qui précèdent l'une et l'autre origine restent négatives malgré le déplacement d'origine : comme les dates des événements postérieurs aux deux origines restent positives malgré le déplacement. En vertu du déplacement, les dates restées négatives sont numériquement diminuées du nombre k : comme les dates restées positives sont numériquement augmentées du nombre k. L'analogie, la symétrie sont parfaitement conservées.

Supposons, à l'inverse, que l'origine soit transportée de O en R : les dates des événements.... T, S, postérieurs à la nouvelle comme à l'ancienne origine, deviendront

$$\ldots, \quad t-r, \quad s-r,$$

et resteront positives. Celle de R deviendra $r - r$ ou zéro. Celles des événements Q, P deviendront

$$q - r, \quad p - r \quad \text{ou} \quad q - q - (r - q), \quad p - p - (r - p),$$

ou bien enfin

$$- (r - q), \quad - (r - p);$$

et elles se trouveront négatives comme l'analogie l'exige. La date de l'événement O se réduira à $- r$; enfin celles des événements N, M, L, etc., se changeront en

$$- n - r, \quad - m - r, \quad - l - r, \quad \text{etc.} :$$

expressions qu'on peut encore mettre sous la forme

$$- (n + r), \quad - (m + r), \quad - (l + r), \quad \text{etc.};$$

afin de mieux montrer comment les dates toujours négatives prennent des valeurs numériques de plus en plus grandes pour des événements de plus en plus antérieurs à celui qui fixe l'origine, l'ère, ou le zéro chronologique.

Donc en résumé, et moyennant la distinction des dates en positives et en négatives, suivant qu'elles se rapportent à des événements postérieurs ou antérieurs à l'origine, la règle pour passer d'une origine à l'autre consiste à joindre avec le signe $+$ à toutes les dates relatives à l'ancienne origine le nombre qui fixait la date de la nouvelle origine, si cette date est négative, et à joindre avec le signe $-$ ce même nombre à toutes les anciennes dates, si la date de la nouvelle origine est positive.

22. On pourra formuler la règle plus généralement encore et effacer toute trace d'hypothèse particulière, en disant que la règle consiste à retrancher de toutes les dates prises dans l'ancien système, la date positive ou négative de la nouvelle origine, prise dans ce même système : le retranchement d'une valeur négative étant réputé équivalent à l'addition de cette valeur prise positivement, en vertu de la même analogie, par suite du même besoin d'uniformité et de symétrie, qui nous a déjà fait considérer l'addition d'une valeur négative comme équivalant à la soustraction de cette valeur prise positivement.

D'ailleurs, si l'on y prend garde, on verra que cette équivalence ressort de l'identité établie plus haut entre les expressions

$$-(r-q) \quad \text{et } q-r \quad \text{ou} -r+q;$$

puisque, d'une part, on retranchera une valeur formée par l'addition de deux parties, en retranchant successivement ou en prenant successivement en moins les deux parties dont elle est la somme; et que, d'autre part, dans le système où nous sommes entrés, l'expression $r-q$ peut être considérée comme celle d'une somme dont l'une des parties est la valeur positive r, et l'autre partie la valeur négative $-q$.

L'identité dont il s'agit peut encore être rendue sensible à l'aide d'une image très-simple : car, si l'on représente par la ligne droite indéfinie AZ (*Pl. I, fig.* 1) le cours du temps ou de toute autre grandeur analogue, l'accroissement de cette grandeur ayant lieu dans le sens AZ et le décroissement dans le sens ZA, il reviendra au même, pour la détermination du point R, de porter d'abord, à partir de l'origine O, dans le sens AZ, la grandeur $OQ = q$, puis de Q en R, dans le sens ZA, la grandeur $QR = r$, ou de porter tout d'un coup de O en R dans le même sens ZA, la grandeur OR mesurée par l'excès du nombre r sur le nombre q.

L'identité qui vient d'être remarquée, ou des identités analogues contiennent virtuellement la fameuse règle des signes déjà énoncée par Diophante en tête de son Traité des nombres [*], et lorsque l'algèbre proprement dite n'était pas encore éclose : règle qui ne suppose pas en effet la connaissance de l'algèbre, mais seulement la considération des grandeurs susceptibles de croître et de décroître symétriquement de part et d'autre d'une origine arbitraire, d'où naît une parfaite symétrie entre les opérations d'addition et de soustraction appliquées à ces grandeurs ; tandis que cette symétrie ne subsiste pas pour les nombres purs, puisque, si l'on peut toujours ajouter à un nombre donné

---

[*] Λεῖψις ἐπὶ λεῖψιν πολλαπλασιασθεῖσα ποιεῖ ὕπαρξιν· λεῖψις δὲ ἐπὶ ὕπαρξιν ποιεῖ λεῖψιν. DIOPH., lib. I, def. 9.

un nombre quelconque, on n'en peut pas retrancher, dans le sens arithmétique du mot, un nombre qui le surpasse. La nature de cet ouvrage, le degré d'instruction des lecteurs auxquels il s'adresse nous dispensent d'entrer sur ce sujet dans plus de détails didactiques.

23. Mais en revanche, il faut insister encore sur les considérations philosophiques qui s'y rattachent. Doit-on regarder toute cette théorie des valeurs négatives comme une pure convention ? Dire qu'on ajoute la valeur négative —3, au lieu de dire qu'on retranche la valeur 3, n'est-ce pas recourir à un artifice de langage, commode peut-être pour les applications scientifiques, mais d'ailleurs arbitraire, comme lorsqu'on dit que l'on multiplie par la fraction $\frac{1}{3}$, au lieu de dire simplement qu'on divise par 3 ? Nous répondrons qu'il en est précisément de l'une de ces locutions comme de l'autre ; que toutes deux sont amenées nécessairement par le besoin d'exprimer les vraies relations des grandeurs, et d'effacer au contraire ce qu'il y avait primitivement d'arbitraire et de conventionnel, par suite ce qu'il y avait primitivement de trop particulier dans notre manière de les concevoir et de les exprimer. L'origine ou le zéro est arbitraire, pour certaines sortes de grandeurs, continues ou discontinues, comme l'unité est arbitraire pour toute sorte de grandeurs continues. Il est essentiel de pouvoir exprimer, indépendamment du choix arbitraire du zéro ou de l'unité, des relations générales entre les grandeurs, lesquelles en effet ne dépendent point de ce choix arbitraire : sans quoi l'expression ne serait qu'imparfaitement adaptée à l'idée qu'elle doit rendre. Il faut que tout ce qui dépend du choix du zéro ou de l'unité affecte l'expression des valeurs particulières, nécessairement subordonnées à ce double choix ; et c'est à quoi satisfait la notation des quantités négatives, de la même manière qu'y satisfait celle des quantités fractionnaires.

Si tout ce que l'on peut dire au sujet des quantités fractionnaires s'applique, *mutatis mutandis*, aux quantités négatives, d'où vient que l'abstraction dont les premières sont l'objet est aisément conçue ou acceptée, tandis qu'une abstraction analogue, pour les autres, amène des embarras et des controverses ? On s'explique cette circonstance, quand on songe que l'idée de l'unité de mesure est élémentaire, familière à tout le monde, indispensable pour les besoins vulgaires de la vie, tandis que l'idée d'une origine ou d'un zéro arbitraire, applicable seulement à certaines sortes de grandeurs, est restée dans le ressort de l'éducation scientifique; de façon que les notations qui l'expriment conservent toujours un appareil de science, un cachet d'étrangeté que n'ont pas les expressions fractionnaires. D'ailleurs il faut reconnaître que l'idée d'une origine ou d'un zéro arbitraire est en effet plus abstraite, plus loin des premières notions sensibles que l'idée d'une unité arbitraire ; tandis que (par un contraste singulier) les notions toutes nues d'addition et de soustraction, dont les signes doivent servir à distinguer les situations de part et d'autre de l'origine arbitraire, passent naturellement avant celles de multiplication et de division, comme étant plus élémentaires et plus immédiatement suggérées par les impressions sensibles.

24. En raison de ce que la notation des fractions est nécessairement enseignée en arithmétique, tandis qu'on n'acquiert d'ordinaire qu'avec les premières notions d'algèbre la connaissance des signes $+$ et $-$, on donne les noms d'additions et de soustractions *algébriques* aux additions et aux soustractions dans lesquelles entrent des quantités tant négatives que positives, et l'on dit que l'addition algébrique d'une quantité négative telle que -3, équivaut à une soustraction arithmétique, ou inversement ; tandis qu'on ne qualifie pas de multiplication et de division algébriques la multiplication et la division par une fraction telle que $\frac{1}{3}$, bien qu'elles conduisent à une division et à une multiplication arithmétiques (**13**). Cependant l'épithète *d'algébrique* devrait, pour la juste corrélation des termes, être employée dans les deux cas ou ne pas l'être du tout. Elle devrait l'être dans les deux cas, si l'on entend par algèbre la théorie des relations entre les grandeurs, quand il s'agit de relations indé-

pendantes de leurs valeurs numériques particulières
et des conventions arbitraires sur le zéro et sur l'unité,
qui fixent ces valeurs numériques. Elle ne devrait être
employée ni dans un cas ni dans l'autre, si l'on entend par opérations algébriques celles qui s'effectuent
sur des symboles généraux tels que des lettres, et par
opérations arithmétiques celles qui commencent après
qu'on a attribué aux lettres ou aux symboles généraux
des valeurs particulières. Dans cette dernière acception, qui est la plus usitée, il y a quatre opérations
ou règles algébriques correspondant aux quatre opérations ou règles élémentaires de l'arithmétique ; de
sorte que, selon l'usage ordinaire, les termes d'addition et de soustraction algébriques ont une ambiguïté
qui n'existe pas pour les termes de multiplication et
de division algébriques. C'est encore dans cette dernière acception qu'on oppose la résolution *algébrique*
des équations à la résolution *numérique* ou arithmétique, où pourtant l'on tient compte des signes qui
affectent les valeurs numériques particulières. Au reste
quelques incohérences de langage ne nuisent guère à
l'avancement de la science, et il serait peu utile à cet
égard de les réformer ; mais il convient de les signaler
parce qu'elles peuvent nuire à la juste perception des
liens logiques et de la philosophie de la science.

25. La distinction des quantités positives et négatives est encore amenée naturellement lorsqu'il s'agit

de combiner des grandeurs qui ont entre elles de telles relations de symétrie, que la soustraction de l'une équivaut à l'addition de l'autre et inversement : en sorte qu'elles peuvent être évaluées numériquement à l'aide de la même unité, quoique d'ailleurs ni l'une ni l'autre n'aient, à proprement parler, un zéro ou une origine arbitraire. Ainsi, dans la théorie des deux fluides électriques, l'addition d'une certaine quantité de fluide résineux équivalant parfaitement à la soustraction d'une quantité de fluide vitré, capable de neutraliser la première, si la quantité de fluide vitré est exprimée par le nombre a, la quantité correspondante de fluide résineux sera convenablement exprimée par $-a$, de même que les températures sont censées affectées des signes $+$ ou $-$ suivant qu'elles tombent au-dessus ou au-dessous du zéro de l'échelle thermométrique ; bien que le zéro électrique, correspondant à l'état d'un corps qui ne donne aucun signe d'électricité vitrée ou résineuse, ne soit pas un zéro fixé arbitrairement, conventionnellement, comme celui de l'échelle thermométrique.

Ainsi (pour citer encore un exemple malheureusement devenu trivial), dans le bilan d'un négociant, les créances et les dettes, les valeurs actives et les valeurs passives, mesurables au moyen de la même unité monétaire, seront convenablement distinguées par les signes $+$ et $-$, à cause de la propriété qu'elles ont de se compenser, et parce que l'extinction d'une dette ou d'une valeur passive équivaut à l'acquisition d'une créance ou d'une valeur active de même chiffre, et réciproquement; quoique le zéro ou l'origine tant de l'actif que du passif ne soit pas fixé par une convention arbitraire.

Remarquons ici, en passant, comment l'ordre de développement des idées mathématiques dans l'entendement correspond à l'ordre de développement des institutions sociales : l'un, pour ainsi dire, gouvernant secrètement l'autre. Par l'institution de la monnaie, qui est le commencement du commerce proprement dit, les choses les plus dissemblables dans leurs caractères physiques sont devenues comparables au point de vue de leur valeur d'échange; elles ont pu acquérir une unité ou une mesure commune; la valeur commerciale a été constituée comme grandeur ou quantité arithmétique. Il est devenu indifférent (dans les limites d'application des conceptions abstraites aux choses réelles) qu'un négociant eût à sa disposition des espèces dans ses coffres ou des denrées dans ses magasins. Ensuite est venu le développement du crédit à la faveur duquel il est permis (dans des limites analogues) de considérer le mouvement d'accroissement ou de décroissement du capital du négociant comme pouvant également s'opérer en deçà et au delà du point où l'actif et le passif se balancent : de sorte que, tant que le crédit du négociant n'est point ébranlé, le capital dans ses phases diverses peut passer du positif au négatif et réciproquement, les opérations restant les mêmes que si l'on avait dé-placé arbitrairement l'origine en ajoutant à l'actif du négociant ou en en retranchant une valeur arbitraire. En d'autres termes, le capital du négociant, constitué d'abord comme quantité arithmétique, est devenu par ce progrès nouveau des institutions commerciales une quantité algébrique : l'épithète étant prise dans l'acception indiquée plus haut, pour désigner les quantités dont l'origine est arbitraire, ou plus généralement encore celles à l'égard desquelles la soustraction et l'addition deviennent des opérations symétriques, l'une pouvant être prolongée indéfiniment aussi bien que l'autre.

CHAPITRE IV.

DE L'ALGÈBRE ET DE SES RAPPORTS AVEC LA THÉORIE DE L'ORDRE. — ORIGINE DES VALEURS IMAGINAIRES.

26. On peut donner des définitions de l'arithmétique, de la géométrie, de la statique, qui seront justes et claires pour tout le monde, même pour ceux qui n'ont pas fait une étude de ces sciences, en disant, par exemple, que l'une a pour objet les propriétés des nombres, l'autre les propriétés de l'étendue, la troisième enfin les conditions d'équilibre des forces. Que ces définitions ou d'autres semblables, placées en tête d'un traité didactique, soient d'une grande utilité, c'est une autre question qu'il appartient aux logiciens d'examiner; mais toujours est-il, et ceci mérite attention, que les termes que nous venons de citer sont du nombre de ceux qu'un lexicographe n'éprouve nul embarras à définir, et dont un auteur didactique peut, s'il le juge convenable, placer la définition *in limine*, sans aucun inconvénient.

Il n'en est pas de même de l'algèbre. Les définitions qu'on en donne sont obscures, peu intelligibles pour ceux à qui l'algèbre n'est pas familière, et elles varient considérablement, selon les vues systématiques de ceux qui les ont imaginées.

Je consulte la dernière édition du *Dictionnaire de l'Académie*, et j'y lis que l'algèbre est « cette partie des mathématiques, qui, considérant les grandeurs d'une même nature sous la seule acception abstraite de leur inégalité, les exprime par des caractères communs à toutes leurs valeurs particulières, et développe ainsi leurs relations de quantité les plus générales. »

D'Alembert, dans l'*Encyclopédie*, définit l'algèbre « la science du calcul des grandeurs considérées généralement ; » et tout aussitôt il ajoute que l'algèbre « est proprement la méthode de calculer les quantités indéterminées. » Nous n'avons pas besoin de faire remarquer que toutes ces définitions seraient incompréhensibles pour quiconque ne connaîtrait pas l'algèbre ; et que, pour ceux qui la connaissent, elles ne fixent point avec précision ce qui est et ce qui n'est pas du domaine de l'algèbre, dans le cadre général des mathématiques.

Suivant l'auteur d'un Dictionnaire plus récent[*], « l'algèbre est la science des nombres considérés en général ou la science des lois des nombres ; » d'où il résulterait, par exemple, que cette proposition : un nombre ne peut être décomposé que d'une seule manière en facteurs premiers, est un théorème d'algèbre ;

---

[*] M. de Montferrier, *Dictionnaire des Sciences mathématiques pures et appliquées,* au mot ALGÈBRE.

et ce qui réduirait l'arithmétique à n'être qu'une science de faits, comme ceux dont on s'instruit en apprenant la table de Pythagore ou en consultant une table de logarithmes.

Enfin, pour ne pas abuser des citations, suivant M. Poinsot, l'algèbre est la science de l'ordre : idée fine et profonde, mais qui a besoin de commentaire, et que l'auteur lui-même, dans un de ses derniers écrits, a lucidement commentée. « Si vous considérez l'algèbre, dit-il*, vous y voyez deux parties très-distinctes. Et d'abord l'algèbre ordinaire, qu'on peut très-bien nommer l'*arithmétique universelle*. Cette algèbre, en effet, n'est autre chose qu'une arithmétique généralisée, c'est-à-dire étendue des nombres particuliers à des nombres quelconques, et, par conséquent, des opérations actuelles qu'on exécutait à des opérations qu'on ne fait plus qu'indiquer par des signes; de manière que, dans cette première spéculation de l'esprit, on songe moins à obtenir le résultat de ces opérations successives qu'à en tracer le tableau, et à découvrir ainsi des formules générales pour la solution de tous les problèmes du même genre.

« Mais il y a une algèbre supérieure, qui repose tout entière sur la théorie de l'ordre et des combinai-

* *Réflexions sur les principes fondamentaux de la Théorie des nombres*, page 4.

sons, qui s'occupe de la nature et de la composition des formules considérées en elles-mêmes, comme de purs symboles, et sans aucune idée de valeur ou de quantité. C'est à cette partie qu'on doit rapporter la théorie profonde des équations, celle des expressions imaginaires, et tout l'art des transformations algébriques ; et c'est même cette seule partie élevée de la science qui mérite, à proprement parler, le nom d'*algèbre*. »

Nous n'avons à ajouter à ces indications lumineuses que quelques développements plus spécialement appropriés au but de notre ouvrage.

27. Supposons qu'on veuille démontrer ce théorème d'arithmétique, qu'un nombre qui en divise deux autres divise le reste de la division du plus grand par le plus petit : on pourra faciliter le raisonnement, en mieux faire ressortir la généralité, en représentant les nombres par des lettres, en employant les signes ordinaires des opérations d'arithmétique, et en exprimant par un signe l'égalité qui doit exister entre le dividende d'une part, et d'autre part la somme de deux nombres, dont l'un est le produit du diviseur par le quotient, l'autre est le reste de la division. Mais l'emploi de ces notations commodes ne fera pas qu'on soit sorti de la pure arithmétique et de l'étude des propriétés des nombres.

On pourra faciliter, à l'aide des mêmes symboles, la

découverte ou la démonstration d'une règle pour déterminer deux quantités ou deux grandeurs dont la somme et la différence sont connues : par là, on aura établi une relation qui subsiste, non-seulement entre des nombres, mais aussi entre des grandeurs continues quelconques, et qui appartient à la logistique (**16**) comme à l'arithmétique proprement dite. Il n'y aura pas encore là l'étoffe d'une science nouvelle : l'esprit n'aura pas encore saisi un ordre nouveau d'abstractions et de rapports, qui lui offre un champ nouveau de découvertes.

Mais, une fois la langue de l'algèbre créée, organisée en tant qu'instrument, pour les besoins des applications à la théorie des nombres ou à celle des grandeurs quelconques, on voit apparaître ces rapports qui font de l'algèbre un objet direct de spéculations, qui la constituent à l'état de science ou de théorie spéciale. Ainsi, des règles qu'on a dû établir pour effectuer autant que possible sur des polynomes algébriques les opérations connues en arithmétique sous les noms de multiplication et de division, découle cette conséquence, que, si l'on a trois polynomes A, B, C, entiers par rapport aux lettres a, b, c, etc., c'est-à-dire où ces lettres n'entrent pas en dénominateurs, et si le polynome A est facteur de B et de C, il sera pareillement facteur du reste qu'on obtient en effectuant la division algébrique du polynome B par le polynome C, après avoir ordonné l'un et l'autre par rapport aux puissances de l'une des lettres a, b, c, etc. Soit, par exemple,

$$A = ab + c,$$
$$B = a^3b + a^2c + ab^2c + bc^2 = (ab + c)(a^2 + bc),$$
$$C = a^2b + ac + ab^2c^2 + bc^3 = (ab + c)(a + bc^2):$$

on aura pour le reste de la division algébrique de B par C, ordonné par rapport à la lettre a,

$$ab^3c^4 + ab^2c + b^2c^5 + bc^2 = (ab + c)(b^2c^4 + bc).$$

Or, on peut remarquer que ceci est un fait de combinaison, indépendant de cette circonstance, que les lettres a, b, c, dans le calcul algébrique, sont censées représenter des nombres entiers ou fractionnaires, et indépendant aussi du sens arithmétique attaché aux mots de multiplication et de division. Nous citons ici à dessein un fait algébrique des plus simples, et parfaitement analogue à la propriété des nombres entiers rappelée un peu plus haut : mais on conçoit aisément le passage à des faits plus compliqués et assez variés pour devenir l'objet d'un corps spécial de doctrine.

On démontre en arithmétique que le carré d'un nombre formé de dizaines et d'unités se compose de trois parties : 1° du carré des dizaines, 2° de deux fois le produit des dizaines par les unités; 3° du carré des unités. Ce théorème sert de fondement à la règle arithmétique de l'extraction des racines carrées, et l'on en démontre d'analogues pour les puissances supérieures. A l'aide des signes de l'algèbre on fait aisément rentrer toutes ces règles particulières dans la formule générale, dite du *binome de Newton*,

$$(a + b)^m = a^m + \frac{m}{1} a^{m-1} b + \frac{m(m-1)}{1.2} a^{m-2} b^2$$
$$+ \frac{m(m-1)(m-2)}{1.2.3} a^{m-3} b^3 \ldots + b^m,$$

où figurent comme coefficients des produits

$$a^{m-1} b, \quad a^{m-2} b^2, \quad a^{m-3} b^3, \text{ etc.},$$

les nombres qui expriment (**6** et **7**) combien on peut former de combinaisons entre m éléments, en les prenant un à un, deux à deux, trois à trois, etc. Non-seulement on obtient ainsi une formule générale, applicable à toutes les valeurs de l'exposant m; mais, ce qui a plus d'importance encore, on met par là en évidence la raison de cette formule générale dont la loi ne dépend que de deux caractères de la multiplication, savoir : 1° que l'on multiplie A par B en multipliant successivement chaque partie de A par chaque partie de B, c'est-à-dire en combinant successivement, par voie de multiplication, chaque partie ou élément de A avec chaque partie ou élément de B; 2° que le produit de A par B est le même que celui de B par A; ou que la combinaison de A et de B, par voie de multiplication, ne change pas, dans quelque ordre que l'on combine les éléments A et B. Il en résulte que toute combinaison ou opération offrant ces caractères généraux, conduira à une formule soumise à la même loi, parce qu'en effet la loi ne dépend point de la nature spéciale de l'opération, ou de l'idée accessoire de multiplication qui vient s'associer, dans les éléments d'arithmétique ou d'algèbre, à l'idée fondamentale de combinaison. Cet exemple, si élémentaire et si connu, suffit pour faire entendre en quel sens l'algèbre est la science de l'ordre, ou plutôt procède de la science de l'ordre : si bien que l'élégance des formules algébriques consiste à mettre, par suite d'un choix heureux de notations, la loi des combinaisons et de l'ordre dans la plus grande évidence.

Pour parler en toute rigueur, l'algèbre n'est proprement, ni la théorie de l'ordre, ni celle des grandeurs ; mais elle procède à la fois de l'une et de l'autre : n'empruntant à la théorie de l'ordre ou des combinaisons (ce qui est la même chose, comme nous l'avons montré ailleurs) que des règles compatibles avec le mécanisme du calcul des grandeurs, mais qui ne laissent pas que d'être applicables après qu'on a détourné les signes des opérations du calcul et ceux des grandeurs de leur acception primitive, pour n'y plus voir que des symboles assujettis à se combiner suivant certaines lois.

C'est ainsi qu'il faut concevoir comment l'organisation de l'algèbre en tant que langue, a pu et dû amener l'algèbre à l'état de science propre ; comment, à l'occasion de notations arbitraires et conventionnelles, a dû se manifester un ordre de vérités abstraites qui n'a rien de conventionnel ni d'arbitraire, qui est en connexion avec tout le système immuable des vérités mathématiques, et qui subsiste, aussi bien que les autres parties de ce grand système, indépendamment de la connaissance toujours imparfaite que nous en avons, des moyens qui nous ont servi pour en acquérir la connaissance, et des applications que nous en savons faire.

D'ailleurs on comprend bien que l'emploi de l'algèbre comme langue ou instrument, l'étude de l'algèbre comme science ou corps de vérités abstraites, ne peuvent se succéder brusquement, pas plus dans le développement historique que dans l'exposition didactique de l'algèbre. Et voilà pourquoi il est contre la nature des choses de pouvoir donner de l'algèbre une définition tranchée, comme celles qui sont propres à caractériser d'autres parties du système des vérités mathématiques. Car il est contre la nature des choses que nous puissions définir, c'est-à-dire caractériser par des signes discontinus, tels que les termes du langage, des objets de la pensée qui se modifient et se transforment sans discontinuité, ou par gradations insensibles.

28. La proposition et le verbe font l'essence et la vertu d'une langue : l'équation fait aussi l'essence et la vertu de la langue algébrique, à ce point qu'on a souvent défini l'algèbre, l'art de résoudre les problèmes par des équations. Lorsque l'on considère l'algèbre comme corps de doctrine, indépendamment de ses applications, la partie la plus importante de ce corps de doctrine est sans contredit celle où l'on traite de la composition et de la résolution des équations, du nombre et des propriétés de leurs racines, du nombre et des propriétés des racines des équations dérivées d'une équation primitive d'après certaines lois, en un mot la théorie générale des équations algébriques. Or, l'on reconnaît sans difficulté qu'il faut, pour la régularité et la perfection de ce corps de doctrine, 1° que les grandeurs représentées par les lettres ou les symboles algébriques soient susceptibles de croître et de décroître avec continuité ; 2° que les signes $+$ et $-$ soient traités comme les signes de deux opérations ou combinaisons parfaitement symétriques (**22**) : de sorte que rien ne gêne ni n'arrête brusquement le mouvement continu de décroissement, pas plus que le mouvement continu d'accroissement des grandeurs. En d'autres termes, il faut que les quantités représentées par les symboles algébriques, et affectées des signes d'opérations algébriques, rentrent non-seulement dans la catégorie des grandeurs continues ou à unité arbitraire, mais dans la classe des grandeurs continues à origine arbitraire ; il faut qu'elles puissent acquérir des valeurs fractionnaires, incommensurables et négatives. Autrement, tous les théorèmes généraux disparaîtraient ; l'énoncé de chaque règle serait embarrassé d'une multitude de restrictions ; les formules perdraient leur généralité et leur symétrie ; il ne serait plus de l'essence de l'algèbre de rattacher la théorie des grandeurs à celle de l'ordre ; les conditions de l'existence de l'algèbre, en tant que science et objet propre d'études, viendraient à défaillir ; la découverte de l'algèbre ne consisterait plus que dans l'invention de quelques signes abbréviatifs.

29. De la considération des valeurs négatives, l'algèbre nous mène à celle des valeurs *imaginaires*. Puisque la valeur négative $- a$, aussi bien que la valeur positive $+ a$, donnent par l'élévation au carré la valeur positive a^2, on ne peut pas assigner une valeur, positive ou négative, dont le carré ait la valeur négative $- a^2$. En conséquence, les expressions de la forme

$$\sqrt{-a^2}, \quad a\sqrt{-1}, \quad a+b\sqrt{-1}$$

sont dites *imaginaires ;* et par opposition l'on nomme valeurs *réelles* les valeurs, tant négatives que positives, réductibles à la forme $\pm a$, a désignant un nombre entier ou fractionnaire, ou même incommensurable.

La distinction des valeurs réelles en positives et négatives n'est pas nécessairement due à l'algèbre : elle a son fondement, comme nous nous sommes attaché à le faire voir, dans la nature des grandeurs à origine arbitraire ; mais la notion des valeurs imaginaires n'a pu être fournie que par l'algèbre. Les valeurs imaginaires n'ont de sens que parce qu'elles peuvent être soumises aux opérations du calcul algébrique, aussi bien et de la même manière que les valeurs réelles, positives ou négatives; mais ces opérations, tout en gardant les caractères qu'elles possédaient en tant que combinaisons abstraites (**27**), n'ont plus la signification qui leur appartient, en tant qu'opérations sur des grandeurs. Elles ne tendent plus à mesurer, à augmenter ou à diminuer des grandeurs : car la valeur ou l'expression imaginaire n'est point une grandeur; une valeur imaginaire ne peut pas être dite plus grande ou plus petite qu'une autre; il y a une indétermination dans la série des états intermédiaires que la valeur imaginaire doit traverser pour passer d'un état à un autre, indétermination qui n'a pas lieu pour les quantités réelles; et cependant on peut dire qu'une valeur imaginaire est la somme, ou la différence, ou le produit de deux autres, parce que les combinaisons algébriques qui servent à trouver la somme, la différence ou le produit de deux quantités réelles, s'adaptent sans modification ni définition nouvelle aux valeurs imaginaires. La considération des valeurs imaginaires est donc essentielle à l'algèbre, en tant que celle-ci procède de la théorie abstraite des combinaisons et de l'ordre. Si l'on ne tenait point compte des valeurs imaginaires, la théorie des équations et, en général, toutes les théories algébriques perdraient leur régularité, leur symétrie, leur généralité, comme nous avons déjà remarqué qu'elles perdraient tous ces attri-

buts, si l'on ne tenait pas compte des valeurs fractionnaires, incommensurables ou négatives. On ne
peut pas trouver d'autre démonstration générale pour
légitimer l'admission des valeurs imaginaires dans
l'algèbre ; et d'un autre côté, ne voir dans l'admission
des valeurs imaginaires que le résultat d'une convention, ce serait regarder l'algèbre même comme une
science de convention : ce qui, sans doute, n'empêcherait pas la science algébrique de se développer et
de s'enrichir de découvertes nouvelles ; mais ce qui
serait en fausser l'idée philosophique, faute de faire
le discernement convenable, entre ce qui tient essentiellement à la nature intelligible des objets de nos
études, et ce qui tient seulement à notre manière de
les concevoir et de les représenter (**8** et **13**).

30. Quand on applique l'algèbre à des questions
pour lesquelles les solutions négatives n'auraient
aucun sens, il suffit que le calcul final mène à des valeurs positives; on peut, dans le cours des calculs intermédiaires, tomber sur des relations entre des valeurs négatives, relations qui n'auraient aucun sens,
traduites en langage ordinaire, et appliquées aux
grandeurs concrètes de l'espèce de celles que l'on considère, mais qui sont susceptibles de conduire plus
brièvement au résultat final : de telle sorte que le degré d'abstraction de l'algèbre en tant que théorie, en
nécessitant l'admission des valeurs négatives, est une

des causes de la supériorité de l'algèbre en tant qu'instrument logique. Par une raison semblable, quand on applique l'algèbre à des questions sur les grandeurs à origine arbitraire, qui peuvent admettre des solutions négatives tout aussi bien que des solutions positives, mais pour lesquelles les valeurs imaginaires n'auraient aucun sens, il suffit en général, et sauf les exceptions dont on va tout à l'heure parler, que le résultat final des calculs soit de conduire à des valeurs réelles, ou d'établir des relations entre de véritables grandeurs. Rien n'empêche alors que dans le cours des calculs intermédiaires on soit conduit à comparer entre elles des expressions imaginaires, auxquelles continuent de s'appliquer les règles de combinaison et de syntaxe qui constituent le mécanisme du calcul : de manière que, souvent, les symboles d'imaginarité se détruisant finalement les uns les autres, on se trouve avoir donné à l'aide de ces symboles la démonstration de propriétés inhérentes aux nombres ou aux grandeurs, et cela plus simplement qu'on n'aurait pu le faire sans l'emploi transitoire de ces symboles auxiliaires. Pour cette raison encore, le degré de généralité de l'algèbre, en tant que système de relations abstraites, constitue, comme beaucoup d'auteurs l'ont justement remarqué [*], sa puissance en tant qu'instrument logique, et la supériorité habituelle de l'analyse algébrique sur

---

[*] Voy. surtout Carnot, *Géométrie de position*, p. 9 et suiv.

l'analyse qu'on ferait à l'aide des signes ordinaires du discours et du raisonnement, en ne perdant jamais de vue la nature concrète des questions.

31. Afin d'en donner un exemple extrêmement simple, sans sortir de la théorie des nombres purs, supposons qu'on applique la formule de Newton (**27**) au développement de la puissance entière et positive d'une expression binome, formée d'une partie réelle et d'une partie imaginaire : on aura

$$(a + b\sqrt{-1})^m = A + B\sqrt{-1}, \qquad [1]$$

les lettres A, B désignant des polynomes réels, entiers par rapport aux lettres a et b. On aura de même

$$(a - b\sqrt{-1})^m = A - B\sqrt{-1}; \qquad [2]$$

d'où l'on conclut, en multipliant membre à membre,

$$(a^2 + b^2)^m = A^2 + B^2, \qquad [3]$$

équation où n'entre plus le signe d'imaginarité. Maintenant, si a et b désignent des nombres entiers, il résulte de la composition des polynomes A, B que leurs valeurs seront aussi des nombres entiers; et par conséquent le calcul qui précède établit ce théorème sur les nombres : « que la puissance quelconque d'un nombre formé par la somme de deux carrés est elle-même un nombre formé par la somme de deux carrés. » Par exemple, 13 étant la somme des nombres carrés 4 et 9, son cube 2197 est égal à la somme des nombres 2116 et 81 , qui sont respectivement les carrés des nombres 46 et 9. Cette propriété intéressante des nombres, que l'on aurait sans doute pu tirer de l'arithmétique pure, se trouve ainsi algébriquement démontrée, à la faveur de l'emploi transitoire des expressions imaginaires.

Ce qui rend légitime cet emploi transitoire, c'est que le système des équations [1] et [2] n'exprime autre chose qu'un fait de combinaison ou de calcul purement algébrique, savoir : que lorsqu'on multiplie m fois de suite le binome $a + b\sqrt{-1}$ par lui-même, et aussi m fois de suite le binome $a - b\sqrt{-1}$ par lui-même, en appliquant toutes les règles de la multiplication algébrique, les résultats obtenus des deux parts ne diffèrent que par le signe du coefficient numérique de $\sqrt{-1}$; et ce fait ne tient point aux propriétés des grandeurs, ni au sens arithmétique que présente l'opération de calcul appelée multiplication algébrique, lorsqu'on l'effectue sur des nombres ou sur des grandeurs réelles. De même, le passage du système des équations [1] et [2] à l'équation [3] ne repose point sur le principe que, si l'on a quatre grandeurs égales deux à deux, le produit des deux premières est égal au produit des deux autres, principe qui n'aurait de sens qu'appliqué à des grandeurs ou à des valeurs réelles : il est fondé sur cet autre principe que le produit algébrique de $2m$ facteurs dont m sont égaux à $a + b\sqrt{-1}$ et m à $a - b\sqrt{-1}$, ne change pas, soit qu'on multiplie d'abord le facteur $a + b\sqrt{-1}$ par le facteur $a - b\sqrt{-1}$ et qu'on élève ensuite le produit à la puissance $m^{\text{ième}}$, soit qu'on élève séparément chacun de ces facteurs à la puissance $m^{\text{ième}}$ et qu'on multiplie ensuite l'une par l'autre les deux puissances obtenues. Or, ceci est une conséquence de l'une des propriétés caractéristiques de la multiplication, à savoir que le produit est une combinaison dans laquelle tous les facteurs entrent symétriquement (**27**); et pour que cette propriété subsiste, il n'est pas nécessaire qu'on attache un sens arithmétique à la combinaison, ni par conséquent que chacun des facteurs du produit représente un nombre ou une quantité réelle.

32. Au contraire, toutes les fois que la démonstration d'une formule implique ou semble impliquer la considération d'attributs propres aux grandeurs, et notamment la propriété qu'ont les grandeurs continues de ne pouvoir passer d'un état à un autre, sans traverser une série déterminée de valeurs intermédiaires (du genre de celles que les géomètres nomment *séries linéaires*, parce qu'on en peut imaginer tous les termes rangés sur une ligne), on a besoin de justifier, par de nouveaux raisonnements, le passage du réel à l'imaginaire, ou l'attribution de valeurs imaginaires aux lettres qui entrent dans les combinaisons du calcul : lors même qu'en définitive la formule à laquelle on arrive serait délivrée d'imaginaires. En pareil cas, le passage du réel à l'imaginaire n'est qu'un procédé d'induction, fondé, comme on dit, sur la généralité de l'algèbre, pour découvrir des relations que l'on juge nécessaire de prouver ensuite à l'aide de raisonnements directs. Nous croyons avoir expliqué ce qu'il faut entendre par cette généralité de l'algèbre. S'il y a un autre sens dans lequel la même expression doive être prise, il faut reconnaître que ce sens n'a point été jusqu'ici défini de manière à offrir une idée nette à l'esprit.

33. L'emploi des symboles imaginaires a encore cet autre avantage, de permettre d'exprimer avec les signes de l'algèbre, et par la somme algébrique d'un nombre fini de termes, des grandeurs réelles qui ne pourraient s'exprimer exactement, ou (ce qui revient au même) qui n'auraient pour expression exacte que la somme algébrique d'une suite de termes en nombre infini, si l'on voulait éviter les signes d'imaginarité. C'est ce qu'on a remarqué depuis longtemps pour l'expression des racines d'une équation du troisième degré, tombant dans le *cas irréductible;* et les progrès de l'analyse mathématique ont multiplié les exemples de cas analogues. Des radicaux imaginaires *conjugués*, c'est-à-dire qui ne diffèrent que par le signe, entrent alors dans l'expression sous forme finie, et l'opposition des signes $+$ et $-$, fait que les imaginaires se détruisent dans le développement en séries d'un nombre infini de termes. C'est toujours en dépouillant les opérations algébriques des idées purement arithmétiques qui y adhéraient primitivement, pour les convertir en combinaisons abstraites, que l'on rend susceptibles de s'exprimer algébriquement sous forme finie, des grandeurs dont la détermination numérique exige effectivement une succession d'opérations arithmétiques en nombre illimité.

34. Nous avons eu occasion de remarquer (**17**) que les expressions fractionnaires, naturellement amenées par le besoin de mesurer les grandeurs continues, jouissent de propriétés dont l'étude se rattache à celle des propriétés des nombres en tant qu'agrégats d'unités, ou à ce qu'on appelle proprement la théorie des nombres. De même, si l'on convient d'attribuer aux lettres a et b dans l'expression $a + b\sqrt{-1}$ des valeurs entières, et si l'on assujettit les nombres a et b à être rangés sous telles ou telles formes (**3**), on créera des formes numériques imaginaires, dont les propriétés auront de l'analogie avec celles des formes numériques réelles, dans la composition desquelles le signe d'imaginarité n'entre pas. Il suffit ici d'indiquer ces connexions de la théorie des nombres avec l'algèbre proprement dite.

CHAPITRE V.

CONSIDÉRATIONS GÉNÉRALES SUR LA TRADUCTION DES PROBLÈMES EN ALGÈBRE. — DE LA MULTIPLICITÉ DES SOLUTIONS, ET DE L'ASSOCIATION OU DE LA DISSOCIATION ALGÉBRIQUE DES SOLUTIONS MULTIPLES.

35. L'algèbre est une langue sans doute, mais une langue dont nous ne sommes pas maîtres, comme nous pourrions l'être d'une langue d'origine conventionnelle, parce que l'algèbre est aussi une science ayant sa constitution propre, son objet dans des idées, dans des rapports que l'esprit humain ne crée pas arbitrairement et de toutes pièces. Il en résulte que, lorsque nous voulons appliquer l'algèbre à la solution de problèmes sur des grandeurs, l'algèbre ne peut pas toujours traduire toutes les conditions du problème, répondre directement et uniquement à la question posée, dans le sens où nous la posions et de la manière que nous l'entendions. Cette remarque préliminaire doit également trouver son application, soit qu'il s'agisse de grandeurs physiques et concrètes, dans le propre sens du mot ; soit qu'il s'agisse de grandeurs abstraites qui tombent sous la vue de l'esprit, et dont les rapports sont l'objet des spéculations de la raison pure, comme le temps, les grandeurs géométriques, les chances ou les probabilités mathématiques. Ce qui concerne l'application de l'algèbre à la géométrie est l'objet principal de cet essai, et sera traité avec beaucoup de développements dans les chapitres suivants : mais auparavant (pour mieux distinguer ce qui dépend de raisons générales d'avec ce qui tient à des faits particuliers), il convient de rattacher nos remarques à des exemples pris en dehors de la géométrie pure, et d'abord à des exemples pris dans un ordre de spéculations tout aussi abstraites que celles de la géométrie peuvent l'être.

Imaginons donc cinq urnes renfermant des boules blanches et des boules noires, de manière que le rapport x du nombre des boules blanches au nombre total des boules soit le même pour chaque urne : si l'on désigne par k la probabilité mathématique de l'événement, qui consiste à extraire simultanément des cinq urnes une boule de même couleur, c'est-à-dire le rapport entre le nombre des combinaisons propres à amener cet événement et le nombre total des combinaisons possibles, on aura, entre les fractions x et k, par les règles les plus élémentaires de la théorie des combinaisons, l'équation

$$x^5 + (1 - x)^5 = k, \qquad [a]$$

qui fera connaître sans difficulté la valeur de k, si celle de x est connue. Supposons maintenant que celle de x

soit au contraire inconnue, et que l'on connaisse (n'importe comment) la valeur de la fraction k, d'où il faudra conclure celle de la fraction x, en résolvant l'équation [a]. Cette équation se trouve être du quatrième degré, après le développement du premier membre, et la forme de l'équation nous montre que, si elle admet la racine α, elle en admettra une autre égale à $1-\alpha$, puisque l'on peut changer dans cette équation x en $1-x$, sans qu'elle en soit altérée. D'ailleurs, cette circonstance de forme tient essentiellement à la nature du problème, puisque la connaissance du nombre k ne nous fait pas connaître séparément la probabilité d'amener à la fois cinq boules blanches, ou celle d'amener à la fois cinq boules noires : de sorte que, si le nombre donné k convient au cas où il y a un certain rapport α entre le nombre des boules blanches et le nombre total des boules, il faut bien qu'il convienne aussi au cas où α se changerait en $1-\alpha$ par l'échange des couleurs. Cela posé, et en continuant de désigner par α l'une des racines qui conviennent à la question, c'est-à-dire un nombre compris entre 0 et 1, l'équation [a] deviendra

$$x^5 + (1-x)^5 = \alpha^5 + (1-\alpha)^5,$$

et pourra se mettre sous la forme·

$$[x^2 - x + \alpha(1-\alpha)]\,[x^2 - x + 1 - \alpha(1-\alpha)] = 0.$$

Le premier facteur donne les deux racines α et $1-\alpha$

que la question comporte : on tire de l'autre facteur
les deux autres racines

$$x = \frac{1}{2} \pm \sqrt{\frac{1}{4} + \alpha(1-\alpha) - 1},$$

qui sont nécessairement imaginaires, à cause que le
produit $\alpha(1-\alpha)$ ne peut pas, comme on le sait, surpasser $\frac{1}{4}$. L'algèbre se trouve donc ici tout à fait d'accord avec la nature de la question : il y avait nécessairement deux solutions; elle nous les donne et elle
ne nous en donne pas d'autre.

Supposons maintenant quatre urnes au lieu de cinq,
et que le nombre k désigne la probabilité d'un partage
égal entre les couleurs : deux quelconques des urnes
donnant une boule blanche et les deux autres une boule
noire. L'équation [a] sera remplacée par

$$6x^2(1-x)^2 = k; \qquad [b]$$

et la forme de l'équation, d'accord avec la nature du
problème, fait toujours voir qu'à une racine α doit être
associée une autre racine égale à $1-\alpha$. En opérant
sur l'équation [b], comme sur l'équation [a], on la
mettra sous la forme

$$[x^2 - x + \alpha(1-\alpha)]\,[x^2 - x - \alpha(1-\alpha)] = 0;$$

le premier facteur produit les racines α et $1-\alpha$; tandis
que l'autre facteur fournit les racines toujours réelles

$$x = \frac{1}{2} \pm \sqrt{\frac{1}{4} + \alpha(1-\alpha)},$$

dont l'une est nécessairement plus grande que l'unité, et l'autre nécessairement négative. Or, il est clair que ces deux racines sont absolument étrangères à la solution du problème qui nous occupe, puisque dans ce problème l'inconnue x désigne essentiellement une fraction proprement dite, un nombre positif plus petit que l'unité. Donc, il n'y a plus ici ce parfait accord que nous remarquions tout à l'heure; et en effet l'on ne voit pas de raison pour qu'un tel accord subsiste nécessairement. On comprend bien que, s'il y a plusieurs valeurs propres à satisfaire à la question, telle qu'elle est posée dans le langage ordinaire, et ensuite écrite en algèbre, l'algèbre doit nécessairement les donner; mais il n'est pas vrai réciproquement que toutes les valeurs données simultanément par l'algèbre soient propres à satisfaire à la question, puisqu'il peut y avoir des conditions explicitement ou implicitement contenues dans les termes de la question, et qui ne soient ni explicitement ni implicitement exprimées dans l'équation algébrique : comme, en effet, les équations [a] et [b] n'expriment ni ne peuvent exprimer que le nombre x est assujetti à rester compris entre zéro et l'unité.

Donc, si, dans un autre ordre de spéculations abstraites, nous trouvons une corrélation exacte entre le système de solutions que la question comporte et le système des solutions que donne l'algèbre, il faudra ne voir dans cette corrélation qu'un fait accidentel, ou bien il faudra en chercher la raison dans un autre fait plus général, sans admettre en principe, et comme une vérité *a priori,* qu'une telle corrélation existe nécessairement pour tous les cas.

36. Proposons-nous encore cette autre question : Deux joueurs, Pierre et Paul, entrent au jeu ; Pierre qui n'a qu'un écu le donne à Paul pour avoir le droit de tirer dans une urne qui contient des billets blancs, des billets portant le n° 1 et des billets portant le n° 2 ; s'il tire un billet blanc, Paul ne lui rend rien, et la partie est finie à ce premier coup ; s'il tire un billet n° 1, Paul lui rend un écu : il en rend deux si Pierre a amené un billet n° 2. Dans tous les cas le billet extrait est remis dans l'urne, les conditions du sort devant rester les mêmes à chaque tirage.

Au second coup, Pierre expose successivement de la même manière chacun des écus qu'il a reçus de Paul par suite du résultat du premier coup. La partie peut finir à ce second coup, parce que les écus exposés seront successivement perdus, et que Paul ne rendra rien. Au cas contraire, les écus reçus de Paul par suite des résultats du second coup seront successivement exposés dans un troisième coup, et ainsi de suite. On demande les probabilités $p_1, p_2, p_3, \ldots p_n$, que la partie finira, et que Pierre sera dépouillé au plus tard à l'issue du 1er, du 2e, du $3^e, \ldots$ du $n^{ième}$ coup.

Appelons k_0, k_1, k_2, les probabilités respectives des

tirages d'un billet blanc, d'un billet n° 1 et d'un billet n° 2, de sorte qu'on ait

$$k_0 + k_1 + k_2 = 1, \qquad [1]$$

et formons le polynome

$$k_0 + k_1\alpha + k_2\alpha^2 : \qquad [\alpha]$$

la probabilité p_1, est évidemment égale à k_0; la probabilité p_2 est la valeur que prend le polynome $[\alpha]$ quand on y remplace α par $k_0 = p_1$; la probabilité p_3 est la valeur que prend ce même polynome quand on y remplace α par p_2, et ainsi de suite. La forme du polynome $[\alpha]$ montre que la suite

$$p_1, p_2, p_3, \text{etc.}, \qquad [p]$$

prolongée à l'infini, se compose de termes positifs qui vont toujours en croissant, sans jamais égaler l'unité. Donc ces termes convergent vers une certaine limite positive y, plus petite que 1, ou tout au plus égale à 1, et dont on obtiendra la valeur en faisant dans l'équation

$$p_n = k_0 + k_1 p_{n-1} + k_2 p^2_{n-1},$$

$p_n = p_{n-1} = y$, ce qui donnera

$$y = k_0 + k_1 y + k_2 y^2,$$

ou bien en vertu de l'équation $[1]$,

$$k_2 y^2 - (k_0 + k_2) y + k_0 = (y - 1)(k_2 y - k_0) = 0;$$

de sorte que, si l'on désigne par y', y'' les deux racines, il viendra

$$y' = 1, \quad y'' = \frac{k_0}{k_2}.$$

Remarquons maintenant que Paul jouera à chaque coup avec avantage, ou à jeu égal, ou avec désavantage, suivant qu'on aura

$$k_1 + 2k_2 < 1, \quad k_1 + 2k_2 = 1, \quad k_1 + 2k_2 > 1,$$

conditions dont l'expression se réduit, en vertu de l'équation [1], à

$$k_2 < k_0, \quad k_2 = k_0, \quad k_2 > k_0.$$

Dans le premier cas, la valeur de y'' surpasse 1 et ne peut convenir à la question ; c'est la valeur de y' qui y satisfait, quelles que soient d'ailleurs les valeurs numériques de k_0, k_2. Au second cas, les deux valeurs de y', y'' deviennent égales et satisfont indifféremment à la question. Au troisième cas enfin, ce n'est plus la valeur constante de y', mais bien celle de y'' qui y satisfait, puisqu'il est visible que la probabilité de la ruine finale de Pierre doit pouvoir devenir aussi petite qu'on le voudra, par l'attribution d'une valeur suffisamment petite au coefficient k_0. Ainsi, dans ce problème, non-seulement il y a une racine algébrique étrangère à la question, mais la solution du problème, d'abord attachée à l'une des racines algébriques, la quitte brusquement pour s'attacher à l'autre.

On peut généraliser l'énoncé de la question en

supposant dans l'urne des billets portant les n°s 3, 4, etc., dont le tirage entraînerait pour Paul l'obligation de rendre à Pierre 3, 4 écus, etc.; ou même, sans emprunter de considérations étrangères à l'arithmétique pure, on peut supposer que la loi de formation des nombres $[p]$, au lieu de dépendre du polynome $[\alpha]$, dépend du polynome

$$k_0 + k_1\alpha + k_2\alpha^2 + k_3\alpha^3 + \ldots + k_m\alpha^m,$$

dans lequel les coefficients k_0, k_1,...k_m sont liés par l'équation

$$k_0 + k_1 + k_2 + k_3 + \ldots + k_m = 1.$$

La limite y est alors l'une des racines de l'équation

$$k_m y^m + k_{m-1} y^{m-1} + \ldots - (k_0 + k_2 + \ldots + k_m) y + k_0 = 0.$$

L'une des racines y' est toujours égale à 1; une autre y'' est toujours positive et $>$ ou <1, suivant qu'on a

$$k_1 + 2k_2 + 3k_3 + \ldots + mk_m < \text{ ou } > 1 ;$$

les autres racines sont négatives ou imaginaires et constamment étrangères au problème arithmétique de la détermination de la limite des quantités $[p]$, pour laquelle il faut prendre, tantôt la racine y' et tantôt la racine y'', ainsi qu'on l'a expliqué sur le cas le plus simple *.

---

* Le problème énoncé dans le texte est au fond le même que celui qui a pour objet de déterminer la probabilité de la durée des descendances masculines ou des familles, problème dont M. Bienaymé s'est occupé.

37. Prenons maintenant un problème qui tienne à la physique, et proposons-nous de calculer la profondeur à laquelle un corps est tombé d'après le temps écoulé entre le commencement de la chute et l'instant où l'oreille a perçu le bruit causé par le choc du corps au terme de sa chute. Si l'on désigne par t ce temps exprimé en secondes, par g le double de l'espace que décrit un corps en tombant librement dans le vide pendant la première seconde de sa chute, par h la vitesse uniforme du son ou l'espace qu'il décrit en chaque seconde, par x la profondeur inconnue; et si l'on néglige la résistance de l'air, on a pour l'équation du problème

$$\sqrt{\frac{2x}{g}} + \frac{x}{h} = t, \qquad [c]$$

d'où l'on tire, en faisant évanouir le radical,

$$x^2 - 2\left(\frac{h^2}{g} + ht\right)x + h^2 t^2 = 0, \qquad [d]$$

et en résolvant

$$x = \frac{h}{g}(h + gt) \pm \frac{h}{g}\sqrt{h(h + 2gt)}.$$

Les deux racines sont de même signe, et toutes deux positives, à cause que h, g et t désignent, d'après l'énoncé, des nombres positifs; mais il n'y a que la plus petite de ces racines qui satisfasse à la question, puisque, d'après l'énoncé, on doit nécessairement avoir

$$\frac{x}{h} < t \quad \text{ou} \quad x < ht.$$

Au fond, il n'y a non plus que cette racine qui satisfasse à la véritable équation du problème, savoir à l'équation [c] : l'autre satisfait à une équation de forme distincte, quoique analogue,

$$-\sqrt{\frac{2x}{g}}+\frac{x}{h}=t; \qquad [c']$$

et si les deux racines satisfont à l'équation [d], c'est que l'équation [c'], aussi bien que l'équation [c], conduit à l'équation [d], lorsqu'on élève au carré pour faire disparaître le radical et amener la résolution algébrique : ce qui est nécessité par la nature de l'algèbre et non par celle de la question.

38. L'équation [c'] répond à une question physique analogue et qu'on peut énoncer en ces termes : Déterminer, en faisant abstraction de la résistance de l'air, la hauteur d'où est tombé un corps pesant, dépourvu de vitesse initiale, d'après le temps qui s'est écoulé entre l'instant où le corps est arrivé au point le plus bas de sa course, et l'instant où l'oreille a perçu en ce point le bruit d'une explosion ou d'un signal quelconque, qui se faisait au lieu et au moment où le corps a commencé de tomber, lorsque d'ailleurs on suppose que l'arrivée du corps précède l'audition du signal. La plus grande racine de l'équation [d] résout ce problème qui se trouve ainsi algébriquement associé ou *conjugué* avec celui du numéro précédent.

39. Si l'on admet au contraire que l'audition du

signal précède l'arrivée du corps, toutes les autres données restant les mêmes, l'équation du problème deviendra :

$$\sqrt{\frac{2x}{g}} - \frac{x}{h} = t, \qquad [c'']$$

et par la disparition du radical

$$x^2 - 2\left(\frac{h^2}{g} - ht\right)x + h^2t^2 = 0, \qquad [d'']$$

d'où l'on tire

$$x = \frac{h}{g}(h - gt) \pm t\frac{h}{g}\sqrt{h(h - 2gt)}.$$

Les deux racines de cette équation sont imaginaires, si l'on a

$$h < 2gt;$$

dans le cas contraire elles sont toutes deux réelles et positives, parce qu'en effet le problème comporte deux solutions. On peut remarquer que le problème $[c']$, algébriquement associé au problème $[c]$, ne l'est point au problème $[c'']$ avec lequel il a pourtant une analogie bien plus étroite. Évidemment l'algèbre associe les uns et disjoint les autres, sans que la séparation ni la réunion tiennent à la nature de la question.

40. Mais, pour nous en mieux convaincre, supposons maintenant le corps soumis dans sa chute à des forces ou à des résistances telles que le radical carré $\sqrt{\frac{2x}{g}}$ doive être remplacé, dans les formules précédentes, par le radical cubique $\sqrt[3]{\frac{3x}{g}}$. C'est là une hypothèse bien permise, et qui ne choque pas plus les notions de la physique générale, que l'hypothèse admise plus haut, celle de la suppression de la résistance de l'air. Cela posé, et en revenant d'ailleurs à l'énoncé du problème du n° **37**, nous aurons pour l'équation de ce problème

$$\sqrt[3]{\frac{3x}{g}}+\frac{x}{h}=t, \qquad [\text{C}]$$

ce qui nous conduira à l'équation cubique

$$\frac{x^3}{h^3}-3t\frac{x^2}{h^2}+3\left(t^2+\frac{h}{g}\right)\frac{x}{h}-t^3=0, \qquad [\text{D}]$$

que l'on peut mettre sous la forme

$$\left(\frac{x}{h}-t\right)^3+3\frac{h}{g}\left(\frac{x}{h}-t\right)+3\frac{h}{g}t=0,$$

de manière à reconnaître sans difficulté qu'elle n'a qu'une seule racine réelle essentiellement positive. Ainsi déjà, dans cette nouvelle hypothèse, le problème du n° **37** se trouvera algébriquement disjoint de celui du n° **38**, avec lequel il était précédemment associé.

L'énoncé du problème du n° **38** mènera, dans l'hypothèse actuelle, à l'équation

$$-\sqrt[3]{\frac{3x}{g}}+\frac{x}{h}=t, \qquad [\text{C}']$$

laquelle devient, après la disparition du radical,

$$\frac{x^3}{h^3}-3t\frac{x^2}{h^2}+3\left(t^2-\frac{h}{g}\right)\frac{x}{h}-t^3=0, \qquad [\text{D}']$$

ou $$\left(\frac{x}{h}-t\right)^3-3\frac{h}{g}\left(\frac{x}{h}-t\right)-3\frac{h}{g}t=0.$$

Cette équation aura deux racines imaginaires, et par suite elle n'admettra qu'une racine réelle positive, si l'on a

$$t^2 > \frac{4}{9} \cdot \frac{h}{g};$$

pour rendre réelles les trois racines, il faut supposer l'inégalité inverse

$$t^2 < \frac{4}{9} \cdot \frac{h}{g}, \quad \text{d'où } a\ fortiori \quad t^2 < \frac{h}{g};$$

de façon que l'équation [D'], n'ayant qu'une variation de signes, n'admettra toujours qu'une racine positive.

L'énoncé du problème du n° **39** fournirait l'équation

$$\sqrt[3]{\frac{3x}{g}} - \frac{x}{h} = t, \qquad [C'']$$

qui ne diffère de [C'] que par le changement de x en $-x$. Ainsi, suivant qu'on aura

$$t^2 > \quad \text{ou} \quad < \frac{4}{9} \cdot \frac{h}{g},$$

l'équation [C''] n'admettra qu'une racine réelle négative, numériquement égale à la racine positive de l'équation [C'], et le problème du n° **39** n'admettra pas de solution; ou bien il en admettra deux, l'équation [C''] acquérant deux racines réelles positives et une racine réelle négative, respectivement égales, quant à la valeur numérique, aux racines négatives et à la racine positive que l'équation [C'] acquiert alors.

Il résulte de cette discussion que, dans la nouvelle hypothèse sur la forme particulière de la loi d'accélération du mouvement, il n'y a rien de changé quant au nombre de solutions que chacun des trois problèmes comporte, parce que, en effet, cela ne dépend ni du degré des radicaux auxquels conduit l'expression algébrique de la loi, ni même de la circonstance que la loi d'accélération est susceptible de s'exprimer algébriquement, circonstance qui peut ne pas se présenter, et qui notamment ne se présenterait plus, si l'on tenait un compte exact des effets de la résistance de l'air. Mais on voit en même temps que, suivant le degré du radical auquel conduit l'expression algébrique de la loi d'accélération, des problèmes foncièrement identiques se trouvent associés algébriquement de diverses manières. Dans notre nouvelle hypothèse, ce sont les problèmes des n°s 38 et 39 qui se trouvent algébriquement associés, et qui, en effet, ont plus d'affinité entre eux qu'ils n'en ont avec le problème du n° 37, maintenant algébriquement disjoint de l'un et de l'autre; tandis que, dans la première hypothèse, qui est celle que la nature réalise pour les corps pesants tombant dans le vide, le problème du n° 37 est au contraire algébriquement groupé avec celui du n° 38, et celui-ci se trouve algébriquement disjoint de son analogue, ou du problème du n° 39. Cet exemple suffit pour faire comprendre ce qu'il y a d'accidentel dans le groupement algébrique des solutions appartenant à divers problèmes, et la nécessité de s'enquérir des raisons d'une correspondance soutenue entre les liens algébriques des solutions et les analogies réelles des problèmes auxquels les solutions appartiennent, quand une telle correspondance s'observe.

41. Nous ne pouvons donc adopter en ceci l'opinion du savant auteur dont nous avons eu déjà, dont nous aurons par la suite plus d'une occasion de rappeler les pensées toujours ingénieuses et souvent profondes. Suivant lui * « l'algèbre ne nous donne exactement que ce qu'un raisonnement parfait nous aurait donné lui-même.....; elle ne donne rien au delà de ce qu'on lui demande; elle n'est pas plus générale que la logique considérée dans sa perfection, et le degré où l'équation s'élève est le degré même de la question, si elle est parfaitement posée. » Nous verrons dans la suite ce qu'il faut entendre au juste par cette expression *le degré* de la question, et à quel ordre de considérations il faut s'attacher pour en trouver une explication précise ; mais, dès à présent, sur l'exemple que nous avons choisi, on voit clairement que le degré de la question n'a rien à faire avec le degré de l'équation algébrique ; qu'il reste le même

---

* *Réflexions sur les principes fondamentaux de la Théorie des nombres,* par M. Poinsot, pages 8 et 9.

quand le degré algébrique change ; et qu'il ne changerait pas quand même la question cesserait de conduire à une équation algébrique. Sans connaître l'algèbre, et sans connaître la loi de la résistance du
milieu, nous trouverions, en raisonnant bien sur la
marche des grandeurs, que le problème résolu au
n° 39 pour le cas du vide doit en général admettre
deux solutions ou n'en admettre aucune ; que chacun
des problèmes résolus aux n°s 37 et 38 pour la même
hypothèse du vide, doit toujours admettre une solution et n'en admettre qu'une. Voilà bien ce qui doit
constituer, dans un sens purement logique, le degré
de la question, si par degré l'on entend le nombre
des solutions multiples ; et encore une fois ce degré
logique et le degré de l'équation algébrique à laquelle
on est conduit quand le problème peut se traduire
en algèbre, ne sont nullement subordonnés l'un à
l'autre.

Sans connaître la théorie des équations algébriques,
on pourrait trouver par tâtonnement les valeurs de
l'inconnue x dans les équations $[c]$, $[c']$, $[c'']$, $[C]$, $[C']$,
$[C'']$, comme on trouverait par tâtonnement les ra-
cines d'une équation non algébrique de forme analogue, pour le cas où la résistance du milieu ne comporterait pas d'expression algébrique. Ces équations
sont proprement celles qui traduisent en algèbre les
conditions de la question ; quand on les a obtenues,
on peut dire avec M. Poinsot que le problème est *bien*

exprimé. Lorsqu'on passe de ces équations à d'autres dans lesquelles l'inconnue ne se trouve plus en dénominateur ni affectée de radicaux (que ces équations appartiennent ou non à la catégorie de celles qu'on sait résoudre algébriquement), on le fait pour se conformer à la constitution spéciale des équations algébriques, pour pouvoir appliquer des méthodes qui exigent qu'on ait mis préalablement les équations sous cette forme ; mais en faisant cela, on introduit une ambiguïté qui ne se trouvait pas dans le problème bien exprimé ; on opère des associations et des dissociations diverses, d'après des circonstances algébriques qui ne touchent en rien au fond des questions, contrairement aux conditions d'une langue parfaite qui devrait donner des résultats analogues pour tous les cas analogues.

Sans doute, si l'on pose en principe que la logique pure, que le raisonnement parfait requièrent qu'on fasse abstraction de toutes les circonstances du problème non exprimées ni exprimables algébriquement, l'algèbre se trouvera nécessairement d'accord avec la logique pure, puisque, par définition, la logique pure ne sera pas autre chose que l'algèbre. Mais toute comparaison suppose deux termes : il s'agit de savoir si l'algèbre introduit des ambiguïtés, des associations de solutions, qui ne se trouveraient pas dans la question soumise à une analyse logique et exacte, sans l'intervention de l'algèbre ; et c'est ce que les exemples précédents, auxquels bien d'autres se joindront plus tard, mettent suivant nous hors de doute.

Si l'on déclinait l'autorité des exemples pris dans les problèmes des n°s 37, 38 et 39, parce que ce sont des problèmes concrets, portant sur des phénomènes sensibles qu'une langue abstraite, comme l'algèbre, ne peut pas exprimer dans ce qu'ils ont de matériel, nous remonterions à l'exemple du n° 36, où il s'agit d'idées qui tiennent à l'arithmétique pure et qu'une définition abstraite peut saisir complétement. Lorsqu'on définit le nombre y comme étant la limite dont s'approchent sans cesse les nombres

$$p_1, \; p_2, \; p_3, \; \text{etc.},$$

que l'on obtient successivement, savoir : 1° le nombre p_1 en calculant la valeur numérique du polynome

$$k_0 + k_1\alpha + k_2\alpha^2 + \ldots + k_m\alpha^m,$$

pour $\alpha = k_0$; 2° le nombre p_2 en calculant la valeur numérique du même polynome pour $\alpha = p_1$, et ainsi de suite; les nombres k_0, k_1,... k_m étant d'ailleurs des fractions qui ont l'unité pour somme; lorsqu'on définit, disons-nous, le nombre y de cette manière, on en donne une définition très-déterminée, purement abstraite, qui ne peut convenir qu'à un nombre unique, et d'après laquelle, sans avoir jamais entendu parler de la théorie des équations algébriques, on peut calculer ce nombre avec tel degré d'approxima-

tion que l'on veut. Il ne s'agit point ici « de ces énoncés imparfaits, qui mêlent aux conditions essentielles
et déterminantes, des conditions inutiles et souvent
contradictoires. » Il ne s'agit pas « de ces rapports
vagues qui ne peuvent servir à aucune détermination, » qu'une langue parfaite comme l'algèbre n'est
pas tenue d'exprimer et qu'elle ne doit même pas
pouvoir exprimer. Tout est précis, déterminant,
dans la définition purement arithmétique, et néanmoins tout ne peut pas se traduire en algèbre : car la
définition algébrique du nombre y consistera à écrire
l'équation

$$k_m y^m + k_{m-1} y^{m-1} + \ldots - (k_0 + k_2 + \ldots + k_m) y + k_0 = 0 ;$$

et cette définition ambiguë convient, non-seulement
au nombre y de la première définition, mais à d'autres nombres. Si l'on sépare, par la résolution algébrique, les différentes expressions algébriques de y
résultant de cette équation, et qu'on les désigne par

$$y', \quad y'', \quad \ldots y^{(m)}, \qquad [y]$$

la séparation ne dépendra pas des valeurs numériques attribuées aux coefficients

$$k_m, \quad k_{m-1}, \quad \ldots k_0 ;$$

et pourtant, suivant qu'on attribuera à ces coefficients
telles ou telles valeurs numériques, la définition arithmétique de y, toujours invariable, cadrera, tantôt

avec l'une de ces expressions $[y]$, maintenant algé-briquement distinctes, tantôt avec l'autre.

Concluons donc que l'algèbre, par la nécessité de sa constitution propre, en tant que théorie, ramène à tel degré déterminé de généralité, quand on y applique l'algèbre, des questions ou des définitions qui ont intrinsèquement un degré de généralité différent, le seul que devraient admettre un raisonnement parfait et une langue parfaite; que ceci constitue une imperfection de l'algèbre en tant que langue et instrument logique, ou, comme l'a dit d'Alembert *, un inconvénient de l'algèbre plutôt qu'une richesse : si toutefois il est permis de qualifier d'*imperfection* et d'*inconvénient* ce qui est une suite nécessaire de la nature des choses, des lois qui régissent le monde immuable des idées, et non le résultat d'institutions arbitraires.

42. Toutes les fois que l'inconnue d'une équation algébrique est une grandeur de la catégorie de celles qui peuvent s'étendre indéfiniment de part et d'autre d'une origine arbitraire, s'il n'y a pas d'ailleurs de conditions particulières qui assujettissent la grandeur inconnue à rester comprise entre de certaines limites, toutes les racines réelles de l'équation, tant positives que négatives, fournissent évidemment autant de solutions de la question posée. Si le problème n'admet

---

* *Encyclopédie*, au mot ÉQUATION.

que des solutions correspondant à des racines positives, il arrive souvent que le changement de signe de différents termes de l'équation, par le changement de x en $-x$, suggère immédiatement les modifications que doit subir l'énoncé du problème, pour que les solutions négatives dans l'énoncé primitif deviennent les solutions positives dans le nouvel énoncé, et inversement. Dans des cas moins fréquents, le mécanisme des signes algébriques suggère immédiatement aussi les modifications que l'énoncé doit subir, pour que des racines imaginaires deviennent réelles. Cela se comprend sans peine et se trouve d'ailleurs assez bien expliqué dans les auteurs pour que nous n'ayons pas besoin d'y revenir.

CHAPITRE VI.

DE LA TRADUCTION EN ALGÈBRE DES PROBLÈMES DE GÉO-
MÉTRIE. — COMPARAISON ENTRE LA GÉOMÉTRIE ET
L'ALGÈBRE, QUANT A LA MULTIPLICITÉ DES SOLUTIONS,
A L'ASSOCIATION OU A LA DISSOCIATION DES SOLUTIONS
MULTIPLES. — DES LIEUX GÉOMÉTRIQUES ET DE L'APPLI-
CATION DE L'ALGÈBRE A LA GÉOMÉTRIE PAR LA MÉTHODE
DES COORDONNÉES.

43. On a déjà dû saisir, d'après les explications
et les exemples rapportés dans le précédent chapitre,
ce qu'il faut entendre par la correspondance entre
l'algèbre et un ordre de questions auxquelles l'algèbre
s'applique, et comprendre la nécessité de distinguer
ce qu'il peut y avoir d'accidentel ou d'essentiel dans
une telle correspondance, quand elle existe. Nous
allons donner suite à ces remarques en les dirigeant
maintenant vers l'objet principal que nous avons en
vue, la correspondance de l'algèbre et de la géométrie ; et pour cela nous tâcherons de saisir les exemples les plus simples et les plus nets.

En premier lieu proposons-nous ce problème : Un
rectangle ABCD (*fig.* 2) étant donné, on demande de
l'encadrer dans un autre rectangle A'B'C'D' ayant le
même centre O, ses côtés A'B', B'C', etc., à égales

distances des côtés AB, BC, etc., auxquels ils sont respectivement parallèles, et tel enfin que son aire soit à celle du rectangle donné, dans le rapport du nombre n à l'unité. Posons

$$AB = 2a, \quad BC = 2b, \quad mm' = nn' = pp' = qq' = x :$$

l'équation du problème est

$$(x + a)(x + b) = nab, \qquad [a]$$

et la résolution donne

$$x = -\frac{a+b}{2} \pm \frac{1}{2}\sqrt{(b-a)^2 + 4nab}.$$

Afin de mieux fixer les idées, supposons $a < b$: n étant plus grand que l'unité, l'équation $[a]$ aura deux racines réelles, l'une positive, l'autre négative et numériquement supérieure à b. La racine positive répond directement à la question telle qu'on l'a posée ; et il arrive que la racine négative peut encore s'interpréter : car, si l'on porte la valeur négative de x à partir du point m, non plus dans la direction mm', mais dans la direction opposée mm'' (conformément à ce qui a été expliqué dans le courant du chapitre III, et notamment au n° **22**, sur l'opposition de sens ou de direction des valeurs positives et négatives), et si l'on opère de même aux trois autres points n, p, q, on construira un autre rectangle $A''B''C''D''$, dont les côtés satisferont aux mêmes conditions de parallélisme et d'équidistance, et dont l'aire sera égale à celle du rectangle $A'B'C'D'$. Seulement le périmètre rectangulaire A″B″C″D″ ne formera plus autour du rectangle donné un cadre de largeur uniforme, et même il pourra se faire qu'il n'encadre plus le rectangle donné : ce qui arrivera toutes les fois que la valeur numérique de la racine négative ne surpassera pas $2b$. Lorque $a = b$, ou lorsque le rectangle donné devient un carré, les deux rectangles A′B′C′D′, A″B″C″D″ deviennent aussi des carrés et se superposent, de manière que les deux solutions se confondent.

Quand on prend pour l'inconnue x l'une des distances

$$mm'' = nn'' = pp'' = qq'',$$

l'équation du problème, telle que la lecture de la figure la donne immédiatement, devient

$$(x - a)(x - b) = nab, \qquad [a']$$

et elle se confond avec celle qu'on obtiendrait en changeant x en $-x$ dans l'équation $[a]$, de sorte que la racine négative de l'équation $[a]$ est la racine positive de l'équation $[a']$, et réciproquement.

Jusqu'ici la géométrie et l'algèbre semblent marcher d'accord : l'équation $[a]$, ou, si l'on veut, l'équation $[a']$ a deux racines qui correspondent à deux solutions géométriques que le problème comporte, lorsqu'on ne s'astreint pas trop servilement à la lettre d'un premier énoncé ; ou du moins, si les deux solutions sont regardées comme appartenant à des problèmes géométriquement distincts, il y a entre ces problèmes une connexion qui rend ou semble rendre raison de l'association des racines correspondantes dans la même équation algébrique. En outre, l'opposition de signe entre les racines ainsi associées correspond bien à un changement de direction, conformément aux principes généraux sur l'interprétation des valeurs négatives.

Mais, pour reconnaître que cette association n'est point essentielle, qu'elle doit être au contraire réputée accidentelle, il suffit de remarquer que la question géométrique comporte ou peut comporter d'autres solutions, tout aussi admissibles que celle qui est fournie par la racine négative de [a] ou par la racine positive de [a']. En effet, si l'on pose

$$(x-a)(b-x)=nab, \qquad [a'']$$

d'où

$$x=\frac{a+b}{2}\pm\frac{1}{2}\sqrt{(b-a)^2-4nab},$$

les deux racines de cette équation, toutes deux positives si elles sont réelles, étant portées à partir du point m dans la direction mn, à partir du point p dans la direction pq, et ainsi de suite, détermineront la construction de deux rectangles qui auront chacun leurs côtés parallèles deux à deux à ceux du rectangle primitif, aussi bien que les rectangles A'B'C'D', A''B''C''D'', et dont l'aire égalera l'aire de l'un quelconque de ces deux rectangles. Ainsi les racines positives de [a''], aussi bien que la racine positive de [a'], satisfont au problème géométrique dont la première solution nous était fournie par la racine positive de $[a]$: si les solutions $[a'']$ ne sont point, comme la solution $[a']$, algébriquement associées à la solution $[a]$, cela tient à une circonstance algébrique facile à apercevoir, mais il n'y a rien, dans la nature géométrique du problème, qui rende raison de ce contraste.

44. Pour en être encore mieux convaincu, il n'y a qu'à se proposer, dans la géométrie des solides, un problème parfaitement analogue au problème de géométrie plane que l'on vient de résoudre. Imaginons donc un prisme rectangulaire droit, ayant pour arêtes les droites $2a$, $2b$, $2c$, que nous supposerons désignées ici dans leur ordre de grandeur croissante; et proposons-nous de l'emboîter dans un autre prisme rectangulaire droit, ayant le même centre de figure et ses faces respectivement parallèles à celles du prisme donné : de manière que, si l'on considère l'une quelconque des faces du prisme emboîté et la face parallèle du prisme emboîtant, située du même côté par rapport au centre de figure des deux prismes, il y ait toujours entre ces deux faces la même distance x, déterminée par la condition que le volume du prisme emboîtant soit au volume du prisme emboîté dans le rapport de n à l'unité. L'équation du problème ainsi posé est

$$(x+a)(x+b)(x+c) = nabc; \qquad [A]$$

et si l'on considère que le premier membre de cette équation va toujours en croissant pour des valeurs positives de x de plus en plus grandes, on s'assurera qu'elle ne peut avoir qu'une racine positive.

Comme le nombre n est supposé positif et plus grand que l'unité, il est facile de conclure de considérations analogues, que les deux autres racines de l'équation [A] sont imaginaires, ou que, si elles sont réelles et partant négatives, les valeurs numériques de ces racines tombent entre b et c. Il faudrait cependant que l'équation [A] eût une racine négative, numériquement plus grande que c, pour que l'analogie avec le problème du numéro précédent fût conservée, et pour que la même correspondance entre la géométrie et l'algèbre continuât de subsister. En effet l'on peut de même, en écartant la condition accessoire que la différence des deux prismes forme une boîte ou une enveloppe solide d'épaisseur uniforme, pour ne tenir compte que du parallélisme des faces et du rapport des volumes, concevoir que la distance x soit celle de l'une quelconque des faces du prisme cherché à la face parallèle du prisme donné, située de l'autre côté du centre commun de figure; et l'équation du problème, donnée par la traduction immédiate de ces conditions, est

$$(x - a)(x - b)(x - c) = nabc; \qquad [\text{A}']$$

mais on ne peut plus passer de [A] à [A'], comme on passait de [a] à [a'], par le simple changement de x

en — x, malgré l'analogie des formes, et malgré l'analogie des conditions géométriques que ces formes traduisent.

L'équation [A'] admet toujours une racine positive plus grande que c, et n'en admet qu'une : ses deux autres racines sont imaginaires, ou bien elles sont positives et tombent toutes deux entre a et b. La racine plus grande que c, est celle qu'il faut joindre, avec un signe contraire, à la racine positive de l'équation [A] pour représenter le système de solutions, géométriquement analogue au système donné par les deux racines de l'équation [a]. Lorsque le prisme primitif est un cube, les équations [A], [A'] deviennent respectivement

$$(x + a)^3 = na^3, \quad (x - a)^3 = na^3;$$

et l'on passe de la première à la seconde en changeant x en $x - 2a$: de façon que les deux solutions algébriques se confondent géométriquement en une seule, et donnent lieu à la construction d'un même cube, comme l'analogie l'exige, d'après ce qui a lieu pour le carré.

Les deux racines négatives de [A], numériquement comprises entre b et c, et les deux racines positives de [A'] comprises entre a et b, quand les unes ou les autres existent, ou quand toutes existent, sont géométriquement les analogues des racines de l'équation [a'']. Les unes sont algébriquement associées, les autres algébriquement disjointes, sans qu'il y ait à cela aucune raison prise dans la nature des constructions géométriques correspondantes, ou plutôt contrairement aux analogies géométriques.

45. Nous allons passer à des problèmes d'une autre famille; et d'abord nous supposerons que, par un point m (*fig.* 3), pris dans l'espace angulaire droit AOB, on demande de mener une droite AmB, de façon que le triangle AOB ait une aire donnée k^2.

Désignons par x, y les côtés cherchés OA, OB, et par a, b les droites mq, mp respectivement parallèles à OA, OB : puisque le point m est donné, les longueurs a, b sont censées données, et l'on a, à cause de la similitude des triangles rectangles BOA, Bqm, la proportion

$$y : x :: y - b : a,$$

ou l'équation équivalente

$$y = \frac{bx}{x-a}.$$

La condition du problème fournit d'ailleurs l'équation

$$\tfrac{1}{2}.xy = k^2,$$

qui devient, par la substitution de la valeur de y,

$$\tfrac{1}{2}.\frac{bx^2}{x-a} = k^2,$$

et d'où l'on tire en résolvant

$$x = \frac{k}{b}(k \pm \sqrt{k^2 - 2ab}).$$

Ces racines sont toutes deux positives, quand elles

sont réelles, ou quand le triangle demandé est possible; et elles correspondent à deux solutions géométriques de la question, indiquées sur la figure par les lignes AmB, A'mB'.

Mais on pourrait supposer aussi que les droites rectangulaires OA, OB sont prolongées indéfiniment de part et d'autre du point O (*fig.* 4); et que le triangle rectangle dont on donne l'aire, ayant toujours pour hypoténuse une droite assujettie à passer par le point m, a pour côtés de l'angle droit l'une des droites OA, OB et le prolongement de l'autre. Soit, par exemple, A″OB″ un triangle déterminé par ces conditions : en désignant par x, y les lignes inconnues OA″, OB″, la similitude des triangles B″OA″, B″qm donnera la proportion

$$y : x :: b - y : a,$$

ou l'équation

$$y = \frac{bx}{a+x},$$

d'où l'on tire

$$\frac{1}{2} \cdot \frac{bx^2}{a+x} = k^2,$$

$$x = \frac{k}{b}(k \pm \sqrt{k^2 + 2ab}).$$

L'une des racines est positive et correspond à la solution géométrique OA″; l'autre est négative et correspond à la solution géométrique OA‴. A cette valeur négative de x correspond une valeur négative de y, représentée sur la figure par la ligne OB‴. Ainsi le renversement des signes, pour chacune des grandeurs x, y, correspond bien à un renversement de direction (**22**). Cela posé, et puisque les valeurs positives de x avaient été primitivement comptées de O en A, il convient de changer le signe de x dans l'équation écrite en dernier lieu, de manière à donner à OA''' le même signe qu'à OA, OA', et à OA'' un signe contraire. Au moyen de cela, le système des deux équations

$$\tfrac{1}{2} \cdot \frac{bx^2}{x-a} = k^2, \qquad\qquad [b]$$

$$-\tfrac{1}{2} \cdot \frac{bx^2}{x-a} = k^2, \qquad\qquad [b']$$

sera propre à représenter le système des solutions que comporte le problème proposé, par suite de l'extension analogique qu'il a reçue.

46. Supposons maintenant que le problème consiste à mener par le point m (*fig.* 3) la droite AmB de manière que la somme des côtés OA, OB, qui comprennent l'angle droit du triangle rectangle AOB ait une grandeur donnée k. Il est visible que ce problème est parfaitement analogue à celui du numéro précédent, tellement que les mêmes figures peuvent servir pour l'un et pour l'autre. Ou le problème sera impossible, dans les termes mêmes de l'énoncé, ou il admettra deux solutions AmB, A'mB'. Si l'on modifie l'énoncé, en admettant que le triangle rectangle puisse être formé, non-seulement par les droites OA, OB, mais par leurs prolongements, le problème admettra en outre deux autres solutions toujours possibles mB''A'',

$m\mathrm{A}'''\mathrm{B}'''$ (*fig.* 4). Pour réunir algébriquement ces quatre solutions, il faut embrasser le système des trois équations du second degré

$$x + \frac{bx}{x-a} = k, \qquad\qquad [c]$$

$$-x + \frac{bx}{x-a} = k, \qquad\qquad [c']$$

$$x - \frac{bx}{x-a} = k. \qquad\qquad [c'']$$

Les deux racines de la première, quand elles sont réelles, sont aussi positives et fournissent les solutions $\mathrm{A}m\mathrm{B}$, $\mathrm{A}'m\mathrm{B}'$; la seconde a une racine négative qui donne la solution $m\mathrm{B}''\mathrm{A}''$; enfin la troisième équation a une racine positive, plus petite que a et qui correspond à la solution $m\mathrm{A}'''\mathrm{B}'''$.

En outre, l'équation $[c']$ a une racine positive, et l'équation $[c'']$ admet une seconde racine positive plus grande que a; mais ces deux racines sont étrangères à la solution du problème proposé. Elles répondent à un autre problème qui consiste à mener par le point m, dans l'angle AOB, une droite $\mathrm{A}m\mathrm{B}$, de telle manière que la différence des côtés de l'angle droit OA, OB ait une longueur donnée k; et le problème ainsi posé a ses deux solutions algébriquement disjointes, compliquées chacune algébriquement avec l'une des solutions d'un problème distinct.

47. Au lieu d'assujettir la somme des côtés OA, OB du triangle rectangle à avoir une longueur donnée, on peut assujettir l'hypoténuse AB à avoir la longueur k : ce qui reviendra, en vertu du théorème de Pythagore, à assujettir la somme des carrés des côtés à égaler un carré donné k^2. Les mêmes figures serviront pour ce problème comme pour ceux des numéros précédents : le même type représentera un même système de solutions, de manière à rendre manifeste la parfaite analogie des conditions essentielles. Or, tandis que pour embrasser le système des quatre solutions, il fallait au n° **45** deux équations du second degré, au n° **46**, trois équations du même degré compliquées de deux racines étrangères, maintenant il suffira d'une seule équation du quatrième degré

$$x^2 + \frac{b^2 x^2}{(x-a)^2} = k^2,$$

laquelle est entièrement débarrassée de racines étrangères.

48. A peine est-il besoin d'indiquer que, si la condition du problème était d'assujettir la somme des cubes construits sur les côtés OA, OB comme arêtes, à égaler un cube donné k^3, le même type de solutions subsistant, il faudrait de nouveau, pour embrasser le système des quatre solutions que ce type comprend, recourir à trois équations distinctes

$$x^3 + \frac{b^3 x^3}{(x-a)^3} = k^3,$$

$$-x^3 + \frac{b^3 x^3}{(x-a)^3} = k^3,$$

$$x^3 - \frac{b^3 x^3}{(x-a)^3} = k^3;$$

et que les solutions du problème proposé se trouveraient derechef associées algébriquement aux solutions d'un autre problème, consistant à assujettir,
non plus la somme, mais la différence des cubes construits sur les côtés OA, OB, à égaler le cube k^3. Généralement on voit que selon qu'une certaine puissance
arithmétique des nombres qui mesurent les longueurs
des côtés, a pour exposant un nombre pair ou impair,
cette circonstance arithmétique qui ne change pas essentiellement la nature du problème, qui ne lui fait
ni acquérir ni perdre des solutions, qui n'empêche
pas le système des solutions d'avoir le même *schème*
ou type figuratif, mais qui se lie très-directement à
l'algèbre par son influence sur le signe de l'expression
algébrique de la puissance, est cause que des solutions
géométriquement analogues sont tantôt algébriquement associées, tantôt algébriquement disjointes,
tantôt compliquées et tantôt débarrassées des solutions d'un autre problème dont le type géométrique
est différent.

49. Pour mieux éclaircir encore ce point capital,
reprenons les mêmes questions d'un autre point de
vue. Si l'on mène (*fig.* 5) les hypoténuses de tous les
triangles rectangles ayant leur angle droit en O, les
côtés qui comprennent l'angle droit dirigés suivant les
droites OA, OB, et leur aire égale à k^2, toutes ces hypoténuses, en nombre infini, toucheront une certaine

courbe MN, convexe vers les droites OA, OB, ou représenteront le système des tangentes, en nombre infini, que l'on peut mener à cette courbe. Deux tangentes quelconques, telles que AtB, A$'t'$B$'$, se couperont en un point m; et réciproquement, d'un point m quelconque, pourvu qu'il tombe entre la courbe MN et les droites OA, OB, indéfiniment prolongées à partir du point O, on pourra mener à cette courbe tracée préalablement deux tangentes AmB, A$'m$B$'$: en sorte que le problème de mener par ce point une droite AB, de manière que le triangle AOB ait l'aire k^2, reviendra au problème de mener par le point m une droite qui touche la courbe MN, si déjà cette courbe est tracée. Il faut remarquer que la courbe MN ne rencontrera jamais les droites OA, OB, prolongées indéfiniment, mais qu'elle aura ces droites pour *asymptotes;* c'est-à-dire qu'à mesure qu'elle se prolongera, sa tangente tendra de plus en plus à coïncider avec la ligne OA ou avec la ligne OB, sans que la coïncidence soit jamais possible.

Si l'on répète la même construction dans chacun des trois angles droits adjacents à l'angle AOB, on construira trois autres courbes M$'$N$'$, M$''$N$''$, M$'''$N$'''$, parfaitement symétriques avec MN; et du point m, ou même de tout autre point compris dans l'espace angulaire AOB, on pourra toujours mener une tangente et une seule à la courbe M$'$N$'$, une tangente et une seule à la courbe M$'''$N$'''$; on n'en pourra mener

8

aucune à la courbe $M''N''$. Voilà pourquoi le problème du n° **45** peut avoir les quatre solutions dont le système est représenté sur la *fig.* 4, ou ne conserver que les deux solutions indiquées en dernier lieu.

Remarquons maintenant que ce n'est point là l'unique définition géométrique que l'on puisse donner de la courbe MN et de ses symétriques. Par exemple, elle jouit de cette propriété remarquable, que le point t où elle est touchée par l'une quelconque de ses tangentes AB, est précisément le milieu de la droite AB, et cette propriété même rentre dans une autre propriété plus générale qui consiste en ce que, si l'on mène à la tangente quelconque AB (*fig.* 6) des parallèles rs, uv, etc., on a $rr'=ss'$, $uu'=vv'$, et ainsi de suite : ce qui donne un moyen facile d'avoir des points de la courbe en tel nombre qu'on veut, quand on en connaît un seul. Or, l'un des points de la courbe, savoir le point S (*fig.* 7) où elle coupe une droite OS également inclinée sur chacune des asymptotes, est facile à trouver; car, à cause de la symétrie de la figure, on voit que chacun des triangles OSI, OSK est rectangle en S et isoscèle; de plus, l'aire de chacun de ces triangles est égale à $\frac{1}{2}k^2$; donc $OS=k$.

La propriété géométrique que l'on vient d'indiquer, aussi bien que celle qui nous a servi de point de départ et qui se rattache à l'énoncé du problème du n° **45**, donne la définition ou la construction de chacune des courbes MN, $M'N'$, $M''N''$, $M'''N'''$, prise isolément et indépendamment des trois autres. Il n'en résulte pas une association de la courbe MN avec la courbe M'N' plutôt qu'avec M''N'' ou avec M'''N'''; mais, dans l'infinie multitude des propriétés géométriques dont jouit la courbe que nous considérons, et qui peuvent servir à la définir ou à la construire, il en est qui détermineront une certaine association.

Par exemple, si, après avoir prolongé indéfiniment de part et d'autre du point O la droite OS, on prend

$$OF = OF' = k\sqrt{2},$$

la courbe MN jouit de cette propriété qu'en chaque point t l'excès de la ligne tF' sur la ligne tF est constant et égal à 2OS ou à $2k$. Pour chaque point de la courbe M''N'', c'est l'excès de la distance au point F sur la distance au point F', qui a cette valeur constante. Il existe donc une liaison géométrique entre les courbes MN, M''N'', qui fait qu'on peut passer de l'une à l'autre par une simple inversion d'ordre dans la soustraction, et qu'on peut les regarder comme deux *branches* de la même ligne, lorsqu'on définit la ligne par cette condition que la différence des distances aux points F, F' soit constante, sans rien spécifier sur le sens de la soustraction. Une semblable liaison existe entre M'N', M'''N'''.

Enfin, tandis que le passage d'une courbe à l'autre par un renversement de l'ordre des soustractions n'établit à la rigueur qu'une analogie, une autre construction met en évidence une connexion aussi intime que possible; car, si l'on fait tourner autour d'un de ses points une droite indéfiniment prolongée dans les deux sens, de manière qu'elle fasse avec une droite fixe menée par le même point un angle constant, égal au moins à un demi-droit, et si l'on coupe par un plan indéfini, convenablement mené, la surface *conique* que la droite mobile aura décrite, l'intersection de la surface et du plan donnera à la fois la branche MN et la branche M''N''. En effet, le lecteur n'a pu manquer de reconnaître, dans la courbe qui nous occupe, l'espèce de *section conique* à laquelle on donne le nom d'*hyperbole équilatère*.

La liaison géométrique entre les courbes M'N', M'''N''', dérivant du mode de génération que l'on vient de signaler, coïncide avec la liaison algébrique entre les solutions du problème du n° **45**, données par les racines de l'équation [*b'*]; l'absence d'une semblable liaison géométrique entre la courbe ou branche de courbe MN et le système des deux branches M'N', M'''N''' coïncide avec l'absence de liaison algébrique entre les solutions données par les racines de l'équation [*b*] et celles que donnent les racines de l'équation [*b'*]. Une telle correspondance est très-remarquable; c'est à en bien fixer l'origine et les limites que cet essai est particulièrement destiné.

50. Discutons du même point de vue les trois problèmes des n^{os} **46**, **47** et **48**; et d'abord, pour saisir à la fois ce que ces trois problèmes ont de commun, concevons que l'on mène (*fig.* 8) les hypoténuses de tous les triangles rectangles ayant leur angle droit en O, les côtés de l'angle droit dirigés suivant les droites OA, OB, et la somme des $n^{ièmes}$ puissances de ces côtés égale à k^n. En donnant successivement à l'exposant n les valeurs 1, 2, 3, on se placera dans les hypothèses qui correspondent à chacun des problèmes précités. Quel que soit d'ailleurs le nombre entier et positif qu'on prend pour l'exposant n, ces hypoténuses, en nombre infini, touchent une certaine courbe MN, convexe du côté des droites OA, OB, comme la courbe MN dont il s'agissait au numéro précédent, mais qui, au lieu d'avoir pour asymptotes les droites OA, OB, vient toucher ces droites en deux points M, N, tels que $OM = ON = k$, et se termine là; puisque, dans les termes de l'énoncé, ni OA ni OB ne peuvent surpasser k. En répétant la même construction dans chacun des trois angles droits adjacents à AOB, on construit trois autres courbes MN', N'M', M'N, parfaitement symétriques avec MN. Comme dans l'exemple du numéro précédent, et par la même raison, d'un point m quelconque situé dans l'angle AOB, on peut toujours mener une tangente et une seule à MN', une tangente et une seule à M'N; on ne peut jamais mener de tangente à M'N'; enfin, l'on peut mener deux tangentes à MN ou l'on n'en peut point mener, suivant que *m* tombe dans l'espace MON ou hors de cet espace. On retrouve ainsi le système des quatre solutions indiquées sur la *fig.* 4.

Si k^n devait égaler, non plus la somme des $n^{\text{ièmes}}$ puissances des côtés OA, OB, mais leur différence, la courbe MN se trouverait remplacée par deux courbes Mμ, Nν, qui viennent toucher aux points M, N, les droites OB, OA, pour se prolonger indéfiniment, l'une dans le sens Mμ, l'autre dans le sens Nν, et qui se rapportent, la première au cas où OA surpasse OB, la seconde au cas inverse où OB surpasse OA. Après qu'on a effectué symétriquement la même construction par rapport aux trois angles droits adjacents à AOB, on a le système des lignes ponctuées de la figure, qui viennent se raccorder au système des lignes pleines précédemment tracées : le rôle que jouent les lignes pleines relativement aux problèmes des n^{os} **46** et suivants, étant celui que jouent les lignes ponctuées relativement à des problèmes analogues, dans lesquels il s'agirait de différences au lieu de sommes.

51. Lorsqu'on fait l'exposant *n* égal à l'unité, ou lorsque c'est la somme des côtés mêmes OA, OB, que l'on assujettit à rester constante, la courbe MN (*fig.* 9) n'a pas seulement la propriété géométrique au moyen de laquelle on vient de la définir ou de la construire. Menons la droite OF bissectrice de l'angle MON, la droite DD′ perpendiculaire à OF, et la droite MFN parallèle à DD′, en sorte qu'on ait

$$SO = SF = \frac{k}{2\sqrt{2}}:$$

la courbe MSN jouit de la propriété d'avoir tous ses points à égales distances de la droite DD′ et du point F.

Cette propriété géométrique, ou une foule d'autres qui s'y lient, peuvent, aussi bien que la propriété d'où nous sommes partis, servir à définir ou à construire la courbe MN. Or, il faut remarquer que la propriété citée en dernier lieu n'appartient pas seulement à la ligne pleine MN, mais aux lignes ponctuées $M\mu'$, $N\nu'''$: de telle façon que ces lignes ponctuées et cette ligne pleine, qui n'étaient qu'indirectement liées à la faveur d'une certaine analogie, dans le premier mode de définition et de construction, sont intimement unies, ne forment manifestement qu'une seule et même ligne, lorsqu'on part de l'autre propriété pour les définir et pour les construire.

En partant de cette propriété, on ne voit pas bien pourquoi les lignes $\mu'MN\nu'''$, $\mu'''M'N'\nu'$ ne devraient pas être réputées former deux branches d'une même ligne, avec autant de fondement que les lignes MN, $M''N''$ de la *fig*. 7. Mais, tandis que la section d'une surface conique par un plan donnait à la fois les deux lignes MN, $M''N''$ de la *fig*. 7, la section de la même surface par un autre plan convenablement mené donnera la ligne $\mu'MN\nu'''$ de la *fig*. 9 (ligne dans laquelle le lecteur a déjà dû reconnaître une *parabole*), sans y associer la ligne $\mu'''M'N'\nu'$, ni aucune autre.

C'est avec ce dernier mode de génération géométrique des courbes considérées jusqu'ici que l'algèbre s'accorde généralement; et voilà pourquoi le système des quatre solutions du problème du n° **46** ne peut être embrassé qu'au moyen du système de trois équations algébriques correspondant aux trois paraboles $\mu'MN\nu''$, $\mu.MN'\nu''$, $\mu''M'N\nu$, et se complique dans ces équations de solutions étrangères, appartenant à d'autres problèmes qui n'ont avec le problème proposé qu'une liaison indirecte.

52. Lorsqu'on fait l'exposant n égal à 2, c'est-à-dire lorsqu'on assujettit à rester constante la somme des carrés des côtés OA, OB (ou, ce qui revient au même, l'hypoténuse AB), la courbe MN (*fig.* 8) est encore susceptible de se définir géométriquement d'une autre manière. Pour nous faire une idée de ce mode de définition, considérons d'abord une courbe quelconque *ab* (*fig.* 10), et imaginons qu'en chaque point m, m', m'', etc., on mène une *normale* à la courbe, c'est-à-dire une perpendiculaire à la droite qui touche la courbe en ce point : le système de toutes ces normales, en nombre infini, représentera le système des tangentes d'une autre courbe $\alpha\beta$, que l'on nomme la *développée* de la courbe *ab*. Par opposition, *ab* est nommée *développante* de la courbe $\alpha\beta$; et ces dénominations proviennent de ce que la courbe *ab* peut être censée décrite par l'extrémité *a* d'un fil primitivement enroulé sur la courbe $\alpha\beta$, et qui se déroulerait ou se développerait progressivement. La courbe plane *ab* n'a qu'une développée $\alpha\beta$ comprise dans le même plan ; mais à la courbe $\alpha\beta$ correspondent une infinité de développantes, puisqu'on peut prendre pour point décrivant de la développante un point quelconque appartenant au prolongement rectiligne et indéfini du fil enroulé sur la développée.

Ceci expliqué, supposons que la surface conique, dont la section, par des plans menés convenablement, nous a déjà donné l'hyperbole et la parabole, soit coupée par un autre plan de manière à donner pour intersection une courbe ovale *abcd* (*fig.* 11), symétrique par rapport à deux axes rectangulaires *ac*, *bd*, dont la différence sera supposée égale à la ligne *k*. Cette courbe, que l'on nomme *ellipse*, a pour développée une autre courbe $\alpha\beta\gamma\delta$, très-ressemblante au système des lignes pleines de la *fig.* 8 ; et en effet, si l'on fait croître à la fois indéfiniment les deux axes de l'ellipse, de manière que leur différence reste constante et égale à *k*, la courbe représentée par le système des lignes pleines de la *fig.* 8, pour le cas de l'exposant *n* égal à 2, doit être considérée comme la limite dont les développées $\alpha\beta\gamma\delta$, en se modifiant graduellement, s'approchent sans cesse *.

---

* En ce sens, bien que le cercle, à proprement parler, n'ait pas

Quelque détournée que cette définition paraisse, elle n'en est pas moins rigoureuse et caractéristique; elle établit entre les quatre lignes pleines de la *fig.* 8 une association géométrique, qui fait que ces quatre lignes doivent être considérées comme autant de portions d'une même courbe, tandis qu'elle les sépare du système des lignes ponctuées : celui-ci se décomposant à son tour en deux systèmes dont chacun représente la développée d'une hyperbole équilatère, savoir le système des lignes $M\mu$, $M\mu'$, $M'\mu''$, $M'\mu'''$, qui constituent la développée des deux branches d'une hyperbole équilatère ayant ses *sommets* sur les milieux des droites OM, OM', et le système des lignes $N\nu$, $N\nu'''$, $N'\nu'$, $N'\nu''$, où l'on retrouve la développée d'une autre hyperbole équilatère ayant ses sommets sur les milieux des droites ON, ON'.

Nous sommes déjà habitués à voir l'algèbre et la géométrie se correspondre, dans cet ordre de faits géométriques qui se rattachent à la construction d'une courbe au moyen de l'intersection d'un cône et d'un plan : cette correspondance se soutient ici, et le fait de l'association des quatre lignes planes

---

de développée, et fasse en cela exception aux autres courbes, puisque toutes ses normales se coupent en un même point qui est le centre du cercle, on peut dire qu'un cercle de rayon infini a pour développée la courbe représentée par le système des lignes pleines de la *fig.* 8, ou qu'un cercle de rayon fini a une développée infiniment petite, semblable à cette courbe.

de la *fig.* 8 , lorsqu'on en rattache la construction à celle des développées des sections coniques , coïncide avec l'association algébrique des quatre solutions du problème du n° **47**, données par les racines d'une seule équation du quatrième degré.

53. Pour le cas où l'on prendrait l'exposant n égal à 3, et à plus forte raison pour les cas où l'on prendrait l'exposant n égal à tout autre nombre plus grand que 3, nous ne connaissons plus aux courbes MN, Mμ, etc., dont la *fig.* 8 offre le type générique, de propriétés géométriques autres que celle qui leur sert de définition au n° **50**, et qui puissent en donner d'autres définitions distinctes, indépendantes de l'algèbre, et néanmoins capables de reproduire les associations et les dissociations alternatives que nous présente l'algèbre en ce qui concerne les quatre solutions des problèmes des n^{os} **45** et suivants. A la vérité, de ce que nous ne connaissons pas de telles propriétés, il y aurait témérité à conclure qu'il n'en existe point. Mais, en trouvât-on de propres à relier géométriquement les lignes ponctuées et les lignes pleines pour $n=3$, à les séparer pour $n=4$, à les relier de nouveau pour $n=5$, et ainsi de suite, la raison se refuse à admettre qu'on en trouverait indéfiniment, et pour tous les degrés, comme on en a trouvé pour l'hyperbole équilatère, pour la parabole, pour les développées des sections coniques.

Remarquons d'ailleurs que, dans les trois problèmes qui nous ont fait tomber sur ces courbes, nous assujettissons à rester constantes, d'abord l'aire des triangles considérés, puis la somme de leurs côtés, enfin leurs hypoténuses, c'est-à-dire des grandeurs mesurables par des nombres, mais dont l'existence est définie géométriquement, indépendamment de toute application de l'arithmétique à la géométrie, tellement qu'on pourrait à la rigueur s'en faire l'idée sans avoir l'idée de nombre. Il est donc tout simple que ces propriétés purement géométriques, ou susceptibles d'être définies par la pure géométrie, conduisent à des courbes douées de propriétés de même nature. Au contraire l'idée de la somme des dixièmes ou des onzièmes puissances des côtés d'un triangle, est une idée d'origine arithmétique, qui ne représenterait rien si l'on ne concevait préalablement les longueurs exprimées en nombres, et bien que la somme des troisièmes puissances représente une somme de volumes et corresponde en conséquence à une idée que l'on peut définir par la seule géométrie, comme les aires, cette idée est étrangère à la géométrie plane.

54. Pour mettre en équations les problèmes des n^{os} **45** et suivants, nous avons défini la position du point m sur le plan AOB (*fig.* 3), en assignant les lignes $mq = a$, $mp = b$, qui sont les distances de ce point m à chacune des droites OB, OA. En général, il faut deux grandeurs pour déterminer la position d'un point sur une surface plane ou courbe; tandis qu'il n'en faut qu'une pour déterminer la position d'un point sur une ligne, l'époque ou la position d'un événement dans le temps (chap. III); et tandis qu'il en faut trois pour déterminer la position d'un point dans l'espace. On énonce le même fait (considéré en vue de la grandeur absolue au lieu de l'être en vue de la situation et de l'ordre), quand on dit que le temps et les lignes n'ont qu'une dimension; que le plan et les surfaces quelconques ont deux dimensions; que l'espace a trois dimensions. Les deux grandeurs qui fixent la position d'un point sur une surface, les trois grandeurs qui fixent la position d'un point dans l'espace se nomment en général les *coordonnées* de ce point.

La définition d'une courbe (que nous supposerons plane, pour plus de simplicité) implique nécessairement l'idée d'une propriété commune à tous ses points, et cette propriété doit pouvoir se traduire dans une certaine relation entre les coordonnées des points de la courbe : relation en vertu de laquelle, si l'une des coordonnées était assignée arbitrairement, l'autre coordonnée serait déterminée explicitement ou implicitement. Supposons cette relation susceptible de s'exprimer par une équation algébrique, et nous aurons l'idée de l'application de l'algèbre à la géométrie des courbes par la méthode des coordonnées : idée capitale, que l'on doit à Descartes, et qui a changé la face des mathématiques.

Par exemple, on peut prendre pour coordonnées des points situés dans le plan de la *fig.* 7, leurs distances aux deux points fixes F, F', dont l'intervalle $FF' = 2k\sqrt{2}$; et si l'on désigne par x, y ces coordonnées susceptibles de varier d'un point à l'autre du plan, l'équation

$$x - y = 2k \qquad [e]$$

caractérise, à l'exclusion de tous les autres points du plan, tous les points qui appartiennent à la branche d'hyperbole équilatère MN; ce qu'on exprime encore en disant que c'est là l'équation de la branche d'hyperbole ou que la branche d'hyperbole est le *lieu géométrique* de l'équation [e]. Pareillement l'équation

$$y - x = 2k \qquad [e']$$

caractérise les points qui appartiennent à l'autre branche M''N'', et cette branche est le lieu géométrique de l'équation [e'].

On peut prendre pour coordonnées des points situés dans le plan de la *fig.* 9 : 1° la distance x au point fixe F, 2° la distance y à la droite DD', distance mesurée parallèlement à FF', dans le sens OF ou dans le sens OF', suivant qu'il s'agit de points situés par rapport à DD', dans la région où se trouve F ou dans celle où se trouve F'. L'équation extrêmement simple

$$x = y$$

caractérise alors exclusivement les points qui appartiennent à la parabole $\mu'MN\nu'''$; et cette parabole est le lieu géométrique de l'équation qui précède.

55. Lorsqu'on prend, pour les coordonnées qui déterminent ou qui concourent à déterminer les positions d'une série de points situés dans un plan, leurs distances à des droites qui peuvent être menées arbitrairement dans le plan, et qu'on nomme *axes* des coordonnées, rien n'empêche de concevoir que les axes se déplacent en conservant des directions parallèles, de manière à faire croître ou décroître de la même quantité toutes les coordonnées, suivant qu'elles appartiennent à des points situés d'un côté ou de l'autre, par rapport aux axes qui se déplacent. De cette simple remarque il est aisé de conclure, en se reportant à ce qui a été dit au chapitre III, que les coordonnées dont il s'agit rentrent dans la catégorie des grandeurs à origine arbitraire, et qui doivent être distinguées par l'opposition des signes $+$ et $-$, selon qu'elles sont comptées dans un sens ou dans l'autre par rapport à l'origine arbitraire. Ainsi, pour reprendre le dernier exemple du numéro précédent, l'axe DD' est l'origine arbitraire des coordonnées y, ou le lieu des points pour lesquels la coordonnée y est nulle; et par suite, si ces coordonnées sont prises positivement pour les points du plan situés par rapport à DD' du même côté que F, elles devront être prises négativement pour les points situés du même côté que F'. Si l'on convient, pour plus de symétrie, que l'autre coordonnée x, au lieu de désigner la distance au point F, désignera la distance à l'axe FF', perpendiculaire à DD', et que cette coordonnée x sera prise positivement pour les points du plan situés par rapport à l'axe FF' du même côté que D, il s'ensuivra, par la même raison, que la coordonnée x doit être prise négativement pour les points situés du même côté que D'. L'axe FF' sera l'origine des coordonnées x, comme l'axe DD' est l'origine des coordonnées y. Si l'on mesure les coordonnées de chaque point sur les axes mêmes, ce qui revient (*fig.* 3) à substituer Op à sa parallèle mq, Oq à sa parallèle mp, le point O (*fig.* 9) où les deux axes se coupent sera la commune origine des deux coordonnées ; et les quatre combinaisons de signes

$$(+x, +y), \quad (-x, +y), \quad (-x, -y), \quad (+x, -y),$$

caractériseront respectivement les points situés dans chacun des quatre espaces angulaires

$$\text{FOD}, \quad \text{F'OD}, \quad \text{F'OD'}, \quad \text{FOD'}.$$

On détermine avec une symétrie analogue les positions d'une série de points dans l'espace, si l'on prend pour les trois coordonnées les distances à trois plans perpendiculaires entre eux, et d'ailleurs menés d'une manière quelconque. L'opposition de signes des coordonnées indique de même que le point est situé d'un côté ou de l'autre du plan pris arbitrairement pour origine de ces coordonnées; et chaque point de l'espace est déterminé sans ambiguïté quand on assigne à la fois la valeur numérique et le signe de chacune de ses trois coordonnées.

56. Tout cela posé, et dans le but de définir d'une manière uniforme, par des équations entre leurs coordonnées, toutes les courbes MN dont il a été question aux n°ˢ **49** et suivants, prenons pour coordonnées, que nous appellerons x et y, les distances aux droites OA, OB, qui devront être censées prolongées chacune indéfiniment de part et d'autre de l'origine O.

La courbe MN de la *fig.* 7, qui a pour asymptotes les droites OA, OB, et qu'on nomme, avons-nous dit, hyperbole équilatère, aura alors pour équation

$$xy = \frac{k^2}{2};$$

et en vertu de cette équation, à des valeurs de x numériquement égales et opposées de signes correspondront des valeurs de y pareillement égales en valeur numérique et de signes contraires : en sorte que l'équation précédente associera les deux branches symétriques MN, M″N″; tandis que les deux branches M′N′, M‴N‴ seront associées en vertu d'une équation analogue

$$-xy = \frac{k^2}{2},$$

commune à ces deux branches. Cela cadre et doit

9

nécessairement cadrer avec le mode de groupement algébrique des quatre solutions du problème du n° **45**. C'est le même fait algébrique envisagé d'un autre point de vue et d'un point de vue plus général, comme on peut le démontrer et comme nous le démontrerons plus loin. Ce qui doit nous occuper en ce moment, c'est la circonstance très-digne de remarque, que la définition algébrique de la courbe, par une équation entre des coordonnées rectangulaires, cadre avec la construction géométrique de la courbe, au moyen de l'intersection d'une surface conique et d'un plan : l'équation associant et séparant les mêmes branches que le mode de construction associe et sépare; tandis que, si l'on part de constructions différentes (**49**), ou si l'on emploie pour définir la courbe les équations $[e]$, $[e']$ du n° **54**, entre des coordonnées d'espèce différente, les mêmes associations ou dissociations n'ont plus lieu.

Dans le système de coordonnées rectangulaires dont nous faisons usage ici, la courbe MN de la *fig.* 9, qui porte le nom de parabole (**51**), a pour équation

$$\sqrt{x} + \sqrt{y} = \sqrt{k}, \qquad\qquad [f]$$

et l'équation, conservée sous cette forme, n'appartient effectivement qu'à la portion MN de la parabole : les portions $M\mu'$, $N\nu'''$ ont pour équations respectives

$$-\sqrt{x} + \sqrt{y} = \sqrt{k}, \qquad\qquad [f']$$
$$\sqrt{x} - \sqrt{y} = \sqrt{k}. \qquad\qquad [f'']$$

Mais, lorsqu'on fait évanouir les radicaux, afin de rendre l'équation rationnelle et de pouvoir la résoudre algébriquement par rapport à l'une ou à l'autre des variables x, y, chacune des trois équations $[f]$, $[f']$, $[f'']$ conduit à la même équation rationnelle

$$(x-y)^2 - 2k(x+y) + k^2 = 0 ; \qquad [g]$$

tandis que les courbes MN′, M′N′, M′N ont pour équations respectives

$$\sqrt{-x} + \sqrt{y} = \sqrt{k} ;$$
$$\sqrt{-x} + \sqrt{-y} = \sqrt{k} ,$$
$$\sqrt{x} + \sqrt{-y} = \sqrt{k} ;$$

lesquelles conduisent à des équations rationnelles distinctes les unes des autres et distinctes de l'équation $[g]$, savoir

$$(x+y)^2 + 2k(x-y) + k^2 = 0 , \qquad [g']$$
$$(x-y)^2 + 2k(x+y) + k^2 = 0 , \qquad [g'']$$
$$(x+y)^2 - 2k(x-y) + k^2 = 0 . \qquad [g''']$$

Chacune de ces équations rationnelles appartient au système d'une ligne pleine et de deux lignes ponctuées, formant ensemble une parabole.

Au contraire, le système des quatre lignes pleines de la *fig.* 8, pour le cas traité au n° **52**, c'est-à-dire lorsqu'on fait l'exposant n égal à 2, est donné par la même équation algébrique

$$\sqrt[3]{x^2} + \sqrt[3]{y^2} = \sqrt[3]{k^2} ; \qquad [F]$$

tandis que le double système de lignes ponctuées est donné par les deux équations

$$- \sqrt[3]{\overline{x^2}} + \sqrt[3]{\overline{y^2}} = \sqrt[3]{\overline{k^2}}, \qquad\qquad [\mathrm{F}']$$

$$\sqrt[3]{\overline{x^2}} - \sqrt[3]{\overline{y^2}} = \sqrt[3]{\overline{k^2}}; \qquad\qquad [\mathrm{F}'']$$

et il arrive que ces trois équations irrationnelles conduisent à trois équations rationnelles distinctes, tandis que leurs analogues $[f]$, $[f']$, $[f'']$ conduisaient à la même équation rationnelle.

En général, l'exposant n désignant un nombre positif quelconque; si ce nombre est pair, le système des quatre lignes pleines est donné par la même équation algébrique

$$\sqrt[n+1]{\overline{x^n}} + \sqrt[n+1]{\overline{y^n}} = \sqrt[n+1]{\overline{k^n}},$$

et le double système des lignes ponctuées est donné par le système des deux équations

$$- \sqrt[n+1]{\overline{x^n}} + \sqrt[n+1]{\overline{y^n}} = \sqrt[n+1]{\overline{k^n}},$$

$$\sqrt[n+1]{\overline{x^n}} - \sqrt[n+1]{\overline{y^n}} = \sqrt[n+1]{\overline{k^n}} :$$

chacune de ces trois équations irrationnelles conduisant à des équations rationnelles distinctes. Au contraire, pour des valeurs impaires du nombre n, ces équations irrationnelles appartiennent respectivement à la portion de ligne pleine MN, aux portions de lignes ponctuées Mμ', Nν''', à l'exclusion des autres lignes pleines ou ponctuées de la figure, et elles conduisent à la même équation rationnelle. Toutes ces courbes de même famille, ayant entre elles une étroite analogie, eu égard au mode de description qui leur est commun, sont donc alternativement associées et dissociées dans leurs équations algébriques entre coordonnées rectangulaires, par suite d'un fait algébrique, lié au caractère arithmétique de la parité ou de l'imparité du nombre n : et cependant on peut prendre le nombre n si grand, que les portions de lignes MN, Mμ', etc., diffèrent d'aussi peu qu'on voudra, dans le passage de la valeur n à la valeur consécutive $n+1$; en sorte qu'il n'y a évidemment aucune raison géométrique pour que, dans ce passage, le mode de groupement des branches ou portions de lignes soit brusquement interverti. Il y a donc, quand on embrasse d'ensemble la série de ces courbes, un défaut général de correspondance entre la géométrie et l'algèbre, qui contraste avec la correspondance que nous observons entre l'algèbre et un ordre particulier de faits géométriques, lorsque les courbes dont nous venons d'indiquer le mode général de construction, celui qui les groupe en une même famille, peuvent accidentellement être construites et définies géométriquement d'une autre manière en tant que sections d'un cône par un plan, ou en tant que développées des sections coniques.

57. Enfin, pour prendre un dernier exemple, supposons que la condition

$$\overline{OA}^n + \overline{OB}^n = k^n,$$

qui nous a servi (**50**) à construire les courbes dont la
fig. 8 offre le type générique, soit remplacée par
celle-ci

$$\frac{1}{\overline{OA}^n} + \frac{1}{\overline{OB}^n} = \frac{1}{k^n}.$$

Il n'est pas difficile de voir que cette construction nous
donnera une courbe MN (*fig.* 12), tournant sa concavité vers le point O, rencontrant les droites OB, OA,
en deux points M, N, situés à des distances de O égales
à k, et ayant aux points N, M ses tangentes respectivement perpendiculaires aux droites OA, OB. Si la condition qui précède était remplacée successivement par
les deux suivantes

$$\frac{1}{\overline{OA}^n} - \frac{1}{\overline{OB}^n} = \frac{1}{k^n},$$

$$\frac{1}{\overline{OB}^n} - \frac{1}{\overline{OA}^n} = \frac{1}{k^n},$$

celles-ci mèneraient à la construction de deux courbes
indéfinies Nν, Mμ, tournant vers le point O leur convexité, et ayant aux points N, M, les mêmes tangentes
que la courbe MN. Enfin, si l'on répète symétriquement les mêmes constructions pour chacun des trois
angles droits adjacents à AOB, on aura le système de
lignes pleines et de lignes ponctuées représentées sur
la *fig.* 12.

Dans le système de coordonnées dont nous nous
servons, pour des valeurs paires de l'exposant n,
l'équation

$$\sqrt[n-1]{x^n} + \sqrt[n-1]{y^n} = \sqrt[n-1]{k^n} \tag{h}$$

donne le système des quatre lignes pleines, tandis que les deux équations

$$-\sqrt[n-1]{x^n}+\sqrt[n-1]{y^n}=\sqrt[n-1]{k^n}, \qquad [h']$$

$$\sqrt[n-1]{x^n}-\sqrt[n-1]{y^n}=\sqrt[n-1]{k^n}, \qquad [h'']$$

représentent le double système de lignes ponctuées; et ces équations irrationnelles conduisent chacune à une équation rationnelle distincte. Au contraire, pour des valeurs impaires de n, elles conduisent à la même équation rationnelle, et elles appartiennent respectivement à la portion de ligne pleine MN, aux portions de lignes ponctuées $M\mu'$, $N\nu'''$, à l'exclusion des autres lignes pleines et ponctuées de la figure, lesquelles se groupent en trois autres systèmes symétriques, auxquels correspondent des équations rationnelles distinctes. De là des remarques tout à fait semblables aux remarques générales qui terminent le numéro précédent.

58. Le cas de $n=1$ échappe aux formules que l'on vient de donner; et, en effet, il est très-aisé de voir que toutes les hypoténuses des triangles tels que AOB, pour lesquels on a

$$\frac{1}{\overline{OA}}+\frac{1}{\overline{OB}}=\frac{1}{k},$$

se coupent en un point dont les distances aux droites OA, OB, sont égales à k. Le système de ces hypoténuses ne peut donc pas représenter le système des tangentes d'une courbe MN (*fig.* 12).

Quand on prend $n = 2$, les signes radicaux disparaissent immédiatement des équations $[h]$, $[h']$, $[h'']$ qui deviennent alors

$$x^2 + y^2 = k^2,$$
$$-x^2 + y^2 = k^2,$$
$$x^2 - y^2 = k^2.$$

La première représente le cercle tracé en plein sur la *fig.* 13 ; chacune des deux autres appartient au système des deux branches d'une hyperbole équilatère, tracées en lignes ponctuées sur la même figure. Nous retrouvons donc encore ici les sections du cône par un plan : car le cercle est aussi une section conique, et même celle que l'on peut considérer comme engendrant toutes les autres, en ce sens qu'elle dirige le tracé de la surface du cône. De même qu'à un certain point de vue (**52**) le cercle est une espèce du genre des ellipses, de même, eu égard au mode de définition ou de description dont il s'agit maintenant, le cercle est une espèce du genre de courbes dont la *fig.* 12 est censée représenter le type générique.

Pour ce cercle que nous savons définir et décrire si simplement, indépendamment du mode de définition ou de description qui le lie à ses congénères, nous trouvons la correspondance déjà si souvent signalée entre l'expression algébrique des courbes par des équations entre coordonnées rectangulaires, et leur construction géométrique, en tant que cette construction se rattache à celle du cône, et par là même à la description élémentaire du cercle. Nous pouvons même déjà pressentir (ce qui sera mis plus tard dans tout son jour) que cet accord pour le cercle est le fait fondamental qui rend raison d'un pareil accord pour les sections coniques et pour les courbes qui en dérivent, telles que les développées dont il a été question au n° 52.

CHAPITRE VII.

DE LA REPRÉSENTATION GRAPHIQUE DES LIAISONS ENTRE LES GRANDEURS CONTINUES. — NOTIONS SUR LA THÉORIE DES FONCTIONS.

59. En imaginant de définir une courbe par une équation entre deux coordonnées variables (**54**), Descartes avait en vue l'avancement de la géométrie : il comprenait l'avantage de substituer une méthode uniforme de combinaison et de déduction, fondée sur le mécanisme de la langue algébrique, à ces constructions variées, ingénieuses, souvent plus directement appropriées à la démonstration de certaines vérités géométriques, mais qui, ne procédant point d'une règle fixe, ne semblaient pouvoir être trouvées que par une sorte de divination et retenues que par un effort de mémoire. En un mot, il voulait appliquer l'algèbre à la géométrie; mais il est clair que par cela même il donnait aussi une méthode uniforme pour appliquer la géométrie à l'algèbre, et, par exemple, pour construire par l'intersection de certaines lignes que l'on sait décrire d'un mouvement continu, les racines d'une équation, en évitant de les calculer numériquement par voie de tâtonnements et d'approxi-

mations laborieuses. Aussi, à l'apparition du livre de
Descartes, les géomètres s'occupèrent-ils beaucoup
de ce genre de constructions, que le perfectionnement des méthodes de calcul a fait abandonner plus
tard.

Ce n'est point là, en effet, que peut se trouver
l'utilité de l'application de la géométrie à l'algèbre.
En principe, il n'y a jamais d'avantage à mettre une
opération graphique, d'une exactitude limitée par
l'imperfection de nos sens et de nos instruments, à
la place d'une opération arithmétique qui donne avec
une précision rigoureuse ou avec une approximation
indéfinie les valeurs que l'on cherche. La véritable
utilité de la géométrie, envisagée dans son application à la théorie abstraite des grandeurs continues,
consiste à fournir une représentation sensible (et la
seule possible) de la loi de continuité dans la variation des grandeurs. C'est une des raisons pour lesquelles les anciens, en traitant de la logistique, et
notamment Euclide, dans les livres VIII, IX et X de
ses *Éléments*, représentent toujours les grandeurs par
des portions de lignes droites. C'est aussi pour cela
que, lorsque nous avons voulu, dans le chapitre III,
donner une idée générale des rapports de situation et
des grandeurs à origine arbitraire, qui servent à fixer
de tels rapports, nous avons été nécessairement amenés à employer le tracé d'une ligne comme signe graphique, comme *schème* ou type figuratif sur lequel

l'esprit pût s'appuyer, pour s'élever à la conception de ces rapports abstraits.

De même l'idée qu'avait eue Descartes, de définir algébriquement les courbes étudiées jusque-là par les géomètres, au moyen d'une équation entre les coordonnées de chaque point, mettait sur la voie d'appliquer réciproquement la géométrie à l'algèbre, en considérant les deux variables qu'une équation algébrique quelconque peut être censée renfermer, comme les coordonnées d'une ligne dont il est toujours possible de déterminer au moyen de l'équation même, par des procédés de calcul susceptibles d'une précision indéfinie, autant de points qu'on le juge convenable. La courbe n'est plus alors que le signe graphique et conventionnel de la loi algébrique qui lie les variables entre elles ; mais ce signe conventionnel est merveilleusement adapté à la nature de la loi abstraite qu'il représente, ainsi qu'aux besoins de notre esprit. Il permet de saisir immédiatement, dans une intuition sensible, des faits auxquels l'esprit n'atteindrait qu'avec effort, s'il les envisageait, sans le secours du signe, dans toute leur généralité et leur abstraction ; et l'allure d'une courbe fait souvent voir d'un coup d'œil ce qu'on ne mettrait que péniblement en évidence par la discussion algébrique de l'équation que la courbe représente et dont elle est le lieu géométrique.

60. Tout système de coordonnées est-il également

propre à fournir une représentation graphique du lien abstrait qu'une équation algébrique établit entre des grandeurs variables? Non, évidemment; car, si l'on prenait, par exemple, pour coordonnées les distances x, y à deux points fixes (**54**), d'une part il arriverait que ces distances ne seraient pas susceptibles de valeurs négatives, et que par conséquent le lieu géométrique de l'équation ne conviendrait pas aux systèmes de valeurs négatives que les grandeurs x, y peuvent comporter et comportent en général, quand elles rentrent dans la catégorie des grandeurs à origine arbitraire; d'autre part, si l'on désigne par k la valeur numérique de la distance des deux points fixes, tous les systèmes de valeurs de x, y, pour lesquelles serait vérifiée l'une des inégalités

$$x + y < k, \quad k + x < y, \quad k + y < x,$$

n'auraient pas de points correspondants sur le plan de la figure, bien que de tels systèmes de valeurs ne fussent point incompatibles avec le lien algébrique que l'équation établit entre les grandeurs x, y. Le signe graphique de ce lien, dans le système de coordonnées dont nous parlons, outre qu'il exigerait le choix préalable et absolument arbitraire de la distance k, ne serait donc pas adéquate à l'idée signifiée, en ce sens qu'il y aurait des impossibilités de construction et de représentation graphique, pour des systèmes de valeurs dont l'existence du lien abstrait n'exclut pas la possibilité; et que tels ou tels systèmes également possibles pourraient ou ne pourraient pas se construire graphiquement, selon le choix arbitraire de la distance des points fixes.

Mais, sans insister sur cette discussion de détail, qui changerait d'un système de coordonnées à un autre, il y a une observation générale à faire, qui se lie à ce que nous avons déjà remarqué (**54**), à savoir que le nombre des dimensions de l'étendue est essentiellement le même que celui des coordonnées qu'il faut employer, à l'effet de déterminer la situation d'un point dans cette étendue. Pour l'exactitude de la représentation graphique que nous cherchons, pour que le mode de représentation n'introduise rien d'étranger à la chose représentée, il ne suffit pas qu'à tous les systèmes $[x, y]$ possibles et déterminés corresponde un point en vertu d'une construction possible et déterminée, il faut encore que l'étendue de l'indétermination du système corresponde d'une manière exacte à l'étendue de l'indétermination du point. Supposons en conséquence que l'on ne sache autre chose de la grandeur x, sinon qu'elle doit tomber entre a et $a+\alpha$; que l'on ne sache autre chose de la grandeur y, sinon qu'elle doit tomber entre b et $b+\beta$: il faut, pour la justesse de la représentation, que la portion du plan dans laquelle ces conditions assujettissent le point $[x, y]$ à se trouver, dépende pour le *lieu*, des grandeurs a et b, mais ne dépende, pour l'*étendue*, que des grandeurs

α, β. Or, cette condition n'est satisfaite qu'autant que l'on prend pour les coordonnées x, y du point m (*fig.* 14) deux droites mq, mp respectivement parallèles aux axes OX, OY ; et même, à moins de supposer ces axes rectangulaires, comme nous l'avons fait aux n°s 55 et suivants, on troublera plus ou moins, dans la représentation graphique, la symétrie qui doit exister en général entre les systèmes dans lesquels les valeurs des grandeurs x, y ne diffèrent que par le signe, lorsque les variables x et y sont de la catégorie des grandeurs à origine arbitraire, comme on doit le supposer pour la construction de la théorie de l'algèbre (28). Par ce motif, et aussi afin de mettre plus de brièveté dans nos énoncés, nous opposerons toujours le système des coordonnées rectangulaires aux systèmes dans lesquels les coordonnées ne sont plus des droites mesurées parallèlement à des axes fixes : bien qu'il doive être entendu, une fois pour toutes, que les propriétés les plus essentielles du système des coordonnées rectangulaires continuent de subsister, lorsqu'on incline les axes sous un angle quelconque *.

---

* On peut concevoir que, pour marquer la position du point m (*fig.* 14), on mesure d'abord sur l'axe OX la longueur $Op = mq = x$; et qu'ensuite, après avoir mené par le point p une parallèle à l'axe OY, on mesure sur cette parallèle, à partir du point p, la longueur $pm = y$. C'est à ce mode de construction que se rapportent la dénomination d'*abscisse*, donnée à la ligne Op, et celle d'*appliquée*, dont on se servait autrefois pour désigner la ligne pm. Main-

61. A cause des restrictions mêmes qu'ils portent avec eux, les systèmes de coordonnées, que nous opposons à celui des coordonnées rectangulaires, se trouveront naturellement appropriés au mode de description de certaines lignes géométriques; et dès lors conviendront lorsqu'on voudra appliquer l'algèbre à la géométrie, dans le but d'étudier les propriétés de ces courbes. Mais quand on veut à l'inverse appliquer à l'algèbre des conceptions géométriques, représenter graphiquement des liens algébriques entre les grandeurs, le système des coordonnées rectangulaires est le seul qui convienne en général, parce qu'il est le seul qui n'introduise dans la représentation graphique aucune particularisation étrangère à la notion abstraite des grandeurs, prise avec la généralité qu'elle doit conserver dans les théories d'algèbre. Toutes les remarques que nous aurons lieu de faire par la suite confirmeront ce principe, et tendront à établir que le choix du système des coordonnées rectangulaires ne tient point à une convention arbitraire, pas plus que le choix du carré pour unité de surface ne résulte d'une convention arbitraire. Ce ne sont point là, à proprement parler, des conventions, mais des institutions

---

tenant la dénomination d'*ordonnée* a remplacé celle d'*appliquée*, tombée en désuétude. L'usage est de désigner par x celle des coordonnées que l'on qualifie d'abscisse, et par y celle que l'on qualifie d'ordonnée.

pour lesquelles les vues de l'esprit ne font que s'accommoder aux conditions que dicte la nature des choses.

62. Ce qui s'est dit d'une équation entre deux variables, et de la représentation graphique d'un tel
lien algébrique par le tracé d'une courbe sur un plan,
s'appliquera, par une extension forcée, à une équation entre trois variables, dont le lieu géométrique
est une surface décrite dans l'espace. Les mêmes raisons feront voir qu'il faut recourir au système de trois
axes, non situés dans le même plan, passant par une
origine commune, et prendre pour les trois coordonnées qui fixent la position d'un point dans l'espace les
droites menées par ce point parallèlement à chacun
des trois axes, jusqu'à la rencontre du plan qui comprend les deux autres axes. Pour plus de simplicité et
de symétrie, il convient de prendre les trois axes rectangulaires, et c'est ce que nous ferons toujours par
la suite, en opposant un pareil système de coordonnées à ceux dans lesquels les coordonnées ne sont
plus des droites mesurées parallèlement à des axes
fixes : ceux-ci pouvant être préférables lorsqu'il s'agit,
à l'inverse, de se servir du calcul algébrique pour résoudre des problèmes de géométrie pure ou appliquée, des problèmes d'astronomie par exemple. Nous
n'avons pas besoin d'insister ici davantage sur ces extensions analogiques.

63. Non-seulement l'idée de Descartes était féconde en conséquences importantes, soit qu'il s'agît de l'application de l'algèbre à la géométrie ou de celle de la géométrie à l'algèbre, mais elle contenait le germe d'une abstraction plus élevée, d'une théorie qui domine par sa généralité l'algèbre comme la géométrie.

En effet, nous concevons qu'une grandeur peut dépendre d'une autre, sans que la dépendance soit de nature à s'exprimer par une équation algébrique ou par une combinaison quelconque des signes de l'algèbre. Si l'on fait rouler sur la droite OX (*fig.* 15) le cercle OMNP, le point de la circonférence du cercle, qui était originairement en contact avec la droite en O, se trouvera transporté en m lorsque le cercle, par suite de son mouvement de rotation, sera venu toucher la droite en t; et la longueur de l'arc de cercle mt sera précisément égale à la longueur de la portion de droite Ot sur laquelle tous les points de l'arc mt sont venus successivement s'appuyer. Quand le point de la circonférence de cercle, originairement en contact avec la droite en O, sera venu toucher de nouveau la droite au point R dont la distance au point O est égale à la circonférence du cercle, le point mobile que nous considérons aura décrit une courbe OQR à laquelle on donne le nom de *cycloïde ;* et le tracé de cette courbe établira une dépendance entre l'abscisse $Op = x$, et l'ordonnée $mp = y$: mais cette dépendance ne pourra point s'exprimer par une équation algébrique entre les coordonnées x et y; ou, comme on dit, l'ordonnée y ne sera pas une *fonction algébrique* de l'abscisse x. Néanmoins y sera une *fonction mathématique* de x, en ce sens qu'on ne pourra assigner une valeur à x sans assigner implicitement une valeur à y, puisque y est liée à x en vertu de la loi du tracé de la courbe, loi dans la définition de laquelle n'entrent que des idées de géométrie abstraite et rigoureuse, sans aucun mélange de notions qui se rattacheraient aux propriétés physiques des corps et à des choses que l'expérience ne nous fait connaître qu'imparfaitement, à cause de l'imperfection de nos sens.

Imaginons un pendule qu'on écarte de la verticale et qu'on abandonne ensuite dans le vide à l'action continue et uniforme de la pesanteur : on conçoit une relation nécessaire entre le temps écoulé depuis l'origine du mouvement et l'angle que la tige du pendule fait à chaque instant avec la verticale, ce qu'on énonce en disant que l'angle est une fonction du temps; mais cette relation ne peut, ni s'exprimer par une équation algébrique, ni se définir simplement par une construction géométrique du genre de celle qui contient la définition de la cycloïde. Toutefois, ceux qui ont étudié la dynamique savent qu'on peut effectivement calculer, avec une approximation indéfinie, la valeur numérique de l'angle décrit pour chaque instant, et pour chaque valeur de la longueur du pendule et de l'angle initial d'écart, en n'empruntant à l'expérience qu'une seule donnée, la mesure de l'espace que décrit pendant la première unité de temps un corps tombant librement dans le vide : de sorte que, si l'on se donne arbitrairement cet espace (comme on était censé, dans l'exemple tiré de la cycloïde, se donner arbitrairement le rayon du cercle générateur), l'angle d'écart deviendra une fonction mathématique du temps, quoique ce lien mathématique ne puisse s'exprimer par une équation algébrique, ni se rattacher (autrement que d'une manière détournée et indirecte) à une construction dans laquelle n'entreraient que des éléments fournis par la géométrie pure.

On nomme en général fonctions *transcendantes* celles qui, sans pouvoir s'exprimer par une équation algébrique, sont susceptibles d'une définition mathématique quelconque; et nous donnerons par la suite beaucoup d'exemples de pareilles fonctions, dont les définitions n'ont besoin de rien emprunter d'étranger à la théorie purement arithmétique des grandeurs.

Mais l'étude des phénomènes naturels, et surtout celle des phénomènes de la vie sociale nous montrent une foule de cas où deux grandeurs variables dépendent certainement l'une de l'autre, sont fonctions l'une de l'autre, sans qu'on puisse calculer l'une *a priori* au moyen de l'autre : soit parce qu'en effet le lien qui les unit n'est pas susceptible d'une définition rationnelle ou mathématique; soit parce que cette définition, quoique possible, nous est inconnue. Ainsi, la force élastique d'une vapeur, dans l'espace qu'elle sature, est une fonction de la température de l'espace; la température moyenne de chaque tranche d'une colonne atmosphérique est une fonction de la hauteur de la tranche au-dessus du niveau des mers; la consommation d'une denrée est une fonction du prix de revient; la durée de la vie moyenne, à partir de chaque âge, à une époque et dans une contrée déterminées, est une fonction de cet âge. De pareilles fonctions ne peuvent être données que par l'observation, et elles sont réputées connues lorsqu'on possède une table où se trouvent, d'une part des valeurs très-voisines et très-multipliées de l'une des grandeurs variables, d'autre part les valeurs correspondantes de la fonction qui en dépend, telles que les donnent des observations très-précises ou assez nombreuses pour que les erreurs qui les affectent isolément se compensent sensiblement dans les résultats moyens. On peut nommer les fonctions de cette catégorie *fonctions empiriques*, par opposition aux fonctions qui se définissent mathématiquement et dont il est possible d'assigner *a priori* les valeurs, par un calcul qui donne ces valeurs exactement ou avec une approximation illimitée. Il est clair que le mode de représentation graphique imaginé par Descartes s'applique aux fonctions empiriques comme à celles qui peuvent s'exprimer algébriquement ou qui sont mathématiquement définies d'une manière quelconque, pourvu que les fonctions soient *continues* dans l'ensemble de leur cours : c'est-à-dire pourvu qu'on puisse en général, en assignant à l'une des variables des valeurs suffisamment rapprochées, faire tomber au-dessous de toute grandeur donnée la différence entre les valeurs correspondantes de la fonction qui en dépend ; ce qui n'exclut pas l'apparition accidentelle de *solutions de continuité*, pour certaines valeurs singulières de l'une des variables.

64. Or, par cela seul que des fonctions quelconques satisfont à la loi de continuité, elles jouissent de certaines propriétés générales qui sont d'une grande importance, tant pour la théorie abstraite du calcul que pour l'interprétation des phénomènes naturels [*]. Outre ces propriétés communes, il peut y en avoir d'autres qui appartiennent à certaines classes de fonctions, définies par des caractères généraux, indépendants de l'algèbre comme de la géométrie, tels que serait celui de croître sans cesse avec la variable dont elles dépendent, ou de reprendre périodiquement les mêmes valeurs pour des valeurs équidistantes de cette variable, ou d'être symétriques de part et d'autre d'une certaine origine. Dès lors on peut concevoir une théorie dont l'objet est la discussion des propriétés générales des fonctions : et cette théorie constitue

---

[*] Voir notre *Traité élémentaire de la théorie des fonctions et du calcul infinitésimal*, tom. I, n°⁵ 5 et suivants.

une branche spéciale des mathématiques, subsistant par elle-même, laquelle à la rigueur aurait pu former un corps de doctrine, quand même l'algèbre n'eût pas été précédemment trouvée; quand même on n'aurait pas pu se proposer d'en faire l'application à des fonctions algébriques. La théorie des fonctions, ainsi conçue, est évidemment redevable de ses développements à l'invention cartésienne qui a fourni un signe adéquate, par sa généralité et par ses autres propriétés caractéristiques, à l'idée-mère de cette théorie. Dès lors aussi nous devons considérer la théorie des grandeurs comme se ramifiant en deux autres : l'une, la théorie des fonctions, qui est absolument indépendante de l'arithmétique pure et des propriétés des nombres; l'autre, la logistique (chap. II), qui traite des propriétés des grandeurs en tant qu'elles procèdent des propriétés des nombres, ou qui étend aux grandeurs continues certaines notions d'arithmétique pure, certaines propriétés fondamentales des nombres, et qui donne ultérieurement naissance à l'algèbre proprement dite.

65. C'est précisément dans la théorie des fonctions qu'on doit chercher la juste définition de ces liens de parenté entre divers problèmes dont la discussion a fait l'objet des deux précédents chapitres : liens qu'on ne peut plus confondre, d'après toutes les explications que nous avons données, avec ceux qui rassemblent algébriquement les diverses solutions d'un même problème ou de problèmes analogues. Ainsi, l'équation [c] du n° **37** devient

$$f(x) + \frac{x}{h} = t, \qquad\qquad [a]$$

quand on désigne, d'une manière générale, par $f(x)$ le temps que met à décrire l'espace rectiligne x, un corps dépourvu de vitesse initiale, sollicité par des forces et soumis à des résistances dont la loi est quelconque, dépendant de la constitution arbitraire du milieu dans lequel le corps se meut, susceptible ou non d'une expression algébrique ou de toute autre définition mathématique. De quelque manière que la fonction $f(x)$ soit donnée, on la représentera par le tracé d'une courbe OMNP (*fig.* 17), ayant x pour abscisse et $y = f(x)$ pour ordonnée, et n'étant assujettie en général qu'à trois conditions : 1° de passer par l'origine O; 2° d'avoir des ordonnées croissantes pour des valeurs croissantes de l'abscisse; 3° de tourner sa concavité ou sa convexité vers l'axe OX, selon que le mouvement est accéléré ou retardé. Supposons-le accéléré, pour nous conformer à l'énoncé du n° **37**, et menons la droite ON, de manière que le rapport des lignes Ov, Nv soit égal à h : puis, traçons une autre courbe Ot, dont l'ordonnée en chaque point soit la somme des ordonnées de la courbe OMN et de la droite ON. Cette courbe Ot sera telle que toute droite parallèle à OX et menée à une distance de OX mesurée par la ligne OT$=t$, ne la coupera qu'en un point t. Si du point t on abaisse l'ordonnée ts, l'abscisse Os sera la valeur unique de x déterminée par l'équation [a], que le tracé de la courbe OMN donne ainsi le moyen de résoudre graphiquement, quelle que soit la forme particulière et arbitraire de la fonction f.

Dans les mêmes circonstances, les problèmes des n^{os} **38** et **39** ont respectivement pour équations

$$-f(x)+\frac{x}{h}=t, \qquad [a']$$

$$f(x)-\frac{x}{h}=t. \qquad [a'']$$

Pour trouver la racine de [a'], on tracera une courbe O$m'vt'$ dont l'ordonnée soit égale à l'excès de l'ordonnée de la droite ON sur celle de la courbe OMNP. Cette ligne passera d'abord au-dessous de l'axe OX, aura sa tangente parallèle à OX en un point m' dont l'abscisse est la même que celle du point M où la tangente à la courbe OMNP devient parallèle à la droite ON. Elle coupera l'axe OX au point v, et poursuivra ensuite son cours indéfini au-dessus de l'axe. Si l'on prend OT$=t$, et que du point t' où la droite Tt', parallèle à OX, coupe la ligne que l'on vient de tracer, on abaisse l'ordonnée $t's'$, l'abscisse Os' sera la racine de [a'] : en sorte que le problème du n° **38**, comme celui du n° **37**, admettra toujours une solution et n'en admettra qu'une.

Construisons ensuite la courbe O$m''v''$, symétrique

de la précédente par rapport à l'axe OX : celle-ci sera propre à nous donner, par une pareille construction, la racine de l'équation $[a'']$ ou la solution du problème du n° **39**. Or, il ressort de la figure, que le problème n'aura pas de solution pour des valeurs de t plus grandes que $m''\mu$, tandis qu'il en aura toujours deux pour des valeurs de t comprises entre 0 et cette limite supérieure. Voilà des caractères généraux qui distinguent essentiellement les problèmes des n°s **37**, **38** et **39**, quelle que soit la fonction f, susceptible ou non d'une définition mathématique, et qui déterminent ce qu'on peut nommer, dans un sens purement logique, le *degré* des questions (**41**).

Si maintenant on prend pour $f(x)$, comme dans les numéros cités, la fonction algébrique $\sqrt{\dfrac{2x}{g}}$, il arrive que les deux lignes Ot, O$m'vt'$ sont deux portions d'une même parabole, tandis que la ligne O$m''v''$ est une portion d'une autre parabole dont le surplus est étranger à la figure et aux solutions des problèmes proposés. En conséquence, les équations $[a]$, $[a']$ se trouvent associées algébriquement, et algébriquement séparées de $[a'']$. Au contraire, quand on prend pour $f(x)$ la fonction algébrique $\sqrt[3]{\dfrac{3x}{g}}$, comme au n° **40**, les équations $[a']$, $[a'']$ et les courbes O$m'vt'$, O$m''v''$ se trouvent algébriquement associées; l'équation $[a]$ et la ligne Ot s'en trouvent algébriquement isolées; mais ce sont là des circonstances accidentelles et accessoires.

66. Le problème du n° **43** peut être énoncé de cette
manière : Étant donnée une plaque d'épaisseur et de
densité uniformes, sur l'une des faces de laquelle est
tracé le rectangle ABCD (*fig.* 2), tracer un autre rectangle A'B'C'D' ayant ses côtés respectivement parallèles à ceux du premier rectangle et équidistants deux
à deux, avec cette condition que les poids des deux
portions de la plaque limitées par les deux périmètres
rectangulaires tracés sur l'une des faces, soient entre
eux dans un rapport donné. Or, si l'on suppose que
la densité de la plaque n'est plus uniforme, qu'elle varie
au contraire d'un point à l'autre d'une manière quelconque, il n'y aura rien de changé quant aux conditions essentielles du problème, quant au nombre et
aux genres de solutions qu'il comporte ; une même
courbe pourra servir de type aux constructions qui le
résolvent graphiquement, et auxquelles il faut recourir
pour le résoudre quand la loi de variation de la densité n'admet pas de définition mathématique. On con-
tinuera de trouver au problème, ainsi généralisé, quatre solutions, dont deux toujours possibles, et les deux
autres possibles ou impossibles, selon les valeurs numériques des données. Pareille chose se dira au sujet du
problème du n° **44**, que l'on peut généraliser de la
même manière, en faisant intervenir la densité et en
substituant les poids aux volumes. On trouvera encore
six solutions, dont deux toujours possibles, et les quatre autres n'existant qu'à la faveur de certaines condi-

tions numériques. Si la loi d'après laquelle la densité varie peut s'exprimer algébriquement, la résolution du problème pourra se ramener à celle d'équations algébriques, en vertu desquelles les diverses solutions se trouveront groupées de la même manière qu'elles le sont pour le cas de la densité constante, ou d'une manière différente, mais sans que ce groupement tienne à quelque chose d'essentiel et d'immuable d'une fonction à l'autre.

La *fig.* 4 continue d'offrir le type des quatre solutions du problème du n° **45**, lorsqu'on en généralise l'énoncé, en supposant que le plan de la figure est la face d'une plaque mince où la densité varie d'un point à l'autre d'une manière quelconque, et quand on se propose de mener par le point m la droite AB, de manière que la portion triangulaire de la plaque, découpée suivant les droites AB, OA, OB, ait un poids donné. La même figure continue d'offrir le type des quatre solutions que conserve le problème du n° **46**, quand la modification de l'énoncé consiste à supposer que les droites OA, OB sont les axes de deux barres cylindriques, à sections très-petites, dont la densité varie d'une section à l'autre suivant une loi quelconque; et quand la condition du problème est de mener par le point m la droite AB, de manière que la somme des poids des barres OA, OB (ou que la somme de leurs moments statiques, celle de leurs moments d'inertie, etc., par rapport au point O), ait une valeur donnée. Toutes ces modifications d'énoncés ne changent pas ni ne peuvent changer ce qui, dans le problème, ne relève que des caractères généraux des fonctions, sans dépendre de leur expression algébrique, ni de ce qu'elles admettent ou n'admettent pas d'expression algébrique. Le nombre des solutions, les cas généraux de possibilité et d'impossibilité (absolues ou subordonnées aux valeurs numériques des données) restant les mêmes, la circonstance accessoire du groupement algébrique reste liée à la forme particulière et accidentelle de la fonction algébrique.

67. Lorsque l'on considère ainsi (ce qui est très-permis) certains problèmes de géométrie comme des cas particuliers de problèmes plus généraux sur les corps matériels, cas particuliers correspondant à l'hypothèse particulière d'une densité constante ou à toute autre supposition analogue qui rend constants de certains coefficients physiques susceptibles en général de varier d'une manière quelconque d'un point à un autre, on ne peut plus ne pas saisir la question philosophique qui consiste à rechercher pourquoi le système des diverses solutions, en traversant cet état singulier, présente momentanément tel mode de conjugaison algébrique plutôt que tel autre. Déjà la même idée s'est reproduite sous tant de faces, que nous craignons de fatiguer le lecteur en la reproduisant encore : mais on nous pardonnera cette insistance, si l'on considère que tant d'esprits distingués, tout en sentant le besoin d'interpréter l'algèbre dans son application à la géométrie, ont laissé de côté cette idée fondamentale.

C'est qu'il fallait, suivant nous, saisir préalablement l'idée de la théorie des fonctions en tant que théorie indépendante, et même supérieure (dans l'ordre de l'abstraction et de la généralité) à l'algèbre ainsi qu'à la géométrie : l'explication de l'accord entre les définitions des fonctions par la géométrie et par l'algèbre, si elle est possible, devant se rattacher à une théorie dominante, dont toutes deux relèvent par certains côtés.

Déjà les progrès de la physique mathématique font pressentir qu'après qu'on aura tiré de l'algèbre et de la géométrie, à peu près tout ce qu'elles peuvent donner pour l'interprétation des phénomènes naturels, les progrès ultérieurs de cette interprétation consisteront surtout à tirer des caractères généraux des fonctions les formes ou les lois générales des phénomènes, indépendamment de toute évaluation numérique subordonnée aux valeurs particulières de ces mêmes fonctions, évaluation qui devient pour l'ordinaire impraticable dès que les fonctions ne comportent pas une expression algébrique très-simple.

CHAPITRE VIII.

DES LIGNES ALGÉBRIQUES ET GÉOMÉTRIQUES. — DE LA CORRÉLATION FONDAMENTALE ENTRE LA GÉOMÉTRIE ET L'ALGÈBRE, ET DE LA GÉOMÉTRIE ANALYTIQUE PROPREMENT DITE.

68. La classification des fonctions entraîne une semblable classification des courbes qui en donnent la représentation graphique. Ainsi nous qualifierons les courbes d'*algébriques*, de *transcendantes* ou d'*empiriques* (**63**), selon que leur ordonnée, dans un système de coordonnées rectangulaires se trouvera être une fonction algébrique, transcendante ou empirique de l'abscisse. Les sections coniques et leurs développées sont des courbes algébriques : la cycloïde et les développantes des sections coniques sont des courbes transcendantes.

Quelle que soit la forme sous laquelle se présente d'abord l'équation d'une courbe algébrique, soit qu'elle se trouve ou non résolue par rapport à l'une des variables, on peut en faire disparaître les dénominateurs et les radicaux, et transporter ensuite tous les termes dans le premier membre qui se composera d'une somme de termes de la forme $A x^m y^n$: A désignant un coefficient numérique positif ou négatif, m et n des nombres entiers et positifs. On peut considérer ce premier membre comme représentant, pour chaque valeur de y, une certaine fonction de x, pour chaque valeur de x une certaine fonction de y, ou comme étant une fonction des deux variables x et y : en sorte que nous désignerons l'équation de la courbe, mise sous cette forme, par

$$F(x,y)=0. \qquad [F]$$

Les théories d'algèbre nous montrent que les équations algébriques à deux variables, mises sous cette forme, doivent être classées par degrés, et que le degré de l'équation a pour indice la somme des exposants des deux variables, dans le terme pour lequel cette somme a la plus grande valeur. En conséquence on classe aussi les courbes algébriques par degrés, et le degré de la courbe est le degré de l'équation algébrique correspondante.

69. Le nombre des points d'intersection de deux courbes algébriques, l'une du degré m, l'autre du degré m', ne peut pas surpasser le produit mm'. C'est encore là un caractère remarquable qui dérive de la théorie des équations algébriques, et qui n'appartient pas en général aux courbes transcendantes : celles-ci pouvant avoir des points d'intersection en nombre illimité, soit avec d'autres courbes transcendantes, soit avec des courbes algébriques. Ainsi, à moins de supposer que le mouvement de rotation du cercle OMNP (*fig.* 15) sur la droite OX, mouvement générateur de la cycloïde, a commencé et fini brusquement, la cycloïde engendrée se compose (*fig.* 16) d'une infinité d'*arceaux*

$$\ldots R_{\prime}Q_{\prime}O, \quad OQR, \quad RQ'R', \ldots$$

parfaitement égaux et superposables ; et toute droite indéfinie, menée parallèlement à l'axe des x, de manière à couper l'axe des y entre les points O et N, a une infinité de points communs avec la cycloïde.

70. Une courbe algébrique ne s'interrompt jamais brusquement dans son cours. Cela résulte de ce qu'une équation algébrique, à une seule inconnue et à coefficients réels, ayant toujours un nombre pair de racines imaginaires, ne peut perdre à la fois qu'un nombre pair de racines réelles, lorsqu'on fait passer par une suite de valeurs réelles l'une des grandeurs qui entrent dans la composition de ses coefficients. Il suit de là, et de la forme connue des racines imaginaires, qu'au moment où l'ordonnée d'une courbe algébrique passe du réel à l'imaginaire, des valeurs réelles de l'ordonnée, en nombre pair, deviennent égales. Si ces valeurs sont seulement au nombre de deux, comme il arrive ordinairement, deux portions de la courbe viennent se rejoindre en un point qui peut d'ailleurs ne présenter, et qui en général ne présente aucune particularité, lorsqu'on vient à changer la direction des axes. On conclut de là que, pour avoir l'expression complète d'une courbe algébrique, par une équation entre des coordonnées rectangulaires, il faut débarrasser l'équation des radicaux, ou conserver tous les doubles signes adhérents à chaque radical pair. Autrement on introduirait arbitrairement des solutions de continuité, tenant à la direction des lignes auxiliaires que l'on aurait prises arbitrairement pour axes des coordonnées; et qui ne sont point des affections essentielles de la courbe, qui ne doivent point résulter de sa définition, si elle en a une qui soit indépendante du choix des axes.

71. Descartes avait nommé et pendant longtemps on a nommé d'après lui courbes *géométriques* celles que nous qualifions d'*algébriques*, c'est-à-dire celles qui peuvent se définir par une équation algébrique entre des coordonnées rectangulaires. Il appelait, par opposition, courbes *mécaniques* celles que, d'après Leibnitz, nous qualifions de *transcendantes*, telles que la cycloïde ou les développantes des sections coniques. En imaginant cette nomenclature, à une époque où l'on ne connaissait point la théorie des développées et des développantes, où l'on commençait à peine d'étudier la cycloïde, et où la curiosité des géomètres ne s'était encore fixée que sur quelques courbes transcendantes de peu d'importance, Descartes avait surtout pour but de combattre le préjugé des anciens qui consistait à n'admettre comme des solutions géométriques que celles qui peuvent se construire physiquement avec la règle et le compas ; et par une concession au préjugé, plutôt que par de bonnes raisons, il consentait à ce que l'on continuât d'appliquer l'épithète de *mécaniques* aux quelques courbes transcendantes dont les géomètres s'étaient occupés avec lui. Mais, par les raisons mêmes que Descartes donne *, il est évident que la nomenclature

---

* « Les anciens ont fort bien remarqué qu'entre les problèmes de géométrie, les uns sont plans, les autres solides et les autres linéaires, c'est-à-dire que les uns peuvent être construits en ne traçant que des lignes droites et des cercles ; au lieu que les autres ne le peuvent être, qu'on n'y emploie pour le moins quelque section conique ; ni enfin les autres, qu'on n'y emploie quelque autre ligne plus composée ; mais je m'étonne de ce qu'ils n'ont pas outre cela distingué divers degrés entre ces lignes plus composées, et je ne saurois comprendre pourquoi ils les ont nommées méchaniques plutôt que géométriques. Car de dire que ç'ait été à cause qu'il est besoin de se servir de quelque machine pour les décrire, il faudroit rejeter par même raison les cercles et les lignes droites, vu qu'on ne les décrit sur le papier qu'avec un compas et une règle, qu'on peut aussi nommer des machines. Ce n'est pas non plus à cause que les instruments qui servent à les tracer, étant plus composés que la règle et le compas, ne peuvent être si justes ; car il faudroit pour cette raison les rejeter des méchaniques, où la justesse des ouvrages qui sortent de la main est désirée, plutôt que de la géométrie, où c'est seulement la justesse du raisonnement qu'on recherche, et qui peut sans doute être aussi parfaite touchant ces lignes que touchant les autres. Je ne dirai pas aussi que ce soit à

qu'il proposait, il y a deux siècles, ne peut se soute-
nir dans l'état actuel de la science. Il est clair que la
définition de la cycloïde est tout aussi géométrique
que celle de l'ellipse; qu'il n'y a pas de raison pour
qualifier de géométriques les développées des sections
coniques et pour refuser ce titre à leurs développantes. La cycloïde est, comme l'ellipse, une courbe
dont la génération peut être conçue indépendamment

---

cause qu'ils n'ont pas voulu augmenter le nombre de leurs de-
mandes, et qu'ils se sont contentés qu'on leur accordât qu'ils pussent joindre deux points donnés par une ligne droite, et décrire un
cercle d'un centre donné qui passât par un point donné ; car ils
n'ont point fait de scrupule de supposer, outre cela, pour traiter
des sections coniques, qu'on pût couper tout cône donné par un
plan donné. Et il n'est besoin de rien supposer pour tracer toutes
les lignes courbes que je prétends ici d'introduire, sinon que deux
ou plusieurs lignes puissent être mues l'une par l'autre, et que
leurs intersections en marquent d'autres ; ce qui ne me paroît en
rien plus difficile. Il est vrai qu'ils n'ont pas aussi entièrement reçu
les sections coniques en leur géométrie, et je ne veux pas entre-
prendre de changer les noms qui ont été approuvés par l'usage ;
mais il est, ce me semble, très-clair que, prenant comme on fait
pour géométrique ce qui est précis et exact, et pour méchanique ce
qui ne l'est pas, et considérant la géométrie comme une science qui
enseigne généralement à connoître les mesures de tous les corps,
on n'en doit pas plutôt exclure les lignes les plus composées que les
plus simples, pourvu qu'on les puisse imaginer être décrites par
un mouvement continu, ou par plusieurs qui s'entre-suivent, et
dont les derniers soient entièrement réglés par ceux qui les précèdent ; car, par ce moyen, on peut toujours avoir une connois-

des procédés mécaniques de description, dont les propriétés nombreuses peuvent être étudiées à la faveur de raisonnements et de constructions purement géométriques, sans qu'il faille nécessairement recourir à l'analyse des modernes et à la méthode cartésienne. Il en est de même des développées et des développantes des courbes déjà définies géométriquement.

Au contraire, nous ne pensons pas que l'épithète

---

sance exacte de leur mesure. Mais peut-être que ce qui a empêché les anciens géomètres de recevoir celles qui étoient plus composées que les sections coniques, c'est que les premières qu'ils ont considérées, ayant par hasard été la spirale, la quadratrice et semblables, qui n'appartiennent véritablement qu'aux méchaniques, et ne sont point du nombre de celles que je pense devoir ici être reçues, à cause qu'on les imagine décrites par deux mouvements séparés, et qui n'ont entre eux aucun rapport qu'on puisse mesurer exactement ; bien qu'ils aient après examiné la conchoïde, la cissoïde, et quelque peu d'autres qui en sont, toutefois à cause qu'ils n'ont peut-être pas assez remarqué leurs propriétés, ils n'en ont pas fait plus d'état que des premières ; ou bien c'est que, voyant qu'ils ne connoissoient encore que peu de choses touchant les sections coniques, et qu'il leur en restoit même beaucoup touchant ce qui se peut faire avec la règle et le compas, qu'ils ignoroient, ils ont cru ne devoir point entamer de matière plus difficile... » *Géométrie*, liv. II, *in principio*.

On remarquera que les épithètes de *solides* et de *linéaires*, appliquées à des problèmes ou à des lieux géométriques, ont depuis longtemps perdu le sens que Descartes y attache, au commencement du passage cité.

de géométrique puisse être convenablement donnée à toute courbe algébrique. A la vérité, puisque les opérations fondamentales de l'arithmétique sont susceptibles d'être graphiquement exécutées avec la règle et le compas, dès lors qu'on donne l'équation d'une courbe algébrique

$$F(x, y, a, b, c, ...) = 0,$$

dans laquelle x, y désignent des coordonnées variables et a, b, c,.... des paramètres constants, il est permis de concevoir que le système d'opérations arithmétiques par lequel on calculerait chaque terme du premier membre de cette équation au moyen des nombres x, y, a, b, c,...., se trouve remplacé par un système de constructions graphiques exécutées sur les lignes que ces nombres mesurent. Mais, de ce qu'on peut appliquer ainsi la géométrie à l'arithmétique, il ne s'ensuit pas qu'on puisse, sans abus de langage (c'est-à-dire sans confondre par l'expression deux ordres d'idées foncièrement distincts), qualifier de géométrique toute définition des grandeurs au moyen des opérations fondamentales de l'arithmétique et par suite au moyen de l'algèbre. Un traité d'arithmétique ou d'algèbre n'est point (même implicitement) un traité de géométrie, quoique l'arithmétique et l'algèbre s'appliquent à la géométrie, et quoique inversement la géométrie s'applique à l'arithmétique et à l'algèbre. Une ligne algébrique est en même temps géométrique, lorsqu'on peut mettre de côté ce que l'algèbre nous enseigne, se reporter par la pensée au temps où l'algèbre était encore une science à naître, et donner de la ligne une définition directement tirée de conceptions propres à la géométrie : comme lorsqu'on définit la cycloïde au moyen du cercle et de la ligne droite, l'ellipse au moyen du cône et du plan, la développée de l'ellipse au moyen de l'ellipse, et ainsi de suite. Or, si l'on écrivait au hasard une équation algébrique à deux variables de degré quelconque, il n'arriverait que par hasard que le lieu d'une telle équation jouît de propriétés géométriques et comportât une définition géométrique du genre de celles que nous indiquons. La courbe serait encore algébrique, comme les sections coniques et leurs développées, mais ne devrait pas être réputée géométrique.

Ce n'est pas qu'une définition arithmétique ou algébrique, eût-elle une apparence bizarre ou compliquée, ne puisse accidentellement convenir à des courbes susceptibles d'être géométriquement définies. Si je définis une courbe par cette condition que l'ordonnée pm (*Pl.* II, *fig.* 18) soit proportionnelle à la racine 19e de la 47e puissance de l'abscisse Op, la définition ne saurait, sans abus de langage, être qualifiée de géométrique, bien qu'on puisse construire avec la règle et le compas deux lignes respectivement proportionnelles à la 47e puissance du nombre qui mesure l'abscisse Op, et à la 19e puissance du nombre qui mesure l'ordonnée pm : mais imaginons une suite d'ellipses semblables, en nombre infini, ayant leur centre commun au point O, et telles que, pour chacune, le carré du demi-grand axe soit au carré du demi-petit axe dans le rapport de 47 à 19, la courbe Om qui coupe à angle droit toutes ces ellipses, est précisément celle que l'on vient de définir arithmétiquement, et elle acquiert ainsi une définition géométrique *.

---

* A la suite du passage cité plus haut, Descartes s'attache à montrer qu'il n'y a pas de courbe algébrique qui ne corresponde à un cas particulier du *problème de Pappus* : comme s'il avait voulu établir par là qu'il n'y a pas de courbe algébrique qui ne comporte une définition géométrique. Mais, à cause de la forme de l'équation de la ligne droite, le mode de définition, par le *problème de Pappus*, n'est qu'une généralisation du mode de définition par une équation algébrique entre l'abscisse et l'ordonnée, comme le système des coordonnées obliques est une généralisation du système des coordonnées rectangulaires ; et tout ce qui se dit d'un mode de définition s'applique à l'autre. Lorsqu'on définit une courbe par la condition que, si l'on mène de chacun de ses points des droites

$$a, b, c, \ldots i, k, l, \ldots$$

qui coupent sous des angles donnés les droites

$$A, B, C, \ldots I, K, L, \ldots$$

tracées dans le plan de la courbe, le produit des nombres qui mesurent les droites a, b, c,..., au nombre de 47, soit constamment proportionnel au produit des nombres qui mesurent les droites i, k, l,..., au nombre de 19, cette définition n'est pas plus géomé-

ll en est de même pour les courbes transcendantes. Si je définis la courbe A*mn* (*fig.* 19) du genre des *spirales*, par la condition qu'en chaque point *m* sa tangente *mt* fasse un angle constant avec le *rayon vecteur* O*m*, mené du point fixe O à ce point variable, j'en aurai donné une définition géométrique; mais si je la définis par la condition que la valeur numérique du rayon vecteur O*m* soit proportionnelle au logarithme du nombre qui mesure l'angle *m*OA formé par le rayon vecteur avec une droite fixe OA, j'en aurai donné une autre définition transcendante qui n'a rien de géométrique; car ce n'est point par la géométrie que nous vient l'idée de la liaison transcendante entre un nombre et son logarithme.

72. Puisque Descartes a imaginé la méthode des coordonnées pour appliquer l'algèbre à la géométrie, il faut bien qu'il y ait des lignes à la fois géométriques et algébriques, dans le sens qui vient d'être attaché

---

trique que celle qui consisterait à dire que la 47e puissance de l'abscisse est constamment proportionnelle à la 19e puissance de l'ordonnée : car, de même que la notion de puissance n'a plus de sens géométrique quand l'exposant de la puissance devient quelconque, bien qu'on puisse construire des lignes proportionnelles aux puissances des nombres qui mesurent une ligne droite donnée, ainsi la notion de produit n'a plus de sens géométrique quand le nombre des facteurs devient quelconque, bien qu'on puisse toujours construire une droite proportionnelle au produit dés nombres qui mesurent tant de droites que l'on voudra.

à ces deux épithètes. Et puisque l'algèbre ne consiste pas seulement dans un système de notations pour exprimer des relations arithmétiques entre des grandeurs, mais que c'est une science qui diffère de l'arithmétique par le degré d'abstraction, qui a son objet spécial et son organisation propre, il faut que, pour les lignes qui sont à la fois géométriques et algébriques, l'étendue de la définition algébrique corresponde, en vertu des lois propres à l'algèbre, à l'étendue que la ligne comporte en vertu de sa nature géométrique, ou par la force de la définition géométrique. Sinon il n'y aurait pas, à proprement parler, de correspondance entre la géométrie et l'algèbre, ou d'applications de l'algèbre à la géométrie, mais seulement des applications de l'arithmétique à la géométrie, comme on en a connu et pratiqué de toute antiquité.

Pour montrer que des applications de l'arithmétique à la géométrie n'entraînent pas la correspondance de la géométrie avec l'algèbre, dans le sens que l'on vient d'expliquer, il n'y aurait qu'à revenir aux courbes dont la discussion a fait l'objet des n^{os} **56**, **57** et **58**; mais, afin de ne pas quitter l'exemple pris en dernier lieu, désignons par la fraction irréductible $\frac{m}{n}$ le rapport (supposé commensurable) entre les carrés des demi-grands axes et les carrés des demi-petits axes, pour les ellipses concentriques et semblables, tracées en lignes ponctuées sur la *fig.* 18 : la courbe O*m* qui en est la *trajectoire orthogonale*, c'est-à-dire qui coupe toutes ces ellipses à angle droit, aura pour équation

$$y^n = cx^m;　　　　[a]$$

de sorte que, par la variation du coefficient c, on passera de la trajectoire orthogonale O*m* à une autre trajectoire Oμ. Supposons qu'on ait assigné la valeur du coefficient numérique c, aussi bien que celle des nombres m et n, et traçons en conséquence la trajectoire O*m*, puis les lignes symétriques O*m'*, O*m''*, O*m'''* dans les trois angles droits adjacents à XOY. Suivant qu'on a

$$m \text{ pair,}　　n \text{ impair;}$$
$$m \text{ impair,}　n \text{ impair;}$$
$$m \text{ impair,}　n \text{ pair;}$$

l'équation [a] représente, en vertu du jeu des signes algébriques, les systèmes de lignes

$$O m \text{ et } O m',　O m \text{ et } O m'',　O m \text{ et } O m'''.$$

Dans le premier cas la courbe complète ressemble à une parabole conique ayant son sommet en O; dans le second cas elle subit au point O ce qu'on nomme une *inflexion* ou une inversion dans le sens de sa courbure; au troisième cas enfin, elle éprouve en O ce qu'on nomme un *rebroussement*, comme ceux que nous offre la cycloïde indéfiniment prolongée. On peut passer d'un cas à l'autre en faisant varier les nombres m et n, de manière que le rapport $\frac{m}{n}$ varie infi-

niment peu : de manière par conséquent que le système des ellipses concentriques soit infiniment peu altéré, et que l'équation [a] ait pour lieu une courbe $O\mu$ infiniment peu différente de Om. La définition géométrique de la ligne Om, tirée de sa propriété d'être la trajectoire orthogonale d'un certain système d'ellipses, ne renferme rien qui puisse rendre raison du changement brusque de forme qu'éprouverait la ligne au point O, centre du système d'ellipses, en subissant, par exemple, une inflexion au lieu d'un rebroussement. La commensurabilité des carrés des demi-axes, la propriété des nombres m et n d'être pairs ou impairs ne modifient en rien les conditions géométriques du tracé de la trajectoire. Il faut donc reconnaître que le mode d'accouplement des trajectoires partant du centre O, dans le cas de la commensurabilité des carrés des demi-axes, et selon que les nombres m et n sont pairs ou impairs, est un fait de pure algèbre, une conséquence de la règle des signes, laquelle ne correspond ici à aucun fait géométrique.

73. Ces préliminaires étaient indispensables pour faire saisir enfin le nœud de la question. La plus simple des équations algébriques à deux variables est l'équation

$$y = ax; \qquad\qquad [b]$$

et il se trouve qu'elle a pour lieu géométrique, dans le système des coordonnées rectangulaires, une ligne droite passant par l'origine des coordonnées, c'est-à-dire la plus simple des lignes que la géométrie considère, celle dont l'idée est le point de départ de toute spéculation géométrique. L'équation de la ligne droite n'est que l'expression algébrique du théorème de Thalès sur la proportionnalité des côtés dans les triangles équiangles, théorème dont l'invention ou l'énonciation formelle marque le commencement de la géométrie et celui de toute science exacte. Voilà pour la correspondance entre la géométrie et la théorie purement arithmétique des grandeurs abstraites. Mais de plus il se trouve que l'équation [b] appartient à la ligne droite indéfiniment prolongée de part et d'autre de l'origine : le changement de signe de l'abscisse entraînant le changement de signe de l'ordonnée. En outre, si l'on fait passer le coefficient a par toutes les valeurs réelles, positives et négatives, on rendra l'équation propre à représenter toutes les droites possibles, tracées sur le plan des coordonnées et passant par l'origine. Voilà pour la correspondance entre la géométrie et l'algèbre proprement dite. Ainsi, le choix du système des coordonnées parallèles à des axes fixes ne nous est pas seulement imposé par la condition d'obtenir une exacte représentation graphique des liens algébriques entre les grandeurs (**60**); il nous l'est encore par la condition d'établir entre la géométrie et l'algèbre une corrélation fondamentale dont les conséquences (faciles à pressentir pour quiconque a déjà saisi la généralité de l'analyse algébrique) se représenteront sous des formes et dans des combinaisons variées à l'infini.

Il en résulte tout d'abord qu'une ligne droite, tracée d'une manière quelconque sur le plan des coordonnées, est représentée, dans toute l'étendue de son cours indéfini, par une équation de la forme

$$y = ax + b; \qquad \qquad [B]$$

et réciproquement, qu'une équation de cette forme a toujours pour lieu géométrique une ligne droite indéfiniment prolongée dans les deux sens. En effet, si, par un point quelconque pris sur la droite, on mène des axes de coordonnées x', y', respectivement parallèles aux axes des x, y, on aura, pour tous les points du plan,

$$x' = x - x_1, \quad y' = y - y_1 :$$

x_1, y_1 désignant les coordonnées de la nouvelle origine, prises par rapport aux anciens axes et à l'ancienne origine ; et comme l'équation

$$y' = ax'$$

est propre à représenter tous les points de la droite, pourvu que le coefficient a ait été déterminé convenablement, l'équation qui s'en déduit

$$y - y_1 = a(x - x_1),$$

subsiste aussi pour tous les points de la droite. Or, cette dernière équation se confond avec l'équation [B], si l'on pose, comme cela est toujours permis,

$$y_1 - ax_1 = b.$$

74. Dans l'équation

$$y = ax, \qquad\qquad [b]$$

qui a pour lieu la droite MN (*fig.* 20), le coefficient a dépend de l'angle α, que la droite forme avec l'axe des x. Comme deux droites indéfiniment prolongées de part et d'autre de leur point d'intersection forment entre elles deux angles suppléments l'un de l'autre, on convient, afin d'éviter l'ambiguïté, de prendre pour l'angle α qui fixe la position de la droite MN sur le plan des coordonnées, l'angle NOX que la portion ON de cette droite, située dans la région des ordonnées positives, forme avec la portion OX de l'axe des abscisses, qui correspond à des abscisses positives, ou (suivant une expression abrégée et usitée) avec le demi-axe des abscisses positives. Le coefficient a a la même valeur numérique et le même signe que l'ordonnée RN du point de la droite, lequel correspond à l'abscisse positive OR $= 1$. Ce coefficient a est donc positif ou négatif, selon que l'angle α est aigu ou obtus. L'ordonnée RN $= a$ touche en R le cercle qu'on aurait décrit de l'origine comme centre, avec un rayon égal à l'unité de longueur, et pour cette raison on la nomme la *tangente trigonométrique* de l'angle α. On la désigne par l'abréviation *tang α* : de sorte qu'on peut écrire, au lieu de l'équation [*b*],

$$y = x \text{ tang } \alpha.$$

Cette notation a l'avantage d'introduire dans l'équation de la droite le signe de l'angle qui détermine la position de la droite sur le plan.

Au lieu de déterminer la droite MN en assignant sa tangente trigonométrique, c'est-à-dire la valeur positive ou négative de l'ordonnée pour une abscisse positive égale à l'unité de longueur, on pourrait prendre sur la portion ON de cette droite, qui forme l'angle α avec le demi-axe des abscisses positives, une longueur O*m* égale à l'unité, et assigner l'abscisse ou l'ordonnée de ce point *m*. C'est ainsi qu'on est dans l'usage de définir la *pente* d'une portion rectiligne de route ou de rail-way, c'est-à-dire l'angle que cette portion rectiligne forme avec sa projection horizontale, en assignant la différence des hauteurs ou des ordonnées verticales de deux points de la route ou du rail-way, dont la distance est égale à l'unité de longueur. L'ordonnée *mp* se nomme le *sinus*, et l'abscisse O*p* se nomme le *cosinus* de l'angle α. On les désigne dans l'écriture par les abréviations *sin α*, *cos α*; et les lignes *sin α*, *cos α*, *tang α*, prises collectivement, s'appellent les *lignes trigonométriques* de l'angle α. Cette dénomination provient de ce qu'on a primitivement défini et étudié les lignes dont il s'agit, en vue de la détermination numérique des parties inconnues d'un triangle, soit rectiligne, soit sphérique, par le moyen de certaines parties connues : ce qui est l'objet d'un problème très-particulier, mais très-important, à cause des applications à l'astronomie et à la géodésie, et ce qui constitue la *trigonométrie* proprement dite. Pour plus de justesse il faudrait donner à ces lignes l'épithète de *goniométriques;* parce qu'elles servent en général à déterminer des angles, et que cette détermination est nécessaire dans une foule de cas où l'on n'a point pour but de *résoudre* des triangles, c'est-à-dire d'en calculer les éléments inconnus à l'aide des éléments connus.

La valeur de la tangente trigonométrique, prise avec son signe, est aussi la valeur du rapport entre le sinus et le cosinus, pris également avec leurs signes. Il est clair que le cosinus dépend du sinus, et nous allons immédiatement nous occuper de cette relation. On considère assez souvent des lignes trigonométriques autres que le sinus, le cosinus et la tangente, mais qui se ramènent à celles-ci ou qui en sont des fonctions très-simples, et dont nous n'avons pas besoin de faire ici la nomenclature.

75. Si la droite MN, au lieu d'être rapportée aux axes rectangulaires OX, OY, l'était aux axes rectangulaires OX', OY', qui font respectivement un angle ω

avec les axes OX, OY, son équation ne pourrait être encore que de la forme

$$y' = a'x', \qquad [b']$$

x', y' désignant les coordonnées respectivement parallèles aux nouveaux axes, et a' étant la tangente de l'angle $NOX' = \alpha'$. Or, cette condition exige que les valeurs des coordonnées x, y soient liées aux valeurs des coordonnées x', y' par des équations de la forme

$$x = mx' + ny',$$
$$y = m_1 x' + n_1 y',$$

(m, n, m_1, n_1 désignant des coefficients constants qui ne dépendent que de la valeur de l'angle ω); sans quoi la substitution des valeurs de x, y en x', y' dans l'équation [b] ne pourrait pas conduire à une équation en x', y' de la forme de [b']. D'après la définition des sinus et cosinus on a, pour $y' = 0$, quel que soit d'ailleurs l'angle ω, aigu ou obtus,

$$x = x' \cos \omega, \qquad y = x' \sin \omega,$$

et pour $x' = 0$,

$$x = - y' \sin \omega, \qquad y = y' \cos \omega.$$

En conséquence les coefficients constants m, n, etc. se trouvent déterminés, et l'on a généralement

$$\left. \begin{aligned} x &= \quad x' \cos \omega - y' \sin \omega, \\ y &= \quad x' \sin \omega + y' \cos \omega. \end{aligned} \right\} \qquad [c]$$

On trouverait de même

$$\left. \begin{aligned} x' &= \quad x \cos \omega + y \sin \omega, \\ y' &= - x \sin \omega + y \cos \omega. \end{aligned} \right\} \qquad [c']$$

Il est d'ailleurs évident que, si l'on veut changer l'origine en même temps que la direction des axes, on pourra d'abord changer les axes par les formules précédentes, puis déplacer l'origine en retranchant des coordonnées variables, relatives à l'ancienne origine et aux nouveaux axes, les coordonnées de la nouvelle origine, prises par rapport à l'ancienne origine et aux nouveaux axes.

Il suit de là qu'une courbe algébrique ne cesse pas d'être algébrique et ne change pas de degré, quand son équation change par suite d'un déplacement quelconque de l'origine et des axes.

76. Concevons qu'après avoir passé de l'axe OX à l'axe OX', faisant avec le premier l'angle ω, on continue de tourner dans le sens indiqué par les flèches de la figure, et qu'on passe de l'axe OX' à l'axe OX'', faisant avec OX' un angle ω', et avec OX l'angle $\omega+\omega'$: les équations $[c']$ donneront, *mutatis mutandis*,

$$x'' = \quad x'\cos\omega' + y'\sin\omega',$$
$$y'' = -x'\sin\omega' + y'\cos\omega';$$

d'où, par la substitution des valeurs de x', y', tirées des mêmes équations $[c']$,

$$x'' = \quad x(\cos\omega\cos\omega' - \sin\omega\sin\omega') + y(\sin\omega\cos\omega' + \cos\omega\sin\omega'),$$
$$y'' = -x(\sin\omega\cos\omega' + \cos\omega\sin\omega') + y(\cos\omega\cos\omega' - \sin\omega\sin\omega').$$

Mais il est clair d'autre part, toujours à cause des

équations $[c']$, qu'on doit avoir

$$x'' = x\cos(\omega+\omega')+y\sin(\omega+\omega'),$$
$$y'' = -x\sin(\omega+\omega')+y\cos(\omega+\omega');$$

d'où ces deux formules fondamentales

$$\left.\begin{array}{l}\cos(\omega+\omega')=\cos\omega\cos\omega'-\sin\omega\sin\omega',\\ \sin(\omega+\omega')=\sin\omega\cos\omega'+\cos\omega\sin\omega'.\end{array}\right\}\quad [C]$$

Supposons au contraire qu'après avoir passé de OX à OX' en tournant dans le sens de la flèche, on passe par un mouvement rétrograde de OX' à OX'', de manière que OX'' tombe entre OX et OX', en faisant avec OX' un angle ω' et avec OX un angle $\omega-\omega'$: on aura entre les grandeurs

$$x'',\ y'',\ \omega',\ x',\ y'$$

les mêmes relations qu'entre les grandeurs

$$x,\ y,\ \omega,\ x',\ y';$$

et les équations $[c]$ donneront, *mutatis mutandis*,

$$x''=x'\cos\omega'-y'\sin\omega',$$
$$y''=x'\sin\omega'+y'\cos\omega';$$

d'où, par la substitution des valeurs de x', y', tirée des équations $[c']$,

$$x''=x(\cos\omega\cos\omega'+\sin\omega\sin\omega')+y(\sin\omega\cos\omega'-\cos\omega\sin\omega'),$$
$$x''=-x(\sin\omega\cos\omega'-\cos\omega\sin\omega')+y(\cos\omega\cos\omega'+\sin\omega\sin\omega').$$

Mais d'un autre côté l'on doit avoir, d'après l'hypothèse, et les équations $[c']$,

$$x''=x\cos(\omega-\omega')+y\sin(\omega-\omega'),$$
$$y''=-x\sin(\omega-\omega')+y\cos(\omega-\omega');$$

ce qui entraîne ces deux autres formules fondamentales

$$\left.\begin{array}{l}\cos(\omega-\omega')=\cos\omega\cos\omega'+\sin\omega\sin\omega',\\[4pt]\sin(\omega-\omega')=\sin\omega\cos\omega'-\cos\omega\sin\omega'.\end{array}\right\}\quad [\mathrm{C_1}]$$

Par la manière même dont nous avons obtenu les formules $[\mathrm{C}]$, $[\mathrm{C_1}]$, nous sommes conduits à leur donner le degré d'extension et de généralité qu'elles doivent avoir. En effet, tant qu'il ne s'agissait que de fixer sur le plan des coordonnées la position de la droite $[b]$, au moyen de l'angle α, dont le coefficient a désigne la tangente trigonométrique, nous n'avions à considérer que des valeurs de l'angle α comprises entre zéro et deux angles droits, ou des valeurs de l'arc correspondant (que nous désignerons aussi par α) comprises entre zéro et π : l'arc étant mesuré, comme à l'ordinaire, sur le cercle dont le rayon est l'unité, et π indiquant la longueur de la demi-circonférence de ce cercle. Mais, quand nous passons par un mouvement de rotation continu, de l'axe OX à un axe OX', de celui-ci à un axe OX'', et ainsi de suite jusqu'à $\mathrm{OX}^{(n)}$, il est clair que rien ne limite la valeur de l'arc

$$\omega^{(n)}=\omega+\omega'+\omega''+\ldots+\omega^{(n-1)},$$

qui peut surpasser la circonférence entière 2π, et même un nombre quelconque de circonférences. Or, les définitions que nous avons données du sinus et du cosinus s'adaptent d'elles-mêmes, sans aucune modification, à cette conception d'un mouvement continu et indéfini. Il en résulte que, lorsque l'axe mobile, partant d'une position initiale, aura ajouté à l'arc qui mesurait primitivement son inclinaison sur l'axe fixe un nombre entier de circonférences, ou un nombre pair de demi-circonférences, les sinus et cosinus reprendront les mêmes valeurs numériques avec les mêmes signes; qu'après la description d'une demi-circonférence, ou d'un nombre impair de demi-circonférences, les sinus et cosinus reprendront les mêmes valeurs numériques, mais affectées de signes contraires. D'un autre côté, les équations $[c]$, $[c']$ ne sont pas davantage assujetties à la restriction que les angles ω, ω' tombent entre des limites déterminées. Donc les formules $[C]$, $[C_1]$ et toutes celles qu'on en peut déduire par des combinaisons de calcul algébrique, sont pareillement affranchies de cette restriction; et l'on reconnaîtrait qu'elles peuvent de même s'appliquer à des valeurs négatives des arcs, correspondant à une rotation en sens inverse de celui qui est indiqué par les flèches de la figure, et pour lequel les arcs décrits sont censés positifs. Ces circonstances se trouvent présentées avec détail dans tous les traités élémentaires : l'important pour nous est de bien remarquer que le jeu des signes dont on affecte les lignes trigonométriques, et l'extension que prennent les formules en s'adaptant à des valeurs réelles quelconques de ces sortes de grandeurs, ne résultent pas de conventions arbitraires, mais sont nécessairement amenés par la force des conceptions géométriques, lorsqu'on rattache (comme nous l'avons fait et comme on doit le faire) la définition des lignes trigonométriques à la détermination de la direction d'une ligne droite sur le plan des coordonnées, dans le système des coordonnées rectangulaires.

77. Le cosinus Op approche d'autant plus d'être égal au rayon OR ou à l'unité, que l'arc Rm est plus petit ; il se confond avec l'unité quand l'arc s'évanouit. Donc la première équation $[C_1]$ donne, quand on y fait $\omega' = \omega = \alpha$,

$$\cos^2\alpha + \sin^2\alpha = 1.$$

C'est la relation entre le sinus et le cosinus d'un même angle ou d'un même arc, annoncée au n° **74.** C'est donc la relation entre l'abscisse et l'ordonnée de chaque point du cercle décrit de l'origine comme centre, avec l'unité pour rayon, et dont l'équation est par conséquent

$$x^2 + y^2 = 1.$$

On en conclut tout de suite, par la considération des triangles semblables, ou en vertu du principe de l'homogénéité, que le cercle concentrique, de rayon r, a pour équation

$$x^2 + y^2 = r^2; \qquad [d]$$

d'où l'on passe sans difficulté à l'équation d'un cercle

situé d'une manière quelconque dans le plan des coordonnées. Ainsi, la plus simple des équations symétriques du second degré à deux variables appartient, dans le système des coordonnées rectangulaires, à la plus simple des lignes géométriques après la ligne droite, et la représente dans toute l'étendue de son cours, par cela même que l'équation du premier degré, c'est-à-dire la plus simple des équations à deux variables, appartient à la plus simple des lignes géométriques, savoir à la ligne droite, et la représente dans toute l'étendue de son cours indéfini. L'équation du cercle est virtuellement contenue dans celle de la ligne droite; l'accord de la géométrie et de l'algèbre pour l'étendue de la définition de la ligne droite, leur accord pour l'étendue de la définition du cercle, ne sont pas deux faits indépendants, mais deux faits dont l'un est la conséquence logique de l'autre.

La ligne droite et le cercle ont pour caractère commun l'uniformité de leur cours, en vertu de laquelle chaque portion peut se superposer à l'autre : elles semblent différer en ce que l'une se prolonge indéfiniment en deux sens, tandis que l'autre est une courbe fermée et limitée. Mais ce contraste même n'est qu'apparent, attendu que le mouvement de rotation du rayon décrivant est susceptible de se prolonger indéfiniment en deux sens opposés, comme le mouvement de translation du point qui décrit une ligne droite. C'est avec cette extension tenant à la nature essentielle de l'idée, que l'algèbre (toujours dans le système des coordonnées rectangulaires) traduit la description géométrique de l'une et de l'autre ligne, en reproduisant ainsi, sous deux faces différentes, le même fait fondamental de concordance, et en maintenant par là une analogie ou, comme l'ont dit quelques auteurs, une *dualité* qui reparaît dans toutes les branches de la spéculation mathématique, qui donne lieu en géométrie pure à de curieuses théories, et qui finalement contient la raison de l'ordre et de la symétrie des principes généraux de la mécanique.

78. L'équation $[d]$ est l'expression algébrique du théorème de Pythagore, comme l'équation $[b]$ est l'expression algébrique du théorème de Thalès. Nous ne prétendons pas que ce tour de démonstration soit le plus simple, ni celui qu'il faille préférer dans les éléments. Il suffit, pour l'ordre logique, que toutes les propositions s'enchaînent rigoureusement; et comme condition de la perfection de cet ordre, on pourrait se proposer de réduire au *minimum* le nombre des anneaux de la chaîne. Pour la perfection de l'ordre didactique, il convient certainement de s'élever par degrés, des conceptions moins abstraites aux conceptions plus abstraites. Mais, quand une fois les faits ont été conçus et logiquement assemblés, n'importe comment, il faut, pour la perfection de l'ordre philosophique, ou pour celle de l'idée qu'on doit se faire du système de la science et de la subordination de ses parties, aller tout d'abord aux faits les plus généraux, qui contiennent la raison des faits particuliers et de leurs connexions diverses.

Il n'est personne qui ne sente que les démonstrations des théorèmes de Pythagore et de Thalès par la comparaison des aires, comme celles qu'ont adoptées Euclide et Legendre dans leurs *Éléments* *, quoique logiquement irréprochables, faussent l'ordre philosophique : d'une part en faisant passer le théorème de Pythagore avant celui de Thalès, qui contient si évidemment la raison du premier; d'autre part, en subordonnant à la théorie de la mesure des aires, la preuve de relations arithmétiques entre des longueurs, relations qui ne doivent dépendre, ni de la considération des aires, ni de leur mesure.

Comme toutes les démonstrations du théorème de Pythagore, employées dans les éléments, n'établissent qu'une relation arithmétique entre les côtés du triangle rectangle, lorsqu'on en conclut l'équation du cercle en coordonnées rectangulaires, on ne voit pas la raison de l'accord entre l'algèbre et la géométrie, en ce qui touche la description du cercle. Le cercle pourrait être dans le cas des trajectoires orthogonales de l'ellipse, pour lesquelles nous avons vu (**72**) que

---

* Euclide, liv. I, prop. 47, et liv. VI, prop. 2 ; Legendre, liv. III, prop. 11 et 15.

l'existence d'une définition arithmétique n'entraîne
pas l'accord de la géométrie avec l'algèbre, quant
aux suites algébriques de la règle des signes. Il pourrait être dans le cas des courbes que nous avons vues
lui être congénères (**57** et **58**), dont l'algèbre n'associe
pas les branches de la même manière, malgré l'analogie des caractères géométriques et des définitions
arithmétiques. Nous avons constaté l'accord entre l'algèbre et la géométrie pour la ligne droite ; il faudrait
le constater à nouveau pour le cercle ; il faudrait en
agir de même pour chaque courbe qui comporterait
à la fois une définition géométrique et une définition
arithmétique traduisible en algèbre. Mais, suivant
notre tour de démonstration, l'accord pour le cercle
est une conséquence de l'accord pour la ligne droite :
nous avons réduit autant que possible le nombre des
faits primitifs et indépendants, dans l'ordre rationnel
des principes et des conséquences ; nous avons obéi
à la loi qui gouverne toute investigation philosophique. Poursuivons cette série de déductions.

79. Un point est déterminé dans l'espace par ses
distances à trois plans rectangulaires, de même qu'un
point est déterminé sur un plan par ses distances à
deux droites rectangulaires (**62**) ; et dans le système
des coordonnées rectangulaires, ainsi généralisé, une
analogie soutenue nous mène, comme par la main,
des théorèmes de géométrie plane à ceux qui leur

correspondent dans la géométrie de l'espace. Une ligne droite est définie dans l'espace par les équations de ses projections sur deux des plans coordonnés, telles que

$$x = az + \alpha, \quad y = bz + \beta. \qquad [e]$$

Chacune de ces équations appartient à tous les points du plan projetant, dans son extension indéfinie; et le système des deux équations appartient à tous les points de la droite projetée, prolongée indéfiniment.

Si l'on substitue aux trois axes rectangulaires des x, y, z, trois autres axes rectangulaires des x', y', z', passant par la même origine, les équations d'une droite passant par cette origine, qui étaient dans l'ancien système,

$$x = az, \quad y = bz,$$

devront, dans le nouveau système, conserver la même forme, et devenir

$$x' = a'z', \quad y' = b'z' :$$

d'où l'on conclut, comme au n° **75**, que les nouvelles et les anciennes coordonnées sont liées par des équations de la forme

$$x = mx' + ny' + pz',$$
$$y = m_1 x' + n_1 y' + p_1 z',$$
$$z = m_2 x' + n_2 y' + p_2 z',$$

dans lesquelles m, n, p, m_1, etc. désignent des coefficients constants, qui ne peuvent dépendre que des angles des nouveaux axes avec les anciens. D'ailleurs on changera l'origine des coordonnées sans changer la direction des axes, si l'on pose

$$x = x_1 + x', \quad y = y_1 + y', \quad z = z_1 + z',$$

x_1, y_1, z_1 désignant les coordonnées de la nouvelle origine, prises par rapport à l'ancienne origine. On conclut de là qu'une surface *algébrique*, c'est-à-dire définie par une équation algébrique entre trois coordonnées rectangulaires, ne cesse pas d'être algébrique et ne change pas de degré, quand son équation change par suite d'un déplacement quelconque de l'origine et des axes.

Il suit encore des formules précédentes qu'une équation du premier degré, entre trois coordonnées rectangulaires variables, représente un plan, oblique aux plans coordonnés, et le représente dans toute son extension indéfinie.

Pour les points situés sur l'axe des x', les coordonnées y', z' sont nulles, et le coefficient m est évidemment le cosinus de l'angle que forme l'axe des x' avec celui des x, angle que nous désignerons par (xx'). Une remarque analogue sert à déterminer chacun des autres coefficients, et ainsi l'on a :

$$x = x'\cos(xx') + y'\cos(xy') + z'\cos(xz'),$$
$$y = x'\cos(yx') + y'\cos(yy') + z'\cos(yz'),$$
$$z = x'\cos(zx') + y'\cos(zy') + z'\cos(zz').$$

On a par la même raison :

$$x' = x \cos(xx') + y \cos(yx') + z \cos(zx'),$$
$$y' = x \cos(xy') + y \cos(yy') + z \cos(zy'),$$
$$z' = x \cos(xz') + y \cos(yz') + z \cos(zz');$$

et la comparaison de ces deux systèmes d'équations donne, entre les neuf cosinus qui y figurent, six équations de condition, dont nous n'aurons besoin de considérer que la suivante

$$\cos^2(xx') + \cos^2(yx') + \cos^2(zx') = 1. \qquad [f]$$

Prenons sur l'axe des x' un point dont la distance à l'origine soit égale à l'unité : on a, pour ce point,

$$\cos(xx') = x, \quad \cos(yx') = y, \quad \cos(z'x') = z,$$

et par conséquent, en vertu de l'équation $[f]$,

$$x^2 + y^2 + z^2 = 1,$$

quelle que soit d'ailleurs la direction de l'axe des x'. Donc cette dernière équation est celle de la surface sphérique qui a l'origine pour centre et l'unité pour rayon ; et par suite l'équation

$$x^2 + y^2 + z^2 = r^2$$

appartient à tous les points de la surface de la sphère dont le rayon est r : le centre se trouvant toujours à l'origine des coordonnées.

80. Si la droite représentée par les équations $[e]$ se meut parallèlement à elle-même, de manière à passer constamment par un point de la ligne

$$\mathrm{F}(x, y) = 0, \qquad [\mathrm{F}]$$

tracée dans le plan xy, et à laquelle on donne en conséquence le nom de *directrice*, elle décrira une surface de la famille de celles qu'on appelle *cylindriques*. Pour trouver l'équation de cette surface, il suffit de considérer que α, β désignent dans les équations $[e]$ les coordonnées en x, y du point où la droite *génératrice* perce le plan xy, point qui doit constamment se trouver sur la directrice $[\mathrm{F}]$. Donc on doit avoir

$$\mathrm{F}(\alpha, \beta) = 0.$$

Si maintenant on remplace dans cette équation α, β par leurs valeurs tirées des équations $[e]$, ce qui revient à remplacer dans l'équation $[\mathrm{F}]$, x par $x - az$ et y par $y - bz$, l'équation résultante

$$\mathrm{F}(x - az, y - bz) = 0$$

est celle de la surface engendrée, qui se trouve algébrique et du même degré que la directrice, si la directrice est algébrique. Quand la directrice est à la fois géométrique et algébrique, comme la ligne droite et le cercle, la surface cylindrique se trouve définie, tant algébriquement que géométriquement, et les deux définitions ont précisément la même étendue.

Assujettissons la droite génératrice à passer constamment, tant par la directrice $[\mathrm{F}]$, que par un point fixe dans l'espace : elle décrira une surface de la famille de celles qu'on appelle *coniques;* et à cause de l'extension indéfinie que la ligne droite comporte dans les deux sens, la surface devra être considérée comme formée de deux nappes divergeant toutes deux à partir du point fixe, que l'on nomme pour cette raison le *centre* de la surface. Prenons ce centre sur l'axe des z, à une hauteur ζ au-dessus du plan des xy : les équations de la génératrice seront

$$x = \frac{\alpha(\zeta - z)}{\zeta}, \quad y = \frac{\beta(\zeta - z)}{\zeta},$$

α, β désignant toujours les coordonnées en x, y du point où la génératrice perce le plan xy. Donc, par le même raisonnement que tout à l'heure, on aura l'équation de la surface conique, en remplaçant dans l'équation [F],

$$x \text{ par } \frac{\zeta x}{\zeta - z}, \quad y \text{ par } \frac{\zeta y}{\zeta - z}.$$

On peut dire de cette surface tout ce que nous disions de la surface cylindrique.

Enfin, si l'on imagine que la ligne [F] tourne autour de l'axe des x, elle engendrera une surface de la famille de celles qu'on appelle *de révolution,* et dont il est évident qu'on aura l'équation en remplaçant dans l'équation [F], y par $\sqrt{y^2 + z^2}$. Si la ligne [F], qui prend alors le nom de *ligne méridienne,* est algébrique, la surface de révolution est pareillement algébrique, et du même degré que la méridienne ou d'un degré double, selon que la méridienne est ou n'est pas symétrique par rapport à l'axe de révolution. Toutes les fois que l'algèbre et la géométrie cadreront dans la définition de la ligne méridienne, elles cadreront nécessairement dans la définition de la surface de révolution.

Il résulte de tout ce qui précède que les surfaces des trois corps ronds dont on s'occupe dans les éléments de géométrie, la sphère, le cylindre et le cône à base circulaire, ont leurs équations comprises parmi celles du second degré à trois variables; et qu'il y a, pour ces surfaces comme pour le plan, accord parfait entre les définitions algébriques et géométriques, quand on donne à la définition géométrique l'extension qu'elle doit avoir, par suite de l'extension indéfinie de la droite génératrice.

Ce qui se dit des surfaces doit nécessairement se dire des lignes que les surfaces déterminent par leur intersection; et ce qui se dit des lignes doit se dire des systèmes de points que les lignes déterminent en se coupant. Si les définitions géométriques et algébriques des surfaces s'accordent, les *nappes* de surfaces associées dans la même définition géométrique, le seront dans l'équation algébrique; les branches de lignes données par l'intersection de deux surfaces ainsi définies, seront associées dans leur équation ou dans le système de leurs équations algébriques; il y aura tout juste autant de points d'intersection de ces lignes que de systèmes de valeurs réelles pour les coordonnées, en vertu des équations finales auxquelles on parvient par l'élimination de toutes les variables, moins une.

81. Toutes les lignes algébriques du second degré ont un caractère géométrique commun, celui de pouvoir être tracées par l'intersection d'un plan et d'un cône à base circulaire, ou, ce qui revient au même, celui de pouvoir être considérées comme les projections en perspective d'un cercle sur un plan convenablement placé. En conséquence on les a, dès l'antiquité, et bien avant qu'on ne songeât à les étudier dans des équations algébriques, groupées sous la dénomination commune de *sections coniques*, qui doit leur être conservée toutes les fois qu'on entend faire de la géométrie à l'aide de l'algèbre, et non pas à l'inverse s'aider du tracé géométrique d'une ligne pour représenter la loi d'une fonction algébrique.

Non-seulement toutes les lignes algébriques du second degré ont un caractère géométrique commun, mais les genres dans lesquels elles se distribuent peuvent être simultanément définis par des caractères géométriques et par des caractères algébriques; et en général toutes les propriétés qui sont le fond de la géométrie de ces courbes, peuvent être commodément étudiées au moyen des relations algébriques dans lesquelles elles se traduisent. L'esprit prend plaisir à retrouver sous les formes les plus variées cette correspondance intime entre la géométrie et l'algèbre : il s'y habitue en quelque sorte en cultivant cette branche des mathématiques, susceptible de si féconds développements et objet d'un enseignement classique, au point de ne plus même sentir le besoin d'en chercher la raison particulière ; et la conséquence de cette disposition de l'esprit, c'est de regarder tous les cas où le même accord ne s'observe plus, comme des irrégularités capricieuses, comme des anomalies qui se refusent à une interprétation systématique, à une explication régulière.

82. Les propriétés des lignes et des surfaces dont nous venons d'indiquer la génération, étudiées au moyen des équations algébriques qui les définissent dans le système des coordonnées rectangulaires, forment ce corps de doctrine auquel il convient de donner spécialement le nom de *géométrie analytique* : parce que, d'une part, il ne cesse point d'avoir pour objet des choses susceptibles d'être conçues et définies par la pure géométrie, indépendamment de l'algèbre ; et que, d'autre part, on y fait ou l'on peut y faire exclusivement usage de considérations et de signes propres à la théorie abstraite des grandeurs, sans recourir à des constructions spéciales, à des synthèses particulières, autrement que pour établir le théorème de Thalès, d'où cette branche tout entière de la géométrie sort ou peut sortir, par une suite d'analyses et de déductions logiques, pour lesquelles la langue de l'algèbre est l'instrument d'analyse, le moyen de déduction.

83. Newton, et d'après lui Sterling et Maclaurin, ont entrepris la classification des lignes du troisième degré. Pour que cette classification ait une valeur géométrique, il faut qu'elle tienne directement à des conceptions géométriques, et qu'elle ne soit pas seulement tirée de caractères algébriques fournis par la discussion de l'équation générale. Par exemple, c'est une base de classification géométrique que le théorème de Newton, en vertu duquel toute ligne du troisième degré peut résulter de l'intersection d'un plan avec l'une des cinq surfaces coniques qui auraient respectivement pour directrices les cinq paraboles du troisième degré, dont l'une (la *parabole de Neil*) étant la développée de la parabole ordinaire, comporte par cela même une définition purement géométrique : en sorte que toutes les courbes du troisième degré, susceptibles d'être placées sur le cône qui a cette parabole de Neil pour directrice, sont par cela même géométriquement définissables. Au delà du troisième degré, nous ne connaissons pas de procédés pour énumérer méthodiquement, de manière à n'en point omettre, les courbes d'origine purement géométrique; bien que les lignes algébriques de degrés quelconques donnent lieu à des théorèmes généraux, résultant à la fois des propriétés des équations algébriques et de la forme des équations de la ligne droite et du plan, et du genre de ceux que nous avons indiqués au n° **69**, ou dans la note de la page 168 *.

---

* Voyez l'*Aperçu historique sur l'origine et le développement des méthodes en Géométrie*, par M. Chasles, pag. 146 et suiv.

CHAPITRE IX.

DES CARACTÈRES GÉNÉRIQUES DES SURFACES ET DES LIGNES. —— CAUSES DE DÉSACCORD ENTRE LA GÉOMÉTRIE ET L'ALGÈBRE, QUANT A L'ÉTENDUE DES DÉFINITIONS.

84. Parmi les propriétés diverses de l'étendue figurée, qui sont l'objet des spéculations du géomètre, il s'en trouve qui n'ont lieu que pour des figures terminées en tous sens par des lignes ou des surfaces géométriquement définies, et d'autres qui subsistent pour certains genres de lignes, de surfaces ou de solides, dont le caractère générique seulement est géométriquement déterminé : chaque genre pouvant comprendre une infinité de cas individuels; et ce qui différencie un individu des autres dans chaque genre étant la conséquence d'un tracé tout à fait arbitraire. Ainsi, l'on démontre dans les éléments de géométrie que le volume d'une pyramide à base polygonale est le tiers du volume d'un prisme de même base et de même hauteur; que le volume d'un cône à base circulaire est aussi le tiers du volume d'un cylindre qui à même base et même hauteur : mais ces théorèmes ne sont que des cas particuliers d'une proposition plus générale, consistant à dire que le volume circonscrit par une surface conique à base quelconque est le tiers du volume d'un cylindre de même base et de même hauteur. La base peut être une courbe dont le tracé n'ait rien de géométrique. Ce qu'il y a de géométrique, ce sont les conditions qui caractérisent le genre des surfaces coniques et celui des surfaces cylindriques (**80**); et la proposition dont il s'agit est l'énoncé d'une connexion géométrique entre ces deux genres de surfaces. Il y a même des propriétés géométriques dont jouissent des lignes ou des surfaces quelconques, sous la seule condition d'être assujetties dans leur tracé à la loi de continuité. Telles sont les relations curieuses découvertes par Euler et Meusnier, entre les courbures de toutes les lignes que l'on obtient en faisant passer, par un point pris sur une surface, des plans qui la coupent dans toutes les directions possibles, pourvu seulement que la surface (qui peut d'ailleurs être modelée de la manière la plus arbitraire) n'éprouve pas en ce point de solutions de continuité, comme celles qui résulteraient, soit d'une rupture, soit de la présence d'une arête vive ou d'une pointe. Ce qui distingue particulièrement les travaux des modernes en géométrie, par opposition à ceux des anciens, c'est d'avoir porté de préférence sur cette partie de la géométrie que les anciens ne connaissaient pas, ou du moins qu'ils avaient négligée, bien qu'elle puisse être conçue et cultivée indépendamment des nouveaux calculs : partie dont l'objet est nettement défini par ce qui précède, et que les recherches d'Huygens, d'Euler et de Monge ont surtout contribué à étendre.

Telle est la pénurie de notre langue scientifique, que nous n'avons pas de termes pour distinguer ces deux parties de la géométrie, qui sont pourtant d'une distinction si nette et si facile; mais toujours est-il que cette distinction répond parfaitement à celle que nous avons trouvée entre l'algèbre et la théorie des fonctions (**64**) : l'algèbre ne traitant des liaisons entre les grandeurs continues, qu'autant qu'elles procèdent des propriétés fondamentales des nombres; et la théorie des fonctions portant sur les lois de la marche des grandeurs liées entre elles, lois qui n'exigent pas que la liaison comporte une définition mathématique, mais seulement qu'il n'y ait pas de solutions de continuité dans l'étendue des valeurs que l'on considère.

85. Nous avons déjà indiqué au n° **80** quelques traits de la classification des surfaces par familles ou par genres géométriquement définis. Ce mode de classification diffère des classifications ordinaires, non-seulement en ce que le nombre des espèces de chaque genre est infini, mais encore en ce que, sans qu'on ait besoin de changer de système de classification, la même espèce se retrouve dans des genres différents, d'après les diverses analogies géométriques que son mode de description manifeste. Ainsi, le cône et le cylindre ordinaires , qui sont respectivement les types des genres de surfaces coniques et cylindriques, peuvent en même temps être considérés comme des espèces du genre des surfaces de révolution, espèces pour lesquelles la ligne méridienne devient une ligne droite , oblique ou parallèle à l'axe de révolution.

Les mêmes remarques sont applicables à la classification géométrique des lignes. Et d'abord les lignes dont nous nous sommes occupés aux n^{os} **56** et **57**, ne sont que des espèces d'un genre que l'on définira par l'équation

$$f(x) + f(y) = f(k) :$$

la fonction $f(x)$ ayant pour caractère de s'annuler et de croître indéfiniment en même temps que x, mais pouvant être d'ailleurs une fonction quelconque, mathématique ou empirique. La spirale définie au n° **71** n'est pareillement qu'une espèce du genre des courbes décrites par un point qui se meut sur une ligne droite d'un mouvement constamment progressif, tandis que la droite ne cesse de tourner dans le même sens autour de l'un de ses points : la vitesse de progression du point mobile sur la droite pouvant être d'ailleurs une fonction continue quelconque de la vitesse de rotation de la droite. Toutes ces courbes, en nombre infini, constituent le genre géométrique des spirales, dont les espèces peuvent être ou n'être pas des courbes géométriques.

La cycloïde dont il a été question au n° **63**, rentre

dans une catégorie de lignes auxquelles on peut donner le nom générique de *roulettes,* employé aussi dans l'origine pour désigner la cycloïde ordinaire : lignes décrites par un point d'une courbe roulant sur une autre courbe fixe, comme le cercle roule sur une ligne droite, dans la description de la cycloïde proprement dite. En prenant toujours une ligne droite pour ligne fixe, prenons pour ligne mobile une ellipse ou toute autre courbe rentrant sur elle-même et sans sinuosités : chaque point de la ligne mobile décrira une courbe analogue à la cycloïde par son allure et par ses formes générales; et toutes ces courbes, en nombre infini, constitueront un genre défini par un caractère géométrique, et dont la cycloïde ordinaire n'est qu'une espèce.

Prenons pour ligne fixe un cercle, et pour ligne mobile un autre cercle de rayon différent : nous aurons une série de roulettes connues sous le nom d'*épicycloïdes;* et la cycloïde ordinaire est comme le dernier terme de cette série, celui dont on s'approche sans cesse, quand le rayon du cercle fixe croît de plus en plus par rapport au rayon du cercle mobile. On peut remarquer que le genre des épicycloïdes, comme celui des trajectoires orthogonales à des séries d'ellipses concentriques (**71**), comprend des courbes algébriques, intercalées dans une série de courbes transcendantes.

86. Lorsqu'on envisage de ce point de vue la classification des lignes et des surfaces, on aperçoit des rapprochements tout autres que ceux qui résulteraient de caractères purement algébriques, et notamment du degré des équations, quand elles sont représentées par des équations algébriques entre coordonnées rectangulaires. De là une cause de désaccord entre la géométrie et l'algèbre, en ce que, pour des espèces comprises dans un même genre, géométriquement caractérisé, la définition par l'algèbre prend, d'une espèce à l'autre, des degrés d'extension différents, contrairement à l'analogie géométrique. Cette circonstance nous a déjà frappés à propos des courbes étudiées aux n^{os} **56** et **57**, et rappelées tout à l'heure. Pour en donner un nouvel exemple, considérons la courbe connue sous le nom de *cissoïde de Dioclès*, et dont voici la définition. Étant donnés un cercle (*fig.* 21) dont nous prendrons le diamètre pour axe des x, et sur ce cercle un point O que nous prendrons pour origine des coordonnées, on mène par l'autre extrémité P du diamètre pris pour axe une droite NN′ perpendiculaire à ce diamètre. On mène ensuite une infinité de rayons vecteurs O$\mu.mn$, sur lesquels on prend $nm = O\mu$: la courbe $mm'Om''$ qui passe par tous les points m déterminés de la sorte est la cissoïde de Dioclès. Si l'on appelle a la distance OP ou le diamètre du cercle, les équations de la droite NN′ et du cercle sont

$$x = a, \quad x^2 - ax + y^2 = 0, \qquad [a]$$

et l'on a, en désignant par x, y les coordonnées du point m,

$$Om = \sqrt{x^2 + y^2}, \quad On = a\sqrt{1 + \frac{y^2}{x^2}}, \\ O\mu = \frac{a}{\sqrt{1 + \frac{y^2}{x^2}}} : \qquad\qquad [b]$$

ce qui donne pour l'équation de la cissoïde

$$(a - x)\sqrt{1 + \frac{y^2}{x^2}} = \frac{a}{\sqrt{1 + \frac{y^2}{x^2}}}, \qquad [c]$$

et, par la réduction, l'équation du troisième degré

$$x^3 = y^2(a - x). \qquad [d]$$

Supposons maintenant qu'on substitue au cercle qui a pour diamètre la ligne OP, un cercle de rayon quelconque r, assujetti seulement à avoir son centre sur l'axe des x; et pour prendre d'abord le cas le plus simple, admettons que le centre se trouve à l'origine O (*fig*. 22), de manière que la seconde équation $[a]$ soit remplacée par

$$x^2 + y^2 = r^2 :$$

on aura tout simplement dans ce cas $O\mu = r$, ce qui donne pour l'équation de la courbe mm',

$$(a - x)\sqrt{1 + \frac{y^2}{x^2}} = r,$$

ou l'équation du quatrième degré

$$(a - x)^2(x^2 + y^2) = r^2 x^2. \qquad [d']$$

La courbe dont il s'agit est celle que l'on connaît

sous le nom de *conchoïde de Nicomède;* elle a évidemment une grande affinité avec la cissoïde de Dioclès; l'une et l'autre peuvent être considérées comme des espèces d'un genre géométriquement caractérisé par la condition

$$\mathrm{O}n - \mathrm{O}m = \mathrm{O}\mu : \qquad\qquad [\delta]$$

le rayon vecteur $\mathrm{O}\mu$, pour toutes les courbes du genre, étant celui d'un cercle qui a son centre sur l'axe des x.

Si le centre du cercle ne tombait plus à l'origine, la seconde équation $[a]$ se trouverait remplacée par

$$(x - \alpha)^2 + y^2 = r^2,$$

α désignant l'abscisse du centre; d'où, pour l'équation de la courbe mm',

$$(a - x)\sqrt{1 + \frac{y^2}{x^2}} = \frac{\alpha x}{\sqrt{x^2 + y^2}} \pm \sqrt{r^2 - \frac{\alpha^2 y^2}{x^2 + y^2}} ;$$

ce qui donnerait, après l'évanouissement des radicaux et la suppression du facteur $x^2 + y^2$, étranger à l'énoncé géométrique $[\delta]$, l'équation du quatrième degré

$$(a - x)^2 (x^2 + y^2) - 2\alpha x^2 (a - x) + (\alpha^2 - r^2) x^2 = 0. \quad [\mathrm{D}]$$

L'équation de la cissoïde de Dioclès et celle de la conchoïde de Nicomède en sont des cas particuliers *.

---

* On peut généraliser d'une autre manière la construction de la cissoïde de Dioclès et celle de la conchoïde de Nicomède, de manière à faire de ces deux courbes les types de deux genres géomé-

87. Maintenant il faut remarquer que l'équation $[d']$ de la conchoïde appartient non-seulement aux points m de la ligne mm' (*fig.* 22), définis par la condition $[\delta]$, mais aussi aux points m_1 de la ligne $m_1m'_1$, pour lesquels cette condition se trouve remplacée par

$$Om_1 - On = O\mu. \qquad [\delta_1]$$

En conséquence on regarde la conchoïde de Nicomède comme formée de deux branches mm', $m_1m'_1$, dont la première s'appelle la branche *citérieure* et la seconde la branche *ultérieure*, à cause de leur posi-

---

triques différents. Et d'abord on peut imaginer que l'on substitue au cercle $O\mu\mu'P$ de la *fig.* 21, une ellipse dont OP serait l'un des axes, ou même une courbe quelconque, fermée et non sinueuse, symétrique par rapport à l'axe des x, et venant toucher aux points O et P l'axe des y et sa parallèle : toutes les courbes ainsi engendrées ressembleraient à la cissoïde ordinaire, seraient formées de deux branches symétriques, ayant la ligne NN' pour asymptote, et présentant par leur réunion en O un rebroussement pareil à ceux de la cycloïde. Quant à la conchoïde de Nicomède, il est permis de la concevoir engendrée par l'intersection d'un cercle de rayon r, dont le centre glisse sur la ligne NN' (*fig.* 22), et d'une droite On qui tourne autour du point O, en passant constamment par le centre du cercle mobile. Or, si l'on substitue au cercle une ellipse, une parabole, ou toute autre ligne mobile, on obtiendra, par une construction analogue, une série de lignes qui peuvent porter le nom générique de conchoïdes. Descartes, dans sa *Géométrie*, a considéré d'une manière toute particulière la conchoïde engendrée par le mouvement d'une parabole.

tion par rapport à la droite NN' et au point O. Or, en
ceci l'analogie géométrique avec la cissoïde de Dioclès
se trouve rompue. Il faudrait que cette dernière
courbe eût aussi une branche ultérieure, ou que la
conchoïde n'en eût pas. Pour sauver l'analogie géométrique il faudrait mettre en regard de l'équation $[d']$,
le système de l'équation $[d]$ et d'une autre équation
du troisième degré

$$x^3 = y^2(a-x) + 2ax^2, \qquad [d_1]$$

qui n'est pas incluse dans l'équation $[D]$, mais bien
dans la suivante :

$$(a-x)^2(x^2+y^2) + 2\alpha x^2(a^2-x) + (\alpha^2-r^2)x^2 = 0. \quad [D_1]$$

Le lieu des équations $[D]$, $[D_1]$, pour $\alpha = r = \frac{1}{2}a$,
se compose d'une part de la cissoïde $[d]$ et de la ligne $[d_1]$, d'autre part de la *droite conjuguée* NN', étrangère aux énoncés $[\delta]$, $[\delta_1]$, et dont l'analogue ne se retrouve pas quand on passe des mêmes équations $[D]$,
$[D_1]$ à celle de la conchoïde, par l'hypothèse $\alpha = 0$.
La dissociation algébrique des lignes $[D]$ et $[D_1]$, $[d]$
et $[d_1]$, l'association algébrique des deux branches citérieure et ultérieure de la conchoïde sont des faits de
pure algèbre, qui non-seulement n'ont pas leur raison
dans la géométrie, mais dont le contraste est une vio-
lation de l'analogie géométrique.

C'est ainsi que la définition géométrique de l'hyperbole MN (*fig.* 7), consistant à dire que l'excès du

rayon vecteur F'*t* sur le rayon vecteur F*t* est constamment égal à une droite donnée *h*, ne s'applique qu'à la branche MN et non à la branche M''N'' ; tout comme la définition de la droite KI perpendiculaire à FF', consistant à dire que l'excès du carré du rayon vecteur F'*o* sur le carré du rayon vecteur F*o* est constamment égal à un carré donné i^2, ne s'applique qu'à la droite IK indéfiniment prolongée, et non à la droite I'K' parallèle et symétrique à IK. A la vérité on étend la première définition aux deux branches de l'hyperbole en disant que la différence des deux rayons vecteurs est constante, sans spécifier le sens de la différence ; et pareillement on étend la seconde définition aux deux droites IK, I'K', en disant que la différence des carrés des deux rayons vecteurs est constante, sans spécifier le sens de la différence. Cependant, par leurs équations, les deux droites parallèles sont deux lignes distinctes, tandis que les deux branches hyperboliques appartiennent à une même ligne. On ne peut donner à l'une de ces définitions géométriques la juste extension qu'elle doit avoir pour cadrer avec l'algèbre, sans que la définition analogue pèche contre l'algèbre par excès ou par défaut.

88. Pour passer à d'autres exemples, propres à faire ressortir d'autres causes de désaccord, concevons que du point O (*fig.* 23) on mène les sécantes O*mn*, O*m'n'*, etc., au cercle dont le centre est en C, et qui est représenté par l'équation

$$(x-a)^2 + y^2 = r^2 : \qquad [e]$$

les points μ, μ', etc., qui sont les milieux des cordes mn, $m'n'$, etc., auront pour lieu géométrique l'arc $t\mu\mu't'$, appartenant au cercle dont OC est le diamètre et qui a pour équation

$$x^2 - ax + y^2 = 0. \qquad [\varepsilon]$$

L'équation s'étend au cercle complet, tandis que la définition géométrique n'embrasse ou semble n'embrasser qu'une portion du cercle brusquement interrompue aux points t, t'. Pour lever cette opposition, on a quelquefois recours à la remarque que voici. Le rayon vecteur $O\mu$ est la demi-somme des rayons vecteurs Om, On : en deçà des points t, t', les valeurs des rayons vecteurs Om, On, tirées de l'équation du cercle $[e]$, deviennent imaginaires, mais leur demi-somme, dans l'expression de laquelle deux radicaux imaginaires se détruisent, reste réelle. Or, cette remarque qui explique comment l'algèbre s'accorde avec elle-même, n'établirait pas l'accord de l'algèbre avec la géométrie, puisqu'on ne sait ce que signifierait géométriquement le point milieu d'une corde imaginaire. Pour trouver une interprétation géométrique du résultat donné par l'algèbre, il faut considérer que le point μ est le milieu, non-seulement de la corde mn, mais de toutes les cordes interceptées

14

sur la sécante Omn par les cercles en nombre infini, qui ont leurs centres au point C. On ne peut résoudre le problème qui consiste à prendre le milieu de la corde mn, sans résoudre effectivement un problème plus général, celui de prendre le milieu de toutes les cordes interceptées sur la même ligne droite par les cercles concentriques. La définition géométrique de l'arc $t\mu\mu't'$ a donc virtuellement plus de généralité qu'elle ne semble en avoir dans les termes; et à cause de cette généralité, elle s'étend virtuellement au cercle entier. Cette circonstance géométrique est traduite en algèbre par la circonstance que le *paramètre* r^2 de l'équation $[e]$ n'entre pas dans l'équation $[\varepsilon]$: d'où il semble naturel de conclure que le désaccord entre la géométrie et l'algèbre n'est ici qu'apparent; puisqu'il suffit, pour le faire disparaître, d'interpréter convenablement la définition géométrique. Mais cette conciliation même n'est qu'accidentelle, et nous rencontrerons plus loin des exemples tout à fait analogues à celui-ci, où elle n'aurait plus lieu. En effet, si la signification géométrique du paramètre r^2 qui a disparu de l'équation $[\varepsilon]$, était telle qu'on ne pût attribuer à ce paramètre des valeurs indéfiniment croissantes; si, par exemple, r désignait un sinus, il deviendrait impossible que la généralité de l'équation résultante et du lieu algébrique, ne dépassât pas la généralité de la définition géométrique qui y a conduit.

89. De même, si l'on cherche la projection sur le plan xy de la courbe fermée, tracée dans l'espace par l'intersection de la sphère

$$x^2 + y^2 + z^2 = R^2$$

avec le cylindre droit

$$(x - a)^2 + z^2 = r^2,$$

l'élimination donne, pour l'équation de la projection cherchée,

$$y^2 + 2ax - a^2 = R^2 - r^2;$$

et celle-ci appartient à une parabole dont le cours est indéfini, de sorte qu'une portion seulement de cette parabole peut servir de projection à la courbe fermée dont il s'agit. A la vérité, il suffit de faire croître indéfiniment le rayon de la sphère et celui du cylindre, de manière que la différence $R^2 - r^2$ reste constante, pour que la projection de l'intersection des deux surfaces embrasse une portion de la parabole, aussi étendue qu'on le veut. Mais ce mode de conciliation ne serait plus possible, si la signification géométrique des paramètres R, r était autre, et qu'elle ne leur permît plus de croître indéfiniment, tandis que la différence de leurs carrés reste invariable.

Des remarques analogues s'appliqueraient aux lignes connues sous le nom d'*enveloppes*, définies par la condition de toucher ou d'envelopper une série de lignes congénères, que l'on obtient en faisant varier d'une manière continue un paramètre qui entre dans l'équation ou dans la définition générique de ces lignes. On élimine ce paramètre pour obtenir l'équation de la courbe enveloppe, et souvent il arrive que cette équation a plus d'étendue que la définition même de l'enveloppe, en ce sens qu'une portion de la courbe représentée par l'équation n'a aucun point de commun avec la série des lignes enveloppées.

En général, toutes les fois qu'un calcul d'élimination conduit à une équation résultante de laquelle ont disparu certains paramètres des lieux géométriques correspondant aux équations composantes, il pourra y avoir plus d'étendue dans l'équation résultante que dans le lieu géométrique correspondant, et en ce sens désaccord entre la géométrie et l'algèbre, si la signification géométrique des paramètres qui ont disparu assujettit leurs valeurs numériques à des limitations qui ne se trouvent point exprimées dans les équations composantes.

CHAPITRE X.

DE L'APPLICATION DIRECTE ET INDIRECTE DE LA GÉOMÉTRIE ANALYTIQUE AUX QUESTIONS D'ANALYSE DÉTERMINÉE. — ORIGINE DU DÉSACCORD ENTRE LA GÉOMÉTRIE ET L'ALGÈBRE DANS L'APPLICATION INDIRECTE.

90. Nous avons fait voir aux n^{os} **49** et suivants comment des problèmes géométriques, du genre de ceux qu'on appelle d'*analyse déterminée*, ou qui se traduisent par un système d'équations où il entre autant d'équations que d'inconnues, peuvent être présentés de manière à dépendre de la construction préalable de certains lieux géométriques. Par conséquent, d'après les explications données dans le chapitre précédent, suivant que la définition géométrique du lieu sera de nature à cadrer ou à ne pas cadrer, quant à l'extension, avec sa définition algébrique, à pécher contre celle-ci par excès ou par défaut, l'algèbre associera toutes les solutions du problème déterminé qui dépend (explicitement ou implicitement) de la description préalable du lieu géométrique dont il s'agit, sans les compliquer de solutions étrangères; ou bien elle y associera des solutions étrangères; ou bien enfin elle dissociera diverses solutions du problème. Réciproquement, la construction d'un problème d'analyse déterminée devient la définition d'un lieu géométrique, lorsqu'on suppose variable une grandeur qui était censée donnée avec une valeur fixe pour la construction : en sorte que toutes les causes de désaccord entre l'algèbre et la géométrie, expliquées par la discussion directe des problèmes d'analyse déterminée, pourront être considérées comme des causes de désaccord entre les définitions algébriques et géométriques de certaines lignes ou surfaces. C'est par ce côté que nous voulons maintenant étudier la question, en nous aidant pour cela, selon notre coutume, d'exemples aussi simples que possible.

91. Supposons en premier lieu qu'il s'agisse de déterminer les distances du point O (*fig.* 23) aux points m, n, où la droite Omn dont l'équation est

$$y = \alpha x, \qquad\qquad [\text{E}]$$

coupe le cercle $mnm'n'$, qui a pour équation

$$(x - a)^2 + y^2 = r^2. \qquad\qquad [e]$$

Pour que l'algèbre et la géométrie s'accordent ici, il faut qu'après avoir désigné par u la distance du point O à l'un quelconque des points d'intersection, on arrive à une équation en u, qui n'admette que deux racines réelles, toutes deux de même signe, puisque les points m, n sont semblablement situés par rapport au point O. Or, si l'on élimine y entre les équations des deux lignes, et si l'on pose ensuite

$$u = x\sqrt{1 + \alpha^2},$$

de manière à rendre de même signe les valeurs correspondantes de u et de x, il vient

$$u^2 - \frac{2a}{\sqrt{1+\alpha^2}} \cdot u + a^2 - r^2 = 0,$$

d'où

$$u = \frac{a \pm \sqrt{r^2(1+\alpha^2) - a^2\alpha^2}}{\sqrt{1+\alpha^2}}.$$

Comme on a, d'après la figure, $a > r$, on reconnaît sans difficulté qu'en effet ces deux racines sont positives, tant qu'elles sont réelles; tandis que toute valeur de α qui rend le problème impossible, affecte d'imaginarité les valeurs de u; et par conséquent l'accord de la géométrie et de l'algèbre est aussi complet que possible.

En posant

$$Om = u' = \frac{a - \sqrt{r^2(1+\alpha^2) - a^2\alpha^2}}{\sqrt{1+\alpha^2}},$$

$$On = u'' = \frac{a + \sqrt{r^2(1+\alpha^2) - a^2\alpha^2}}{\sqrt{1+\alpha^2}},$$

on trouve

$$u'u'' = a^2 - r^2 :$$

ce qui est une manière de démontrer, par les procédés ordinaires de la géométrie analytique, le théorème si connu de géométrie élémentaire,

$$\overline{Om} . \overline{On} = \overline{Ot}^2.$$

On peut poser encore

$$mn = u'' - u' = 2\sqrt{\frac{r^2(1+\alpha^2) - a^2\alpha^2}{1+\alpha^2}} = 2c,$$

ce qui donnera, après qu'on aura chassé la constante α,

$$u' = \sqrt{a^2 - r^2 + c^2} - c, \quad u'' = \sqrt{a^2 - r^2 + c^2} + c. \quad [f]$$

Supposons actuellement qu'on assigne la valeur de la corde $2c$, et qu'on veuille déterminer les rayons vecteurs u', u'', non plus par le système des équations $[E]$, $[e]$, suivant la méthode directe que fournit la géométrie analytique, mais indirectement, au moyen des équations

$$u'' - u' = 2c, \quad u'u'' = a^2 - r^2, \qquad [g]$$

dont la première énonce une des données du problème, et l'autre exprime une relation censée connue entre les lignes u', u''. On en tirera, en éliminant u'',

$$u'(u' + 2c) = a^2 - r^2, \qquad [g']$$

d'où

$$u' = -c \pm \sqrt{a^2 - r^2 + c^2}.$$

L'une des racines est la valeur de u', telle que la donne la première équation $[f]$; l'autre racine est la valeur de u'', mais affectée du signe négatif, ce que rien ne justifie dans les conditions géométriques du problème. De même, en éliminant u', on aurait

$$u''(u'' - 2c) = a^2 - r^2, \qquad [g'']$$

d'où

$$u'' = c \pm \sqrt{a^2 - r^2 + c^2},$$

ce qui donne la valeur de u'' fournie par la seconde équation $[f]$, et en outre la valeur de u', mais affectée du signe négatif.

92. On a bien des fois cité cet exemple si simple pour montrer que, dans la résolution des problèmes de géométrie par l'algèbre, des racines opposées de signes peuvent représenter des lignes qui ne sont pourtant pas opposées de direction : mais, ce qu'il aurait fallu remarquer, c'est que la racine négative de l'équation $[g']$ et celle de l'équation $[g'']$ sont étrangères au problème qui a pour objet de déterminer, par le système des équations $[g]$, l'une ou l'autre des deux lignes u', u''. Comme les deux inconnues u', u'' n'entrent pas symétriquement dans le système des équations $[g]$, il est impossible d'en tirer une équation finale dont les racines représentent u' et u''. Quelle que soit celle de ces inconnues qu'on élimine, l'équation finale se trouvera compliquée d'une racine étrangère à la question géométrique. A la vérité il arrive accidentellement que la racine négative de l'équation $[g']$, ou la racine étrangère, est numériquement égale à la racine positive ou à la bonne racine de l'équation $[g'']$, et réciproquement : mais cette circonstance accidentelle, tenant à la manière particulière dont la symétrie est troublée dans la première équation $[g]$, ne doit pas empêcher de considérer ces racines comme étrangères. Ce que chacune des équations $[g']$, $[g'']$ a de singulier, ce n'est pas d'affecter du signe négatif l'une des deux lignes u', u''; c'est cette circonstance que la racine étrangère qu'elle contient, se trouve accidentellement convenir à la question, après l'inversion du signe.

Non-seulement l'une des racines de chacune des équations $[g']$, $[g'']$ est étrangère à la solution du problème géométrique proposé, mais l'autre racine n'y conviendra pas davantage si l'on donne $c > r$, puisqu'alors la solution géométrique n'est plus possible, quoique les deux racines de chacune des équations $[g']$, $[g'']$ ne cessent pas d'être réelles.

Au lieu d'assigner la différence des inconnues u', u'', on pourrait assigner la valeur de toute autre fonction de ces lignes inconnues, ou les assujettir à satisfaire à une équation quelconque

$$f(u', u'') = 0,$$

laquelle, combinée toujours avec l'équation fondamentale

$$u'u'' = a^2 - r^2,$$

devrait suffire en général à déterminer séparément u', u''. Mais, parmi les couples de valeurs réelles que ce système d'équations peut comporter et dont rien ne limite nécessairement le nombre, il n'y aurait de conciliables avec la signification géométrique attribuée ici aux lignes u', u'', que ceux qui offrent des valeurs de u', u'' comprises entre $a - r$ et $a + r$: condition que l'algèbre, appliquée de cette manière à la géométrie, n'exprime ni ne peut exprimer. En outre, à chaque couple compris entre les limites précitées, correspondent deux solutions géométriquement distinctes, à cause de la symétrie de la figure par rapport à la ligne diamétrale OCX ; et c'est encore une circonstance que l'algèbre employée ainsi ne peut point traduire.

93. Passons à un autre exemple, cité par Carnot, dans sa *Géométrie de position* *. L'équation du cercle *mpnq* (*fig.* 24) étant toujours

$$(x-a)^2 + y^2 = r^2, \qquad [e]$$

menons les deux droites rectangulaires *mn*, *pq*, qui ont pour équations

$$y = \alpha x, \quad y = -\frac{1}{\alpha}x,$$

et posons ensuite

$$Om = u', \quad On = u'', \quad Op = v', \quad Oq = v''.$$

Si l'origine O est dans l'intérieur du cercle, ainsi que nous l'admettrons pour mieux fixer les idées, l'algèbre attribuera à u', v', des valeurs négatives, comme cela doit être pour l'accord avec la géométrie ; et l'on trouvera

$$mn = u'' - u' = \frac{2\sqrt{r^2(1+\alpha^2) - a^2\alpha^2}}{\sqrt{1+\alpha^2}},$$

$$pq = v'' - v' = \frac{2\sqrt{r^2(1+\alpha^2) - a^2}}{\sqrt{1+\alpha^2}};$$

* Pag. 367 et suiv.

d'où l'on peut conclure cette relation, indépendante de α,

$$\overline{mn}^2 + \overline{pq}^2 = (u'' - u')^2 + (v'' - v')^2 = 4(2r^2 - a^2). \quad [h]$$

Si maintenant on veut déterminer α par la condition que les cordes mn, pq, aient entre elles un rapport donné γ, il viendra

$$\frac{r^2(1 + \alpha^2) - a^2\alpha^2}{r^2(1 + \alpha^2) - a^2} = \gamma^2,$$

d'où

$$\alpha^2 = \frac{r^2(1 - \gamma^2) + a^2\gamma^2}{a^2 - r^2(1 - \gamma^2)}.$$

On tire de cette dernière équation deux valeurs de α égales et de signes contraires, parce qu'en effet, si le système des cordes rectangulaires mn, pq satisfait à la question, le système des cordes rectangulaires $m'n'$, $p'q'$, symétrique avec le précédent par rapport à l'axe des x, qui joint le point O au centre du cercle, doit y satisfaire aussi : ce qui maintient l'accord entre la géométrie et l'algèbre.

Pour la réalité des valeurs de α données par l'équation précédente, il faut que la valeur de γ tombe entre

$$\frac{\sqrt{r^2 - a^2}}{r} = \frac{CD}{AB}, \quad \text{et} \quad \frac{r}{\sqrt{r^2 - a^2}} = \frac{AB}{CD}.$$

Mais, au lieu de suivre ainsi les procédés directs de la géométrie analytique, supposons qu'on veuille s'appuyer sur le théorème dérivé dont l'équation [h] est l'expression, et qu'on joigne à cette équation la condition

$$\frac{u'' - u'}{v'' - v'} = \gamma,$$

de manière à avoir le nombre d'équations suffisant pour déterminer, non plus, comme dans le problème précédent, les inconnues u', u'', etc., mais des fonctions $u'' - u'$, $v'' - v'$ de ces mêmes inconnues, fonctions qui représentent ici les cordes mn, pq. On tirera de ces deux équations

$$u'' - u' = \pm 2\gamma \sqrt{\frac{2r^2 - a^2}{1 + \gamma^2}},$$

$$v'' - v' = \pm 2 \sqrt{\frac{2r^2 - a^2}{1 + \gamma^2}}.$$

On ne voit plus ici de trace de la condition trouvée plus haut pour que le problème soit possible, savoir celle de l'inclusion de γ entre certaines limites de grandeur ; et aussi cette condition n'a point été mentionnée par Carnot, parce qu'il a pris immédiatement pour inconnues les cordes mn, pq, sans les considérer comme des fonctions des rayons vecteurs u', u'', etc., et sans passer par la méthode ordinaire de la géométrie analytique. Le fait s'explique très-aisément (**88**), puisque les rayons vecteurs u', u'', etc., peuvent être imaginaires, sans que les fonctions $u'' - u'$, $v'' - v'$ cessent d'être réelles. Mais ces fonctions perdent leur sens géométrique et cessent de représenter des cordes, lorsque, sans cesser d'être réelles, elles correspondent à des rayons vecteurs imaginaires : et l'impossibilité géométrique n'étant plus traduite par l'imaginarité des racines, il cesse d'y avoir correspondance entre la géométrie et l'algèbre employée de cette manière.

Cette circonstance mise à part, on pourrait être tenté de croire que l'ambiguïté du signe, dans les valeurs de $u'' - u'$, $v'' - v'$, tient à ce que le problème admet deux constructions, à cause de la symétrie de la figure, de part et d'autre de la ligne diamétrale AOCB. Ce n'est pourtant là qu'une rencontre accidentelle, ainsi qu'on peut déjà le conclure de la remarque placée à la fin du numéro précédent.

En général, rien n'empêche d'assujettir les cordes $u'' - u'$, $v'' - v'$ à satisfaire à une équation donnée

$$f(u'' - u', \ v'' - v') = 0,$$

laquelle, jointe à l'équation $[h]$, suffira pour déterminer les inconnues $u'' - u'$, $v'' - v'$: mais, parmi les couples de valeurs réelles qu'on en tirera pour ces inconnues, tous ceux qui ne seront pas inclus entre les limites $2r$ et $2\sqrt{r^2 - a^2}$ ne pourront se concilier avec la signification géométrique attribuée à ces inconnues ; et à chaque couple compris entre ces limites correspondront deux constructions distinctes, soit que les équations admettent ou n'admettent pas pour solution algébrique un autre couple formé avec les mêmes valeurs numériques, prises négativement. L'algèbre ainsi employée ne peut pas plus exprimer ces particularités attachées à la signification géométrique des inconnues, qu'elle ne peut exprimer la propriété de l'inconnue x, de représenter un nombre essentiellement compris entre zéro et l'unité, dans les équations $[a]$ et $[b]$ du n° 35.

94. Enfin proposons-nous une construction dans l'espace, qui soit l'analogue de la construction plane dont nous venons de nous occuper; et pour cela prenons l'équation d'une sphère

$$(x-a)^2+y^2+z^2=r^2,$$

et concevons que l'on mène par le point O, origine des coordonnées, trois cordes rectangulaires mn, pq, rs, dont les équations seront

$$y=\alpha x, \qquad z=\beta x,$$
$$y=\alpha' x, \qquad z=\beta' x,$$
$$y=\alpha'' x, \qquad z=\beta'' x,$$

de sorte qu'on ait

$$\left.\begin{array}{l} 1+\alpha\alpha'+\beta\beta'=0, \\ 1+\alpha\alpha''+\beta\beta''=0, \\ 1+\alpha'\alpha''+\beta'\beta''=0. \end{array}\right\} \qquad [k]$$

L'élimination donnera

$$mn=u''-u=\frac{2\sqrt{r^2(1+\alpha^2+\beta^2)-a^2(\alpha^2+\beta^2)}}{\sqrt{1+\alpha^2+\beta^2}},$$

$$pq=v''-v=\frac{2\sqrt{r^2(1+\alpha'^2+\beta'^2)-a^2(\alpha'^2+\beta'^2)}}{\sqrt{1+\alpha'^2+\beta'^2}},$$

$$rs=w''-w=\frac{2\sqrt{r^2(1+\alpha''^2+\beta''^2)-a^2(\alpha''^2+\beta''^2)}}{\sqrt{1+\alpha''^2+\beta''^2}}.$$

On en tirera

$$\overline{mn}^2 + \overline{pq}^2 + \overline{rs}^2 = (u''-u')^2 + (v''-v')^2 + (w''-w')^2 \left.\right\} \quad [\mathrm{H}]$$
$$= 4(3r^2 - 2a^2),$$

théorème analogue à celui dont l'équation $[h]$ est l'expression.

Si l'on se donne les conditions

$$\frac{u''-u'}{v''-v'} = \gamma, \quad \frac{u''-u'}{w''-w'} = \delta, \qquad [l]$$

ces conditions, jointes aux équations $[k]$, ne suffiront pas pour déterminer les six coefficients α, β, α', etc., et par suite les six rayons vecteurs u', u'', v', etc. ; tandis que les trois équations $[\mathrm{H}]$ et $[l]$ suffiront pour déterminer les cordes mn, pq, rs, et donneront

$$mn = u'' - u' = \pm 2 \sqrt{\frac{3r^2 - 2a^2}{1 + \dfrac{1}{\gamma^2} + \dfrac{1}{\delta^2}}},$$

$$pq = v'' - v' = \pm \frac{2}{\gamma} \sqrt{\frac{3r^2 - 2a^2}{1 + \dfrac{1}{\gamma^2} + \dfrac{1}{\delta^2}}},$$

$$rs = w'' - w' = \pm \frac{2}{\delta} \sqrt{\frac{3r^2 - 2a^3}{1 + \dfrac{1}{\gamma^2} + \dfrac{1}{\delta^2}}}.$$

En effet, il est clair que les fonctions $u''-u'$, $v''-v'$, $w''-w'$ peuvent être déterminées, quoique les quantités u', u'', etc. restent indéterminées. Elles peuvent aussi rester réelles, quoique les quantités dont elles dépendent soient imaginaires; et de là des conditions d'impossibilité qui ne se manifestent point dans les valeurs des cordes mn, pq, rs, et que Carnot n'a point indiquées. Pour les déterminer commodément, et en même temps pour établir de la manière la plus simple l'équation [H], prenons l'équation de la sphère sous sa forme la plus générale :

$$(x - \xi)^2 + (y - \eta)^2 + (z - \zeta)^2 = r^2 :$$

les intersections de la sphère avec les axes des x, des y et des z détermineront trois cordes rectangulaires

$$mn = 2\sqrt{r^2 - \eta^2 - \zeta^2}, \quad pq = 2\sqrt{r^2 - \xi^2 - \zeta^2},$$
$$rs = 2\sqrt{r^2 - \xi^2 - \eta^2},$$

d'où $\quad \overline{mn}^2 + \overline{pq}^2 + \overline{rs}^2 = 4[3r^2 - 2(\xi^2 + \eta^2 + \zeta^2)],$

ce qui revient à l'équation [H], quand on pose

$$\xi^2 + \eta^2 + \zeta^2 = a^2,$$

ou quand on assujettit le centre de la sphère à se trouver à la distance a du point d'intersection des cordes rectangulaires.

Si de plus on veut satisfaire aux conditions [l], il faut poser

$$r^2 - \eta^2 - \zeta^2 = \gamma^2(r^2 - \xi^2 - \zeta^2),$$
$$r^2 - \eta^2 - \zeta^2 = \delta^2(r^2 - \xi^2 - \eta^2).$$

Ces trois équations déterminent la position du centre de la sphère par rapport aux cordes rectangulaires, et l'on en tire

$$\xi^2 = \frac{r^2(2\gamma^2\delta^2 - \gamma^2 - \delta^2) - a^2(\gamma^2\delta^2 - \gamma^2 - \delta^2)}{(1 + \gamma^2)(1 + \delta^2) - 1},$$

$$\eta^2 = \frac{r^2(2\delta^2 - \gamma^2 - \gamma^2\delta^2) + a^2(\gamma^2 - \delta^2 + \gamma^2\delta^2)}{(1 + \gamma^2)(1 + \delta^2) - 1},$$

$$\zeta^2 = \frac{r^2(2\gamma^2 - \delta^2 - \gamma^2\delta^2) + a^2(\delta^2 - \gamma^2 + \gamma^2\delta^2)}{(1 + \gamma^2)(1 + \delta^2) - 1}.$$

Il ne suffit pas, pour la possibilité de la construction géométrique, que les cordes *mn*, *pq*, *rs*, fonctions de ξ, η, ζ, soient réelles; il faut que les coordonnées ξ, η, ζ soient réelles aussi; et de là les conditions

$$\gamma^2\left(1+\frac{1}{\delta^2}\right) < \frac{2r^2-a^2}{r^2-a^2},$$

$$\delta^2\left(1+\frac{1}{\gamma^2}\right) < \frac{2r^2-a^2}{r^2-a^2},$$

$$\frac{1}{\gamma^2}+\frac{1}{\delta^2} < \frac{2r^2-a^2}{r^2-a^2},$$

lesquelles se réduisent à deux inégalités distinctes : car, si l'on désigne par γ (ce qui est permis) le plus grand des rapports γ, δ, et que la première inégalité soit vérifiée, la seconde le sera *a fortiori*.

Après qu'on a déterminé au moyen des constructions précédentes les valeurs de ξ^2, η^2, ζ^2, et par suite l'unique système de valeurs numériques que comportent les cordes rectangulaires *mn*, *pq*, *rs*, pour les valeurs données de *r*, *a*, γ, δ, on peut revenir au système des coordonnées primitives, prendre pour axe des *x* la droite qui joint le point d'intersection des cordes au centre de la sphère; et alors, si l'on fait tourner autour de cet axe le système des trois cordes rectangulaires, il ne cessera pas, dans toutes ses positions, de satisfaire au problème qui consiste à mener par le point O trois cordes rectangulaires ayant entre elles les rapports donnés : ce qui fait voir d'une autre manière comment le problème, posé de la sorte, est indéterminé, quoique les équations [H] et [l] donnent pour les trois cordes des valeurs en nombre déterminé. On rendrait le problème déterminé en ajoutant une condition, par exemple celle que la corde mn se trouve dans le plan xy, auquel cas le problème admettrait quatre solutions. En effet, soit mn (*fig.* 24) une des constructions de la corde $u'' - u'$ qui conviennent à la question ainsi posée : il y aura dans le plan mené perpendiculairement à celui de la figure, suivant la trace pq perpendiculaire à mn, deux systèmes de construction des cordes $v'' - v'$, $w'' - w'$; de plus, il y aura une seconde construction $m'n'$ de la corde $u'' - u'$, symétrique avec mn par rapport à l'axe des x, à laquelle correspondront deux systèmes de construction des cordes $v'' - v'$, $w'' - w'$, dans le plan dont la trace en xy est $p'q'$ perpendiculaire à $m'n'$. Le problème comporterait par conséquent douze solutions et non pas six, comme le dit Carnot, si la condition ajoutée était que l'une quelconque des trois cordes rectangulaires tombât dans le plan xy ; et en tout cas on voit que le nombre des solutions géométriques n'est point lié à celui des solutions algébriques que comporte le système des équations [H] et [l].

95. Il n'est pas nécessaire de plus multiplier les exemples : l'essentiel était de donner un fil conducteur qui pût guider dans l'interprétation des cas particuliers dont la variété est infinie. On doit voir clairement, par ce qui précède, que l'on peut appliquer l'algèbre de deux manières différentes aux mêmes questions de géométrie : 1° par les procédés directs de la géométrie analytique, en partant des équations des lignes ou des surfaces ; en obtenant par l'élimination les expressions des coordonnées des points d'intersection, et par suite les expressions des grandeurs qui sont des fonctions de ces coordonnées, et sur lesquelles le problème porte ; en tirant finalement des conditions du problème la détermination des paramètres qui ont pu rester arbitraires dans les équations des lignes et des surfaces ; 2° indirectement, en partant de relations algébriques qui existent entre les fonctions des coordonnées, fonctions que l'on introduit alors immédiatement dans le calcul, sans passer par les valeurs des coordonnées dont elles dépendent : auquel cas il peut et il doit en général arriver, d'une part qu'on introduise des solutions absolument étrangères à la question géométrique ; d'autre part que les conditions de possibilité et d'impossibilité géométriques cessent d'être exactement ou complétement traduites par les conditions de réalité et d'imaginarité des racines des équations qu'on emploie. Toutes les fois qu'un tel désaccord se présentera, on en trouvera la raison en reprenant la même question par les méthodes directes de la géométrie analytique, et en discutant ensuite la nature des liens algébriques qui rattachent les variables employées dans la méthode directe, aux fonctions de ces variables qui figurent dans les équations qu'on emploie par la méthode indirecte *.

Il doit être entendu que tout ceci ne s'applique qu'aux théorèmes ou aux problèmes de géométrie dont la démonstration ou la solution peuvent se déduire logiquement des théorèmes de Thalès et de Pythagore, ou se déduire algébriquement des équations de la ligne droite et du cercle en coordonnées rectangulaires, sans qu'il soit besoin de recourir à de nouvelles constructions, à d'autres faits primitifs qui deviendraient d'autres causes de désaccord entre la géométrie et l'algèbre, ainsi qu'on le verra dans les chapitres XIII et XIV.

---

* Dans les traités d'application de l'algèbre à la géométrie, on place assez ordinairement en tête de l'ouvrage, sous la forme de prolégomènes, la discussion de quelques problèmes d'analyse déterminée ; après quoi l'on passe à l'exposition des principes de la méthode des coordonnées et à la géométrie analytique proprement dite. Cette marche peut avoir quelques avantages dans la pratique de l'enseignement ; mais elle est contraire à l'ordre philosophique si, comme nous croyons l'avoir montré, l'explication systématique et régulière des singularités que présente la discussion algébrique des problèmes d'analyse déterminée ne peut se tirer que des principes mêmes de la géométrie analytique proprement dite. Par la même raison, l'ordre philosophique demande que les définitions et les règles de la trigonométrie, au moins en ce qui tient au jeu des signes algébriques, soient rattachées aux principes de la méthode des coordonnées, comme nous l'avons indiqué aux nᵒˢ 74 et suiv.

CHAPITRE XI.

DE LA MÉTHODE TRIGONOMÉTRIQUE ET DE LA DISCUSSION DES LIEUX ALGÉBRIQUES PAR LES COORDONNÉES POLAIRES.

96. Carnot distingue * quatre méthodes pour résoudre les questions de géométrie : la méthode graphique où l'on ne fait nul usage des opérations sur les nombres ni des signes de ces opérations; la méthode trigonométrique qui consiste, suivant lui, à former une chaîne non interrompue de triangles entre les données et les inconnues de la figure proposée, et à passer de l'un à l'autre par les formules de la trigonométrie; la méthode analytique proprement dite où l'on définit toutes les lignes de la figure par leurs équations entre coordonnées rapportées à des axes communément rectangulaires ; enfin la méthode mixte qui consisterait à combiner les trois autres méthodes pour arriver plus facilement au résultat. Nous n'avons rien à dire de cette méthode mixte qui, par sa définition même, n'aurait rien de systématique et de régulier, ni de la méthode graphique qui appartient à

---

* *Géométrie de position*, page 351.

la géométrie pure et qui sort de notre sujet. Ce que
Carnot appelle la méthode trigonométrique peut souvent, eu égard à la commodité des raisonnements et
des calculs, constituer le procédé le plus direct; mais
pour nous qui avons en vue une exposition systématique des relations entre la géométrie et l'algèbre, cette
méthode trigonométrique n'est que l'un des procédés
que nous avons, dans le chapitre précédent, qualifiés
d'indirects, par opposition aux procédés directs de la
géométrie analytique ou à la troisième méthode de
Carnot. L'emploi de notations spéciales, comme celles
qui sont affectées à la représentation des lignes trigonométriques, ne peut pas constituer l'essence d'une
méthode, ni changer l'interprétation philosophique
des résultats. Il n'importe, quant au fond, que telle
grandeur connue ou inconnue soit qualifiée de coefficient, de paramètre, et désignée par la lettre a, ou
qualifiée de ligne trigonométrique et désignée par la
notation $\tang \alpha$ (**74**). En conséquence, partant toujours de l'accord fondamental entre la géométrie et
l'algèbre dans la géométrie analytique proprement
dite, nous trouverons l'explication régulière des faits
d'accord ou de désaccord dans l'application du calcul
algébrique à la géométrie par la méthode trigonométrique, en considérant cette méthode comme un
moyen indirect et détourné de faire usage de la géométrie analytique, lequel consiste généralement à substituer, soit aux coordonnées, soit aux paramètres qui

entrent dans les équations de la géométrie analytique,
des fonctions de ces coordonnées ou de ces paramètres, et à mettre le problème en équation, à la faveur
de certaines relations dérivées et secondaires qui existent entre ces fonctions, ainsi que cela a été expliqué
plus haut.

97. Prenons pour exemple le problème du n° **45**,
et supposons que la position du point m (*fig.* 3), au
lieu d'être déterminée par les coordonnées Op, pm, le
soit par la distance Om que nous appellerons r, et par
l'angle mOA que nous appellerons ω. Nous prendrons
pour l'élément inconnu qui doit servir à déterminer
la position de la droite AB, l'angle OmA que nous appellerons θ. On aura, en vertu du théorème fondamental pour la résolution des triangles scalènes,

$$\text{OA} = \frac{r\sin\theta}{\sin(\omega+\theta)}, \quad \text{OB} = -\frac{r\sin\theta}{\cos(\omega+\theta)};$$

en sorte que la condition du problème donnera

$$-\frac{r^2\sin^2\theta}{2\sin(\omega+\theta)\cos(\omega+\theta)} = k^2, \qquad [a]$$

d'où, en vertu des équations [C] du n° **76**,

$$-r^2\sin^2\theta = k^2\left[(\cos^2\theta - \sin^2\theta)\sin 2\omega + 2\sin\theta\cos\theta\cos 2\omega\right].$$

Après qu'on a exprimé $\cos\theta$ en fonction de $\sin\theta$ et fait
évanouir les radicaux, l'équation en $\sin\theta$ s'élève au
quatrième degré, et peut se résoudre à la manière des
équations du second degré. La résolution donne

$$\sin\theta = \pm k\sqrt{\frac{2k^2 - r^2\sin 2\omega \pm 2k\cos 2\omega\sqrt{k^2 - r^2\sin 2\omega}}{4k^4 - 4r^2k^2\sin 2\omega + r^4}}. \qquad [b]$$

Ainsi nous trouvons quatre valeurs pour $\sin\theta$, toutes quatre à la fois réelles, ou à la fois imaginaires, comme il est facile de s'en assurer. On peut tenir compte des valeurs négatives de $\sin\theta$, en considérant comme négatifs des angles tels que BmO, $B'mO$, mesurés en sens inverse des angles AmO, $A'mO$, par rapport à la ligne fixe mO. On peut aussi (ce qui revient absolument au même) négliger les valeurs négatives des sinus et des angles, en faisant correspondre à chaque valeur positive de $\sin\theta$, deux angles θ mesurés dans le même sens et supplémentaires l'un de l'autre. Dans l'une ou l'autre supposition, les racines de l'équation $[b]$ donneront pour l'angle θ quatre valeurs géométriquement distinctes, et nous savons qu'en effet le problème comporte quatre solutions dont la *fig.* 4 offre le type. Mais il n'y a pas identité entre les deux systèmes de solutions, et à cet égard la géométrie et l'algèbre ne s'accordent pas. Les racines de l'équation $[b]$ donnent, outre les directions AmB, $A'mB'$, qui conviennent au problème, les directions symétriques par rapport à la ligne mO, qui n'y conviennent pas en général et qui ne se confondent pas avec les directions $A''ma''$, $A'''ma'''$. Pour obtenir ces deux dernières solutions du problème, il faut changer le signe du premier membre de l'équation $[a]$, ce qui donne

$$\sin\theta = \pm\, k\sqrt{\frac{2k^2 + r^2\sin 2\omega \pm 2k\cos 2\omega\sqrt{k^2 + r^2\sin 2\omega}}{4k^4 + 4r^2 k^2\sin 2\omega + r^4}}, \quad [b']$$

et par conséquent quatre nouvelles valeurs de l'angle θ

géométriquement distinctes, savoir celles qui correspondent aux directions $A''ma''$, $A'''ma'''$, lesquelles conviennent au problème, et celles qui correspondent aux directions symétriques par rapport à la droite Om, lesquelles n'y conviennent point.

Quand on prend l'angle ω égal à un demi-droit, les équations en $\sin\theta$ s'abaissent au second degré, et les deux formules trouvées ci-dessus deviennent simplement

$$\sin\theta = \pm\frac{k}{\sqrt{2k^2-r^2}}, \quad \sin\theta = \pm\frac{k}{\sqrt{2k^2+r^2}}.$$

Chacune d'elles perd ses racines étrangères, et prises ensemble elles ne fournissent plus qu'un nombre de racines justement égal à celui des solutions du problème. Dans ce cas particulier, il est visible que $A'mB'$, $A'''ma'''$ sont respectivement les symétriques de AmB, $A''ma''$.

98. On trouve aisément la raison de toutes ces particularités, de ces concordances et de ces discordances, lorsqu'on rattache la solution trigonométrique aux procédés généraux de la géométrie analytique. Prenons pour axes des x et des y les droites OA, OB, et les coordonnées rectangulaires du point m seront $r\cos\omega$, $r\sin\omega$: l'équation de toute droite menée par le point m deviendra

$$y - r\sin\omega = u(x - r\cos\omega),$$

dans laquelle u désigne un coefficient qu'il s'agit de déterminer par la condition du problème. Cette condition donne pour chacune des lignes AB , A′B′,

$$\left(r\sin\omega - ur\cos\omega\right)\left(r\cos\omega - \frac{r}{u}\sin\omega\right) = 2k^2,$$

et pour chacune des lignes A″B″, A‴B‴,

$$-\left(r\sin\omega - ur\cos\omega\right)\left(r\cos\omega - \frac{r}{u}\sin\omega\right) = 2k^2.$$

Ces équations sont toutes deux du second degré en u ; et comme la tangente de l'angle θ dépend de u par la relation

$$u = \frac{\operatorname{tang}\omega + \operatorname{tang}\theta}{1 - \operatorname{tang}\omega\operatorname{tang}\theta},$$

elles donneront deux autres équations du second degré dans lesquelles la nouvelle inconnue $\operatorname{tang}\theta$ sera fonction de l'inconnue primitive u. Enfin, si l'on substitue à l'inconnue $\operatorname{tang}\theta$ la fonction $\sin\theta$ qui en dépend par la relation

$$\sin\theta = \pm\frac{\operatorname{tang}\theta}{\sqrt{1 + \operatorname{tang}^2\theta}},$$

on aura nécessairement pour $\sin\theta$ des valeurs en nombre double de celles qu'on avait pour u et par suite pour $\operatorname{tang}\theta$; on introduira des racines étrangères, à moins que, par exception, l'équation en $\operatorname{tang}\theta$ ne contienne que le carré de cette inconnue, ce qui arrive précisément pour ω égal à un demi-droit : auquel cas le nombre des valeurs de $\sin\theta$ algébriquement distinctes est justement égal à celui des valeurs de $\tang\theta$, par conséquent égal au nombre des valeurs de u et au nombre des solutions du problème.

Dans le cas du problème du n° **47**, on a les deux équations en $\sin\theta$:

$$2r\sin\theta = k\sin 2\omega - 2k\sin 2\omega \sin^2\theta + 2k\cos 2\omega \sin\theta\sqrt{1-\sin^2\theta},$$
$$-2r\sin\theta = k\sin 2\omega - 2k\sin 2\omega \sin^2\theta + 2k\cos 2\omega \sin\theta\sqrt{1-\sin^2\theta},$$

dont chacune conduit, par l'évanouissement des signes radicaux, à une équation du quatrième degré; et, par les mêmes raisons que ci-dessus, on obtient en général quatre racines étrangères. Quand on prend ω égal à un demi-droit, ces équations se réduisent respectivement à

$$2r\sin\theta = k(1-2\sin^2\theta),$$
$$-2r\sin\theta = k(1-2\sin^2\theta);$$

le nombre des racines s'abaisse de 8 à 4 par la perte des racines étrangères; et de plus, comme ces deux équations du second degré ne diffèrent que par le signe du terme affecté de la première puissance de l'inconnue, il arrive que l'une ou l'autre de ces équations suffit pour donner les quatre solutions du problème, pourvu que l'on tienne compte des deux arcs supplémentaires qui correspondent à une même valeur du sinus. C'est ici le résultat d'une circonstance accidentelle, et que n'offrait pas la discussion du problème du n° **45**.

99. On appelle *coordonnées polaires* les coordonnées dont nous avons fait usage au n° **97** pour déterminer la position du point m (*fig.* 3), savoir : le *rayon vecteur* $Om = r$, ou la distance du point m à un point O, donné de position sur le plan et qu'on nomme *pôle*, et l'angle $mOA = \omega$ formé par le rayon vecteur avec une droite OA, donnée aussi de position sur le plan, passant par le pôle, et qu'on nomme quelquefois *axe polaire*. Il faut concevoir cette droite prolongée indéfiniment à partir du pôle, mais dans le sens OA seulement : l'angle ω devenant égal à $180°$ pour les points du plan situés sur le prolongement de OA, en sens contraire. Le point O est l'origine des rayons vecteurs : si l'on décrit de ce point comme centre et avec l'unité pour rayon une circonférence de cercle, le point où le cercle coupe la ligne OA est l'origine des arcs qui mesurent les angles décrits par le rayon vecteur dans son mouvement de rotation autour du pôle (**76**). Après le système des coordonnées rectangulaires, celui qu'on emploie le plus fréquemment comme le mieux approprié à la solution d'un grand nombre de questions géométriques, est le système des coordonnées polaires.

Quand on prend pour pôle l'origine des coordonnées rectangulaires, et pour axe polaire l'axe des x

prolongé dans le sens des abscisses positives, on a entre les coordonnées rectangulaires et polaires les relations déjà employées

$$x = r\cos\omega, \quad y = r\sin\omega, \qquad [\omega]$$

à l'aide desquelles il est aisé de passer d'un système à l'autre. Quelques difficultés sur les signes, auxquelles on a attaché plus d'importance qu'elles n'en ont véritablement, disparaissent devant des explications qui sont une conséquence très-simple de la doctrine précédemment exposée.

100. A cet effet il faut distinguer les courbes algébriques de celles qui ne sont point algébriques, et pour les premières remonter toujours aux équations entre coordonnées rectangulaires qui en sont les définitions directes. La discussion par les coordonnées polaires doit être conduite de manière à attribuer au lieu géométrique discuté précisément l'étendue qu'il comporte en vertu de l'équation entre les coordonnées rectangulaires.

Soit

$$F(x, y) = 0 \qquad [F]$$

l'équation rationnelle d'une courbe algébrique entre coordonnées rectangulaires : elle deviendra, par la substitution des coordonnées polaires,

$$F(r\cos\omega, r\sin\omega) = 0; \qquad [F_1]$$

et nous disons que, pour tirer de celle-ci tous les

points de la courbe, ou pour lui donner la même étendue géométrique qu'à [F], il suffit de faire varier l'angle ω de 0 à 180°, en construisant, pour chaque valeur de ω, tant les valeurs négatives que les valeurs positives de r, et en portant les valeurs négatives du rayon vecteur en sens inverse des valeurs positives, à partir du pôle. En effet, comme $\sin \omega$ reste toujours positif dans cette hypothèse, r doit changer de signe avec y en vertu de la seconde équation [ω], et l'inversion du signe de y, pour chaque valeur positive ou négative de $x = r\cos\omega$, correspond évidemment à une inversion dans le sens du rayon vecteur.

Si l'on fait varier ω de 0 à 360°, on pourra ne tenir compte que des valeurs positives du rayon vecteur : tous les changements de signes des coordonnées x et y étant reproduits par les changements de signes de $\cos\omega$ et de $\sin\omega$, sans que r change de signe. Par la même raison, on pourrait ne tenir compte que des valeurs négatives de r tirées de l'équation [F_1].

Il est à remarquer que cette équation, par suite de sa composition en $r\cos\omega$, $r\sin\omega$, ne peut pas changer si l'on y change simultanément ω en 180° $+ \omega$, r en $- r$.

Une équation

$$f(r,\ \sin\omega,\ \cos\omega) = 0, \qquad [f]$$

dont le premier membre est composé rationnellement des trois quantités r, $\sin\omega$, $\cos\omega$, mais non des deux produits $r \sin \omega$, $r \cos \omega$, et qui par conséquent n'est pas comprise dans la forme $[F_1]$, deviendra, par le passage aux coordonnées rectangulaires,

$$ f\left(\sqrt{x^2 + r^2}, \quad \frac{y}{\sqrt{x^2 + y^2}}, \quad \frac{x}{\sqrt{x^2 + y^2}}\right) = 0. $$

Cette dernière équation, délivrée des radicaux, rentrera dans la forme $[F]$; et en revenant aux coordonnées polaires, on en tirera une équation $[F_1]$ dont le premier membre devra admettre pour facteur le premier membre de l'équation $[f]$. Afin de reconnaître si une équation $[f]$ rentre ou ne rentre pas dans la forme $[F_1]$, il convient de remplacer r^2 par $r^2(\sin^2 \omega + \cos^2 \omega)$.

101. Admettons que, par la décomposition en facteurs, l'équation $[F_1]$ ait été mise sous la forme

$$ f(r, \sin \omega, \cos \omega) \cdot f_1(r, \sin \omega, \cos \omega) \ldots = 0 : $$

s'il arrive que l'un de ces facteurs, f_1 par exemple, donne pour r des valeurs constamment négatives entre $\omega = 0$ et $\omega = 360^0$, il résulte de ce qui vient d'être dit qu'on pourra supprimer ce facteur et abaisser l'équation $[F_1]$, pourvu que, dans l'équation abaissée, on fasse varier ω de 0 à 360^0, en construisant seulement les valeurs positives du rayon vecteur. Plus généralement, si le facteur f_1 donne à r des valeurs constamment de même signe, entre $\omega = 0$ et $\omega = 360^0$, on pourra le supprimer, en s'assujettissant à faire varier ω entre les mêmes limites dans l'équation abaissée, et à ne construire que les valeurs de r affectées du signe contraire.

Par exemple, l'équation de l'ellipse rapportée à son centre et à ses axes étant en coordonnées rectangulaires

$$\frac{x^2}{a^2} + \frac{y^2}{b^2} = 1,$$

elle deviendra, en suite du transport de l'origine au foyer dont l'abscisse est négative,

$$\frac{(x - \sqrt{a^2 - b^2})^2}{a^2} + \frac{y^2}{b^2} = 1,$$

puis, par le passage aux coordonnées polaires,

$$r^2[a^2 - (a^2 - b^2)\cos^2\omega] - 2b^2\sqrt{a^2 - b^2}.\, r\cos\omega - b^4 = 0,$$

et enfin par la décomposition en facteurs,

$$[r(a - \sqrt{a^2 - b^2}.\cos\omega) - b^2][r(a + \sqrt{a^2 - b^2}.\cos\omega) + b^2] = 0.$$

Or, le facteur

$$r(a + \sqrt{a^2 - b^2}.\cos\omega) + b^2,$$

quand on l'égale à zéro, ne donne pour r que des valeurs négatives, quel que soit ω : en conséquence l'équation abaissée

$$r(a - \sqrt{a^2 - b^2}.\cos\omega) - b^2 = 0$$

suffira pour la description de l'ellipse, pourvu qu'on y fasse varier ω de 0 à 360°.

On pourrait encore abaisser l'équation $[\mathrm{F_1}]$, si son premier membre se décomposait en deux groupes de facteurs, et si les deux groupes égalés séparément à zéro, donnaient, pour des valeurs de ω différant de 180°, des valeurs de r numériquement égales et opposées de signes. Il serait permis alors de supprimer l'un des groupes, pourvu que dans l'équation abaissée on fît varier ω de 0 à 360°, en construisant les valeurs négatives aussi bien que les valeurs positives du rayon vecteur.

Prenons pour exemple l'équation de l'hyperbole rapportée à son centre et à ses axes

$$\frac{x^2}{a^2} - \frac{y^2}{b^2} = 1,$$

et transportons l'origine au foyer dont l'abscisse est négative, ce qui donnera

$$\frac{(x - \sqrt{a^2 + b^2})^2}{a^2} - \frac{y^2}{b^2} = 1.$$

En passant aux coordonnées polaires, on aura

$$r^2[a^2 - (a^2 + b^2)\cos^2\omega] + 2b^2\sqrt{a^2 + b^2}.\, r\cos\omega - b^4 = 0,$$

et cette dernière équation pourra se mettre sous la forme

$$[r(a - \sqrt{a^2 + b^2}.\cos\omega) + b^2][r(a + \sqrt{a^2 + b^2}.\cos\omega) - b^2] = 0.$$

Les deux facteurs mis en évidence satisfont à la condition ci-dessus énoncée; en les égalant séparément à zéro, on en tire :

$$r = \frac{b^2}{\sqrt{a^2 + b^2}.\cos\omega - a},$$

$$r = \frac{b^2}{\sqrt{a^2 + b^2}.\cos\omega + a}.$$

Lorsqu'on fait varier ω de 0 à 360°, en rejetant les valeurs négatives de r, la première équation donne la branche hyperbolique qui tourne sa concavité du côté du foyer pris pour pôle; la seconde donne la branche concave vers l'autre foyer; mais chacune des deux équations donne les deux branches, si l'on construit les valeurs négatives en même temps que les valeurs positives de r.

Donc, si l'on veut que la définition d'une courbe algébrique par une équation entre coordonnées polaires, cadre quant à l'étendue avec la définition tirée de l'équation entre coordonnées rectangulaires; en d'autres termes, si l'on veut que les branches associées par l'une des équations le soient aussi par l'autre, il faudra donner à l'équation polaire une forme rationnelle et telle qu'elle ne change pas par le changement simultané de ω en 180° $+$ ω et de r en $- r$: auquel cas on pourra indifféremment dans la discussion faire varier ω de 0 à 180° seulement et construire les valeurs négatives en même temps que les valeurs positives du rayon vecteur, ou faire varier ω de 0 à 360° et ne construire que les valeurs de même signe. Ou bien encore on pourra employer les équations rationnelles, abaissées, qui ne satisfont pas à la condition précitée propre à l'équation complète, qui ne donneraient pas toutes les branches de la courbe, si on les discutait de la manière qui vient d'être dite pour l'équation complète, mais qui suffiront encore pour donner toutes les branches, si l'on y fait varier ω de 0 à 360°, en construisant les valeurs négatives du rayon vecteur aussi bien que les valeurs positives.

102. Ces conclusions sont précises et ne laissent rien à l'arbitraire, parce que la définition d'une courbe algébrique par son équation entre coordonnées rectangulaires est parfaitement déterminée, et que nous nous proposons un but également déterminé, quand nous voulons faire cadrer quant à l'étendue, avec cette définition de la courbe, sa définition par une équation entre coordonnées polaires. Que s'il s'agit au contraire de courbes transcendantes, dont le mode de description ou la définition géométrique se traduit immédiatement par une équation entre le rayon vecteur et l'arc décrit, comme cela arrive pour toutes les courbes du genre des spirales (**85**), l'étendue à donner aux variations des coordonnées ne pourra plus être déterminée que par la condition de ne pas introduire dans la description de la courbe des solutions de continuité tenant au choix arbitraire des points de départ : et dans certains cas cette étendue ne pourra être entièrement fixée que par une convention arbitraire.

Considérons, par exemple, la ligne connue sous le nom de *spirale de Conon* ou *d'Archimède*, et dont l'équation, la plus simple qu'on puisse établir entre r et ω, est

$$r = a\omega.$$

On peut concevoir qu'elle est décrite par un point m (*fig.* 25), qui se meut avec une vitesse constante sur une droite mobile MN passant par le pôle O, tandis que la droite MN tourne elle-même autour de O avec une vitesse angulaire constante, c'est-à-dire, en décrivant des arcs égaux en temps égaux. Il faut admettre aussi que, quand le point m passe par le pôle, la droite mobile MN coïncide avec l'axe polaire OX.

On peut toujours supposer positif le paramètre a qui mesure la longueur que le point m parcourt sur la droite MN, tandis que cette droite décrit un angle qui est à deux angles droits dans le rapport du rayon à la demi-circonférence. La constante a étant positive, r deviendra négatif avec ω; et il est évident, d'après la loi du mouvement, que les valeurs négatives du rayon vecteur devront être mesurées en sens inverse des valeurs positives. Ainsi, lorsque OM fait avec OX l'angle positif MOX, le rayon vecteur sera mesuré de O en m; mais auparavant, OM avait fait avec OX l'angle négatif M'OX, et alors le point mobile m se trouvait en m', de sorte que le rayon Om' doit être mesuré en sens contraire de OM'.

La spirale d'Archimède comprend donc deux systèmes de spires inversement disposés, et qui se raccordent à l'origine : si l'on supprimait un de ces systèmes en arrêtant brusquement la courbe à l'origine, on n'aurait point égard à la loi de continuité dans le mouvement composé d'où résulte la description de la courbe.

On nomme *spirale hyperbolique* (*fig.* 26) celle qui a pour équation

$$r = \frac{a}{\omega}. \qquad [c]$$

Cette courbe décrit une infinité de révolutions autour du pôle dont elle s'approche indéfiniment sans jamais l'atteindre, puisqu'il faudrait donner à ω une valeur infinie pour que r s'évanouît. Elle a pour asymptote la droite dont l'équation en coordonnées rectangulaires serait $y = a$, en supposant toujours que l'axe polaire se confonde avec le demi-axe des abscisses positives. En effet, l'équation $[c]$ devient dans ce système de coordonnées

$$y = a\,\frac{\sin\omega}{\omega},$$

ce qui donne $y = a$, pour $\omega = 0$.

Si l'on a égard aux valeurs négatives de ω, et que l'on construise les valeurs négatives de r qui y correspondent, ainsi que nous l'avons indiqué pour la spirale d'Archimède, la spirale hyperbolique aura deux branches symétriques. Mais comme il existe toujours une solution de continuité entre les deux branches ainsi construites, cette extension donnée à la construction de l'équation $[c]$ reste purement conventionnelle, et ne dérive pas (de même que pour la spirale d'Archimède) de la nécessité de maintenir la continuité du mouvement en vertu duquel la courbe est décrite.

CHAPITRE XII.

DE LA MULTIPLICATION ET DE LA DIVISION DES ARCS. — ANALOGIE DES FONCTIONS EXPONENTIELLES ET CIRCULAIRES. — DE LA REPRÉSENTATION GRAPHIQUE DES VALEURS IMAGINAIRES.

103. Écrivons de nouveau deux des formules fondamentales données au n° **76** :

$$\left. \begin{array}{l} \cos(\omega + \omega') = \cos\omega\cos\omega' - \sin\omega\sin\omega', \\ \sin(\omega + \omega') = \sin\omega\cos\omega' + \cos\omega\sin\omega'; \end{array} \right\} \quad [a]$$

et rappelons-nous que ces formules s'étendent à des valeurs quelconques des angles ou des arcs qui les mesurent; qu'elles subsistent pour des valeurs négatives comme pour des valeurs positives, pour des valeurs plus grandes qu'une circonférence comme pour des valeurs plus petites; et cela, non point en vertu d'une convention arbitraire, mais par une suite de conséquences nécessaires du fait capital et très-simple que, dans le système des coordonnées rectangulaires, l'équation

$$y = ax$$

a la propriété de représenter, dans toute l'étendue de son cours indéfini, une ligne droite passant par l'origine des coordonnées : fait d'où nous avons vu sortir toute la géométrie analytique proprement dite, et d'où nous avons tiré jusqu'ici l'explication régulière des concordances et des discordances entre l'algèbre et la géométrie, selon le mode d'application de l'une à l'autre.

104. Les équations [a] donnent d'abord, pour $\omega' = \omega$,

$$\cos 2\omega = \cos^2 \omega - \sin^2 \omega = 2\cos^2 \omega - 1,$$
$$\sin 2\omega = 2\sin \omega \cos \omega,$$

puis, pour $\omega' = 2\omega$,

$$\cos 3\omega = \cos \omega \cos 2\omega - \sin \omega \sin 2\omega,$$
$$\sin 3\omega = \sin \omega \cos 2\omega + \cos \omega \sin 2\omega.$$

On peut remplacer dans ces deux dernières équations $\cos 2\omega$ et $\sin 2\omega$ par leurs valeurs tirées des deux formules précédentes, et, si l'on a égard à la relation

$$\sin^2 \omega + \cos^2 \omega = 1,$$

cette substitution donnera

$$\cos 3\omega = 4\cos^3 \omega - 3\cos \omega,$$
$$\sin 3\omega = 3\sin \omega - 4\sin^3 \omega.$$

En allant ainsi de proche en proche, on obtiendrait successivement les cosinus et les sinus des arcs quadruple, quintuple, etc., en fonction des cosinus et des sinus de l'arc simple, ou en fonction de l'une seulement de ces deux lignes trigonométriques. Mais on peut rendre le calcul beaucoup plus rapide et arriver de suite à une formule générale, par un de ces artifices d'algèbre dont nous avons déjà donné un exemple remarquable (**31**), et qui consistent dans un emploi transitoire des symboles imaginaires pour arriver à une relation entre des quantités réelles.

Considérons en effet l'expression imaginaire

$$\cos\omega + \sqrt{-1} . \sin\omega,$$

et multiplions-la algébriquement par l'expression de même forme

$$\cos\omega' + \sqrt{-1} . \sin\omega' :$$

nous aurons

$$(\cos\omega + \sqrt{-1} . \sin\omega)(\cos\omega' + \sqrt{-1} . \sin\omega')$$
$$= \cos\omega\cos\omega' - \sin\omega\sin\omega' + \sqrt{-1} . (\sin\omega\cos\omega' + \cos\omega\sin\omega'),$$

et par conséquent, en vertu des formules $[a]$,

$$(\cos\omega + \sqrt{-1} . \sin\omega)(\cos\omega' + \sqrt{-1} . \sin\omega')$$
$$= \cos(\omega + \omega') + \sqrt{-1} \sin(\omega + \omega').$$

Ce résultat devient bien remarquable quand on le rapproche de la propriété qui appartient aux exposants des puissances. D'après la définition des exposants on a en effet, en désignant par a un nombre quelconque,

$$a^\omega . a^{\omega'} = a^{\omega + \omega'} ;$$

de manière que, si l'on considère a^ω comme une fonction susceptible de varier avec ω, a étant constant, et si l'on exprime cette dépendance par

$$a^\omega = f(\omega),$$

la fonction dont f est le signe ou la *caractéristique* jouira de la propriété exprimée par l'équation

$$f(\omega).f(\omega') = f(\omega + \omega'). \qquad [f]$$

Mais il en serait encore de même, d'après ce que l'on vient de voir, si l'on posait

$$\cos\omega + \sqrt{-1}.\sin\omega = f(\omega).$$

C'est en cela que consiste l'analogie des exposants et des lignes trigonométriques, ou bien l'analogie des *fonctions exponentielles* et des *fonctions circulaires :* car, pour les raisons déjà indiquées (**76**), et notamment pour exprimer la propriété dont jouissent les fonctions

$$\sin\omega, \quad \cos\omega, \quad \tan g\omega,$$

de reprendre périodiquement les mêmes valeurs quand l'arc ω (mesuré sur le cercle qui a l'unité pour rayon) augmente successivement d'une, de deux, de trois circonférences, et ainsi de suite, la dénomination de *fonctions circulaires* est préférable à celle de *fonctions trigonométriques.*

Par une conséquence immédiate de la relation $[f]$, on a

$$f(\omega).f(\omega').f(\omega'')\ldots = f(\omega + \omega' + \omega'' + \ldots),$$

et dès lors, pour toutes les valeurs entières et positives du nombre n,

$$[f(\omega)]^n = f(n\omega).$$

Donc

$$\cos n\omega + \sqrt{-1}\,.\,\sin n\omega = (\cos\omega + \sqrt{-1}\,.\,\sin\omega)^{n}. \quad [b]$$

C'est la formule qui porte le nom du géomètre *Moivre*, et dont on fait un continuel usage en analyse.

Après qu'on a développé le second membre de l'équation précédente, par la formule de Newton, on en tire les deux égalités

$$\left. \begin{aligned} \cos n\omega &= \cos^{n}\omega - \frac{n(n-1)}{1.2}\cos^{n-2}\omega\,\sin^{2}\omega + \text{etc.,} \\ \sin n\omega &= \frac{n}{1}\cos^{n-1}\omega\,\sin\omega \\ &\quad - \frac{n(n-1)(n-2)}{1.2.3}\cos^{n-3}\omega\,\sin^{3}\omega + \text{etc.,} \end{aligned} \right\} \quad [c]$$

où il n'y a plus de trace de symboles imaginaires, et qui remplissent le but que nous nous étions proposé.

105. Considérons en particulier la première équation $[c]$. Quand on y substitue pour $\sin^{2}\omega$ sa valeur $1 - \cos^{2}\omega$, le second membre devient un polynome algébrique du degré n par rapport à la quantité $\cos\omega$; et par conséquent, si $\cos\omega$ est une quantité inconnue qu'il faille déterminer au moyen de la quantité $\cos n\omega$ supposée connue, l'équation en $\cos\omega$ s'élèvera au degré n.

Sans avoir passé par la formule de Moivre, on pouvait affirmer *à priori* que tel devait être *au moins* le degré de l'équation. Désignons en effet par k la fraction donnée $\cos n\omega$, et supposons d'abord que l'arc considéré $n\omega$ soit positif et plus petit que π : nous savons (**103**) que k est le cosinus, non-seulement de l'arc $n\omega$, mais d'une suite d'arcs en nombre infini.

$$n\omega, \quad 2\pi \pm n\omega, \quad 4\pi \pm n\omega, \quad 6\pi \pm n\omega, \text{ etc;}$$

en sorte qu'on peut prendre pour la $n^{\text{ième}}$ partie de l'arc dont k est le cosinus, l'un quelconque des arcs compris dans la série

$$\omega, \quad \frac{2\pi}{n} \pm \omega, \quad \frac{4\pi}{n} \pm \omega, \quad \frac{6\pi}{n} \pm \omega, \text{ etc.}$$

Mais, parmi ces arcs en nombre infini, il n'y en a que n qui aient des cosinus distincts : savoir, si n est pair et égal à $2i$,

$$\omega, \quad \frac{\pi}{i} \pm \omega, \quad \frac{2\pi}{i} \pm \omega, \dots \frac{(i-1)\pi}{i} \pm \omega, \quad \pi \pm \omega,$$

et si n est impair et égal à $2i+1$,

$$\omega, \quad \frac{2\pi}{2i+1} \pm \omega, \quad \frac{4\pi}{2i+1} \pm \omega, \dots \frac{2i\pi}{2i+1} \pm \omega.$$

Ainsi, pour n pair et égal à $2i$, l'arc $\pi - \omega$ a le même cosinus que l'arc $\pi + \omega$; les arcs

$$\frac{(i+1)\pi}{i} \pm \omega$$

ont les mêmes cosinus que les arcs

$$\frac{(i-1)\pi}{i} \mp \omega,$$

dont ils ne diffèrent que par le retranchement d'une circonférence entière ; et de même pour tous les autres. Une remarque analogue est applicable au cas de n impair.

Or, s'il y a n arcs

$$\omega_1, \quad \omega_2, \quad \omega_3, \ldots \omega_n,$$

à cosinus distincts

$$x_1, \quad x_2, \quad x_3, \ldots x_n,$$

dont les multiples

$$n\omega_1, \quad n\omega_2, \quad n\omega_3, \ldots n\omega_n,$$

aient le même cosinus k, il faut bien que l'équation algébrique entre la donnée k et le cosinus inconnu x de la $n^{\text{ième}}$ aliquote de l'arc dont k est le cosinus, admette pour x les valeurs $x_1,\ x_2, \ldots x_n$, et soit par conséquent au moins du degré n. Ceci est une conséquence nécessaire de ce que les relations algébriques trouvées au n° **76**, et en particulier les équations $[a]$ reproduites au n° **103**, subsistent, comme on l'a reconnu, pour des valeurs quelconques des arcs. Mais, *a priori*, on pourrait supposer que l'équation en x et k admet en outre des racines imaginaires, ou des racines réelles et numériquement plus grandes que l'unité, lesquelles par cela seul seraient reconnues pour étrangères à la question, ainsi qu'on le verra tout à l'heure dans un autre cas, ou même des racines étrangères, quoique propres à représenter des cosinus, comme nous avons vu (**97** et **98**) qu'il s'en introduit dans la solution trigonométrique des problèmes des n°ˢ **45** et suivants. C'est donc seulement à la forme particulière des équations $[a]$ et de l'équation [*b*] qui s'en déduit, que l'on doit attribuer cette exacte correspondance entre la géométrie et l'algèbre dans la solution du problème qui nous occupe et des problèmes analogues.

106. Parmi les problèmes de cette famille, dont la discussion offre le plus d'intérêt, il faut citer celui de l'inscription des polygones réguliers dans le cercle. Inscrire dans un cercle le polygone régulier de n côtés, ou diviser la circonférence en n parties égales, revient à trouver les sinus et les cosinus de l'arc ω dont le multiple $n\omega$ est égal à 2π. Faisons donc dans la formule [*b*]

$$\omega = \frac{2\pi}{n}, \quad \cos\frac{2\pi}{n} + \sqrt{-1}.\sin\frac{2\pi}{n} = x :$$

l'équation deviendra

$$x^n - 1 = 0, \qquad\qquad [1]$$

et les n racines qu'elle comporte seront données par la formule

$$x = \cos\frac{2i\pi}{n} + \sqrt{-1}.\sin\frac{2i\pi}{n},$$

où il faudra attribuer successivement à i les n valeurs

$$0, 1, 2, 3, \ldots n - 1.$$

On pourra donc résoudre numériquement l'équation [1] à l'aide des tables de sinus et de cosinus qui sont entre les mains des géomètres; et réciproquement, toutes les fois qu'on saura exprimer algébriquement les *racines de l'unité* de l'ordre n, ou résoudre algébriquement l'équation [1], on aura une expression algébrique des lignes

$$\cos\frac{2i\pi}{n}, \quad \sin\frac{2i\pi}{n},$$

et en particulier des lignes

$$\cos\frac{2\pi}{n}, \quad \sin\frac{2\pi}{n}.$$

Donc, si les racines imaginaires de l'unité s'expriment par un système de radicaux du second degré, que l'on puisse construire avec la règle et le compas, en vertu des théorèmes de Thalès et de Pythagore, on pourra construire avec la règle et le compas le cosinus et le sinus de l'arc qui est la $n^{\text{ième}}$ partie de la circonférence, et par conséquent diviser géométriquement (dans le sens des anciens) la circonférence en n parties égales, ou inscrire dans la circonférence le polygone régulier de n côtés. On voit par là comment ce problème, célèbre dans l'antiquité, se rattache à la théorie des équations algébriques, dont nous connaissons les rapports avec les propriétés des nombres, ainsi qu'avec la théorie des combinaisons et de l'ordre.

Sans même avoir besoin de passer par les calculs précédents, et sans s'appuyer sur la formule de Moivre, on reconnaît la liaison du problème géométrique de l'inscription des polygones réguliers dans le cercle, avec les propriétés de l'ordre périodique indiquées au n° **8**. Considérons en effet une suite de points a, *b*, *c*, etc., en nombre *n*, situés (*fig.* 27) sur une circonférence de cercle, et également espacés, de manière que l'arc compris entre deux points consécutifs forme la $n^{\text{ième}}$ partie de la circonférence entière : si l'on va en ligne droite de *a* en *b*, puis de *b* en *c*, et ainsi de suite, jusqu'à ce qu'on soit revenu au point de départ *a*, on aura décrit un polygone de *n* côtés, inscrit au cercle, ayant tous ses côtés et tous ses angles égaux, et de plus convexe en tout sens, de manière qu'une droite n'en puisse couper le périmètre en plus de deux points, conformément à l'idée qu'on a coutume de se faire des polygones réguliers, dans l'étude de la géométrie élémentaire. Le même mouvement descriptif pourra se poursuivre indéfiniment : ce qui ramènera les mêmes lettres *a*, *b*, *c*, etc., dans le même ordre, en fournissant le schème ou le type figuratif le plus simple de l'ordre périodique, précédemment conçu comme une idée abstraite et générale, indépendamment de toute configuration dans l'espace. Si maintenant, au lieu de joindre par une corde chaque point *a*, *b*, *c*, etc. au point consécutif, on joint ces points de deux en deux, en allant de *a* en *c*, puis de *c* en *e*, et ainsi de suite, et si le nombre 2 est premier avec *n*, il résulte des propriétés de l'ordre périodique, indiquées dans le numéro cité, que la construction doit ramener au point de départ *a*, après qu'on aura successivement atteint tous les points de division, quoique dans un autre ordre que l'ordre alphabétique ou primitif. Par là on formera un autre polygone de n côtés, du genre de ceux que M. Poinsot a nommés *étoilés*, régulier en ce sens qu'il a tous ses côtés et tous ses angles égaux, mais non plus convexe à la manière du polygone régulier ordinaire. Quand le nombre 2 est un diviseur de n, les points b, d, etc. ne peuvent être atteints dans cette construction qui donne alors, non plus un polygone étoilé de n côtés, mais le polygone ordinaire dont le nombre des côtés est $\frac{1}{2}n$. Si l'on joint les points de division de trois en trois, et que 3 ne soit pas un diviseur de n, on construira encore un polygone étoilé de n côtés; tandis que si 3 divise n, on construira le polygone ordinaire dont le nombre de côtés est $\frac{1}{3}n$. En général, autant il y aura de nombres premiers avec n et plus petits que la moitié de n, autant il y aura de polygones étoilés distincts à n côtés.

Le point qui était le premier à partir de a, quand on tournait dans le sens $abcd\ldots$, devient le $(n-1)^{\text{ième}}$ si le mouvement de rotation s'opère en sens contraire; le point qui était le second devient le $(n-2)^{\text{ième}}$, et ainsi des autres. En conséquence, le polygone qu'on trace en joignant les points a, b, c, etc., de $n-1$ en $n-1$, ne diffère pas du polygone ordinaire qu'on a obtenu en joignant ces points dans l'ordre primitif; le polygone qu'on trace en joignant les points de $n-2$ en $n-2$, vient se superposer à celui qu'on avait obtenu en joignant les points de 2 en 2.

En général, chaque polygone régulier, ordinaire ou étoilé, peut être ainsi donné par deux mouvements révolutifs en sens contraires, ou correspond, pour chaque sens du mouvement révolutif, à deux ordres de succession des sommets, inverses l'un de l'autre.

Mais, quand on joint les points de division a, b, c, etc., d'abord dans l'ordre alphabétique, puis de deux en deux, de trois en trois, etc., on construit successivement les cordes des arcs

$$\frac{2\pi}{n}, \quad \frac{4\pi}{n}, \quad \frac{6\pi}{n}, \quad \text{etc.} :$$

ce qui fait voir comment la liaison géométrique des polygones réguliers, ordinaires et étoilés, correspond à la liaison algébrique des racines imaginaires de l'unité, et comment cette liaison tient aux propriétés des nombres et à la théorie de l'ordre périodique; puisqu'il résulte, par exemple, de la discussion précédente, que les racines imaginaires de l'équation

$$x^{n'} - 1 = 0$$

doivent se trouver ou ne pas se trouver parmi les racines imaginaires de l'équation

$$x^{n} - 1 = 0,$$

suivant que le nombre n, supposé $> n'$, admet ou n'admet pas n' pour diviseur. C'est dans les ouvrages de MM. Gauss, Poinsot et Chasles qu'il faut suivre les développements et l'histoire singulière de cette curieuse théorie.

107. L'équation [1] débarrassée de la racine $x = 1$ devient

$$x^{n-1} + x^{n-2} + x^{n-3} + \ldots x^2 + x + 1 = 0; \qquad [2]$$

et les racines de celle-ci sont données par la formule

$$x = \cos\frac{2i\pi}{n} + \sqrt{-1} \cdot \sin\frac{2i\pi}{n},$$

où il faut attribuer à i les $n - 1$ valeurs entières, de 1 à $n - 1$ inclusivement. En appelant u la corde de l'arc $\frac{2i\pi}{n}$, dans le cercle qui a l'unité pour rayon, ou le côté du polygone régulier de n côtés, inscrit à ce cercle, on a

$$u^2 = 2\left(1 - \cos\frac{2i\pi}{n}\right),$$

et d'autre part

$$x + \frac{1}{x} = 2\cos\frac{2i\pi}{n}.$$

Donc, si l'on fait dans l'équation [2], de l'espèce de celles qu'on appelle *réciproques*,

$$x + \frac{1}{x} = 2 - u^2,$$

l'équation résultante en u^2 donnera pour ses racines u les côtés des différents polygones réguliers de n côtés, et aussi ceux des polygones réguliers dont le nombre de côtés est marqué par l'un des diviseurs du nombre n.

En appliquant ceci au pentagone, nous aurons pour l'équation en u^2,

$$u^4 - 5u^2 + 5 = 0,$$

d'où

$$u = \pm \sqrt{\frac{5 \pm \sqrt{5}}{2}},$$

ce qui donne le polygone convexe et le polygone étoilé de la *fig.* 27 : la présence du double signe s'expliquant par les deux modes de description dont nous avons fait mention.

Dans le cas du décagone, après qu'on a débarrassé l'équation [2] de la racine $x = -1$, l'équation en u^2 se décompose en deux autres, dont l'une est l'équation trouvée ci-dessus pour le pentagone, l'autre

$$u^4 - 3u^2 + 1 = 0$$

pourrait être résolue à la manière des équations du second degré, ce qui donnerait à la fois les quatre racines numériquement égales deux à deux et opposées de signes, dont les valeurs numériques mesurent les cordes des deux décagones inscrits, ordinaire et étoilé. Mais elle peut aussi, accidentellement, se décomposer en deux équations du second degré à coefficients rationnels,

$$u^2 + u - 1 = 0, \quad u^2 - u - 1 = 0,$$

qui ne diffèrent que par le changement de u en $-u$, et dont la première se trouve avoir pour racines le côté du décagone ordinaire pris positivement et celui du décagone étoilé pris négativement. Cette première équation revient à la proportion

$$1 : u :: u : 1 - u;$$

et par là on démontre, comme par les constructions connues en géométrie élémentaire, que la corde sous-tendant la dixième partie de la circonférence, est le plus grand segment du rayon divisé en moyenne et extrême raison.

108. Il faudrait remplacer dans toutes ces formules u par $\frac{u}{r}$, si le rayon r du cercle n'était plus pris pour unité; et les formules ainsi modifiées seraient propres à résoudre un problème inverse, celui où l'on donne la corde u d'un polygone régulier, ordinaire ou étoilé, d'un nombre n de côtés, et où l'on demande le rayon r du cercle dans lequel un tel polygone peut être inscrit. L'équation en r^2 sera évidemment de même degré que l'équation en u^2. La multiplicité de ses racines (abstraction faite des signes) a pour raison géométrique la multiplicité des cercles circonscriptibles aux divers polygones réguliers, ordinaires ou étoilés, qui ont leurs côtés de même longueur et en même nombre : quant à l'ambiguïté des signes, elle n'est qu'une conséquence algébrique de la loi de l'homogénéité, qui fait que l'équation en r doit nécessairement s'élever au même degré que sa réciproque en u.

Passons à un problème analogue, dont Newton s'est

plu à varier les solutions, dans les préliminaires de la partie géométriqne de son *Arithmétique universelle*, et dont il n'a pourtant pas complété la discussion, ainsi qu'on en jugera par ce qui va suivre.

Ce problème consiste à demander le rayon r du cercle, tel que les cordes données (*fig.* 28)

$$AB = 2a, \quad BC = 2b, \quad CD = 2c$$

forment une portion de polygone inscrite dans la demi-circonférence ABCD, AD étant un diamètre du cercle. Si l'on désigne par 2α, 2β, 2γ, les arcs AB, BC, CD, on aura

$$a = r \sin \alpha, \quad b = r \sin \beta, \quad c = r \sin \gamma,$$

et en vertu de la condition du problème,

$$\sin \gamma = \cos(\alpha + \beta) = \cos\alpha \cos\beta - \sin\alpha \sin\beta. \quad [d]$$

On tire de là

$$cr = \sqrt{(r^2 - a^2)(r^2 - b^2)} - ab;$$

puis en faisant disparaître le radical et en divisant par r,

$$r^3 - (a^2 + b^2 + c^2)r - 2abc = 0. \qquad [d_1]$$

Cette équation du troisième degré tombe dans le cas irréductible, car on a toujours

$$\left(\frac{a^2 + b^2 + c^2}{3}\right)^3 > a^2 b^2 c^2 :$$

L'une des racines est positive et les deux autres sont négatives. Pour l'interprétation de ces deux-ci, dont Newton ne s'est pas occupé, il faut considérer que, sans cesser de prendre les extrémités A et D d'un même diamètre pour point de départ et pour point d'arrivée, dans la description de la portion de polygone inscrit ABCD, on peut assujettir la somme des arcs sous-tendus par les trois cordes à égaler, non plus une demi-circonférence, mais trois demi-circonférences, ce qui aura lieu en général de deux manières différentes, indiquées par les *fig.* 29 et 30. Or, dans ce cas, les équations $[d]$ et $[d_1]$ se trouveront remplacées par

$$\sin\gamma = -\cos(\alpha+\beta) = -\cos\alpha\cos\beta + \sin\alpha\sin\beta,$$
$$r^3 - (a^2+b^2+c^2)r + 2abc = 0 : \qquad [d_2]$$

les racines de l'équation $[d_2]$ étant numériquement égales et opposées de signes à celles de l'équation $[d_1]$.

Donc il arrive ici ce que nous avons vu arriver tout à l'heure à propos de l'inscription du décagone régulier. L'équation complète du problème est

$$r^2[r^2 - (a^2+b^2+c^2)]^2 - 4a^2b^2c^2 = 0, \qquad (D)$$

et par la décomposition accidentelle de son premier membre en facteurs rationnels elle donne le système des équations $[d_1]$, $[d_2]$, dans chacune desquelles deux racines de même signe se trouvent associées à une racine de signe contraire. Mais, au point de vue de la géométrie, cette ambiguïté de signes est une superfétation de l'algèbre.

Il y a plus : les racines de l'équation (D), sans cesser jamais d'être réelles, peuvent cesser de correspondre à des solutions possibles du problème géométrique mis en équation : ce qui arrive toutes les fois que ces racines sont numériquement plus petites que l'une des demi-cordes a, b, c. Si, par exemple, on prend deux de ces lignes égales à 1, et l'autre égale à 2, l'équation (D) devient

$$r^2(r^2 - 6)^2 - 16 = 0,$$

et les valeurs numériques des racines sont

$$r = \sqrt{3} + 1, \quad r = 2, \quad r = \sqrt{3} - 1 ;$$

la première correspond au mode de construction indiqué par la *fig.* 28, la seconde au mode indiqué sur la *fig.* 29; mais la troisième racine qui donnerait un diamètre plus petit que la plus petite corde, ne peut nullement être construite. Ainsi, tandis que dans l'équation qui donne en fonction du rayon r la corde u du polygone régulier inscrit, toutes les racines correspondent à autant de solutions géométriques du problème; tandis qu'il en est encore de même pour l'équation inverse qui donne le rayon r en fonction de la corde u, sauf la superfétation provenant de l'ambiguïté du signe des racines; dans l'équation (D) au contraire, outre une semblable superfétation, il y a ou il n'y a pas complication de racines étrangères, selon les relations numériques entre les données a, b, c; et certaines solutions du problème géométrique cessent d'être possibles, sans que le passage du possible à l'impossible se traduise par un passage du réel à l'imaginaire dans les valeurs des racines. L'impossibilité résulte ici de ce que les inconnues auxiliaires $\sin\alpha$, $\sin\beta$, $\sin\gamma$, dont l'élimination a conduit à l'équation finale en x, sont assujetties à avoir leurs valeurs numériques plus petites que l'unité (**88 et 89**).

109. Une valeur réelle x, positive ou négative, a son rang déterminé dans la série idéale des valeurs réelles ; et cette série prolongée symétriquement à partir de zéro, tant dans le sens des valeurs négatives que dans le sens des valeurs positives, jusqu'à l'infini, est une série du genre de celles que l'on nomme *linéaires*, parce qu'on peut en donner une représentation sensible au moyen d'une suite de points disposés sur une ligne indéfiniment prolongée, de part et d'autre d'une origine arbitraire (**29** et **32**). Au contraire, une valeur imaginaire

$$x + y\sqrt{-1}, \qquad [i]$$

composée algébriquement de deux parties qui ne peuvent se confondre par addition ou soustraction, et fonction de deux grandeurs réelles x et y qui peuvent en général varier indépendamment l'une de l'autre, n'a pas de rang déterminé dans une série linéaire, mais bien dans une série du genre de celles que les géomètres appellent *à double entrée*, comme la table de Pythagore, qui est destinée à donner la fonction xy pour chaque système de valeurs entières de x et de y. Si l'on rapporte à deux axes rectangulaires des x et des y tous les points d'un plan, à chaque point du plan correspondra un système de valeurs de x et de y, et une valeur déterminée de l'expression $[i]$. Quand les grandeurs x et y peuvent varier avec une parfaite indépendance entre certaines limites, une portion d'aire plane comprise entre les limites correspondantes est la juste mesure de l'étendue des variations dont la valeur imaginaire est susceptible (**60**).

Du moment qu'on a reconnu à chaque point du plan la propriété de correspondre à une valeur déterminée de l'expression $[i]$, et d'en fixer le rang dans la série à double entrée où viennent s'intercaler toutes les valeurs imaginaires, on est amené à faire subir à cette expression une transformation qui revient à passer des coordonnées rectangulaires aux coordonnées polaires. Pour cela on pose

$$r = \sqrt{x^2 + y^2}, \quad \frac{x}{r} = \cos\omega, \quad \frac{y}{r} = \sin\omega;$$

et l'expression $[i]$ devient

$$r(\cos\omega + \sqrt{-1}\,.\,\sin\omega). \qquad\qquad [i']$$

Le facteur r, ou le rayon vecteur du point (x, y), facteur essentiellement réel et positif, se nomme le *module*. Le facteur imaginaire

$$\cos\omega + \sqrt{-1}\,.\,\sin\omega \qquad\qquad [\omega]$$

dépend du rapport des quantités x et y, et nullement de leurs valeurs absolues.

Quand l'angle ω se réduit à zéro, les expressions $[i]$

ou $[i']$ acquièrent une valeur réelle positive, qui est représentée par le rayon vecteur r, ou par la distance de l'origine au point (x, y), situé alors sur le demi-axe des abscisses positives; quand l'angle ω passe à 180^0, les expressions $[i]$ ou $[i']$ acquièrent encore une valeur réelle, mais négative, égale à $-r$, et qui se trouve encore représentée par la distance de l'origine au point (x, y), puisque cette distance, mesurée sur le demi-axe des abscisses négatives doit être prise négativement.

De là une induction bien naturelle, qui consiste à regarder le rayon vecteur du point (x, y) comme représentant, pour toutes les autres valeurs de l'angle ω, l'expression imaginaire $[i']$ ou l'expression équivalente $[i]$. De là, en d'autres termes, l'induction qui consiste à considérer toute expression imaginaire comme représentée par un rayon vecteur égal au module, et faisant avec la droite sur laquelle on compte les grandeurs réelles positives, l'angle dont les lignes trigonométriques entrent dans le facteur imaginaire du module.

Cette induction ne suffirait pourtant pas pour justifier la représentation dont il s'agit. On serait encore en droit de n'y voir qu'une convention arbitraire, et non une de ces institutions fondées sur des rapports naturels et essentiels, dont nous avons ailleurs cité des exemples (**61**). Pour que la justification soit complète, il faut et il suffit que l'opération algébrique qui

consiste à multiplier le module r par le facteur imaginaire $[\omega]$, corresponde exactement à l'opération graphique qui consiste à faire tourner le rayon vecteur r
de l'angle ω : de façon, par exemple, qu'en répétant
n fois l'opération algébrique on ait un résultat exactement correspondant à celui de l'opération graphique
par lequel on aurait fait tourner n fois de suite dans
le même sens le rayon vecteur r de l'angle ω, ou fait
tourner d'un seul coup le rayon vecteur r de l'angle $n\omega$.
Il faut par conséquent que l'on ait

$$(\cos\omega + \sqrt{-1} \cdot \sin\omega)^n = \cos n\omega + \sqrt{-1} \cdot \sin n\omega,$$

c'est-à-dire, précisément la relation exprimée par la
formule de Moivre.

On devrait voir dans ce tour de raisonnement une
manière de démontrer directement la formule de
Moivre, s'il était permis d'admettre comme axiome
que l'expression $[i]$ ou $[i']$ représente la droite r,
inclinée de l'angle ω sur l'axe des x, ou si cette proposition, regardée comme un théorème, avait été démontrée par des raisonnements indépendants de la
formule de Moivre. Nous n'admettons, pour notre
part, ni que la proposition soit un axiome, ni qu'on
l'ait établie par des raisonnements concluants, autres
que ceux qui supposent l'usage explicite ou implicite
du théorème de Moivre, énoncé généralement ou
ramené à des cas particuliers qui contiennent virtuellement l'énoncé général.

S'il y a, en dehors des applications du théorème de Moivre, des cas où semble se justifier le prétendu principe : que le coefficient imaginaire $\sqrt{-1}$ est le signe de la perpendicularité (ou que l'expression $r\sqrt{-1}$ représente une droite de longueur r, perpendiculaire à celle sur laquelle on mesure les grandeurs réelles), cela tient à une circonstance toute particulière. Supposons qu'on ait entre trois lignes a, b, c, qui remplissent ou peuvent remplir, dans l'équation d'un lieu géométrique, le rôle de paramètre et non celui de coordonnée variable, une relation de la forme

$$c^2 = a^2 - b^2 : \qquad\qquad [h_1]$$

cette relation donnera pour le paramètre c une valeur réelle ou imaginaire, suivant qu'on aura $b^2 <$ ou $> a^2$. Mais, dans ce dernier cas, une modification de l'énoncé du problème ou de la définition géométrique du lieu, de la nature de celles que Carnot a étudiées avec tant de détail, pourra conduire et devra conduire en général à la relation inverse

$$c^2 = b^2 - a^2. \qquad\qquad [h_2]$$

Supposons, en outre, que la ligne a ait avec les axes des x et des y les mêmes relations qu'a la ligne b avec les axes des y et des x : il s'ensuit nécessairement que la ligne c a avec les axes des x et des y, dans le cas de l'équation $[h_1]$, les mêmes relations qu'avec les axes des y et des x, dans le cas de l'équation $[h_2]$. Le renversement d'hypothèse, qui entraîne le passage de l'équation $[h_1]$ à l'équation $[h_2]$, sera représenté par une permutation opérée entre les axes ou par un mouvement rotatoire de l'amplitude d'un quadrans, imprimé à la figure. Alors il faudra bien que la ligne c, sur la figure correspondant à l'hypothèse $[h_2]$, soit perpendiculaire à la ligne c considérée sur la figure qui appartient à l'hypothèse $[h_1]$, et en ce sens il faudra que le coefficient imaginaire $\sqrt{-1}$ joue le rôle d'un signe de perpendicularité. C'est ainsi que, pour une ellipse dont a et b désignent les deux demi-axes, l'*excentricité c*, ou la distance du centre au foyer, est mesurée sur le demi-axe a ou sur le demi-axe perpendiculaire b, suivant qu'on a $a > b$ ou $b > a$. Mais on ne doit pas faire une règle générale de ce qui arrive à la faveur de ces conditions particulières *.

---

* La théorie dans laquelle on fait généralement du coefficient $\sqrt{-1}$ le signe algébrique de la perpendicularité, serait en opposition flagrante avec une autre théorie professée par des géomètres d'un haut rang, et dont nous ne pouvons nous dispenser de dire quelques mots. A cet effet, remarquons que l'on passe de l'équation de l'ellipse

$$\frac{x^2}{a^2} + \frac{y^2}{b^2} = 1$$

à celle de l'hyperbole

$$\frac{x^2}{a^2} - \frac{y^2}{b^2} = 1,$$

par le changement de b^2 en $-b^2$, ou de b en $b\sqrt{-1}$. Si donc il y a des propriétés de l'ellipse qui ne dépendent pas du demi-axe b,

110. Le système de représentation graphique des valeurs imaginaires, fondé sur le théorème de Moivre, paraît susceptible de s'appliquer utilement à la théorie des équations algébriques, quoique des essais estima-

---

ou dont l'expression algébrique ne change point par le changement de b^2 en $-b^2$, ces propriétés appartiendront également à l'hyperbole ; et en ce sens on peut dire que l'hyperbole est une ellipse dont l'un des axes est devenu imaginaire ; mais cet axe imaginaire $2b\sqrt{-1}$ n'est point du tout une droite perpendiculaire à l'axe $2b$ de l'ellipse. De même, si l'on considère la corde commune aux deux cercles

$$x^2 + y^2 = \mathrm{R}^2, \quad (x-\alpha)^2 + y^2 = r^2,$$

et qui coupe à angles droits l'axe des x au point dont l'abscisse est

$$x = \frac{\mathrm{R}^2 - r^2 + \alpha^2}{2\alpha}, \qquad\qquad \text{[A]}$$

on trouve que cette droite, indéfiniment prolongée, jouit d'une foule de propriétés remarquables, et notamment de celle d'être le lieu de tous les points d'où l'on peut mener aux deux cercles des tangentes d'égales longueurs. Or, la valeur précédente de l'abscisse x ne cesse pas d'être réelle, et la propriété qui vient d'être attribuée à la droite [A] ne cesse pas de subsister, lors même que les cercles cessent de se couper, et que les ordonnées des points d'intersection deviennent imaginaires. On peut définir géométriquement la droite [A] par cette propriété qui persiste, même après que les cercles cessent de se couper, et l'appeler avec quelques auteurs l'*axe radical* des deux cercles ; ou bien continuer de prendre pour schème le cas des cercles qui se coupent, appeler toujours la droite A une corde commune, et distinguer le cas où la corde est réelle, du cas où elle devient imaginaire : mais alors encore le pas-

bles, tentés dans cette voie, laissent encore beaucoup
à désirer. C'est une propriété de tout signe sensible,

---

sage du réel à l'imaginaire ne sera nullement représenté en géométrie par le passage d'une direction à la direction perpendiculaire.
Il faut consulter sur cette acception du mot *imaginaire* en géométrie, l'*Aperçu historique* de M. Chasles, pages 198, 206 et 368. Il
est bon de remarquer que les deux théories que nous mettons en
regard, dans le texte et dans la note, se limitent, et pour ainsi dire
se tempèrent l'une l'autre. Car, si les exemples cités ici militent
contre le principe énoncé dans le texte, d'autre part, dire que l'excentricité d'une ellipse passe du réel à l'imaginaire quand l'ellipse
tourne d'un quadrans, ce serait énoncer une proposition dénuée de
sens, dans le système qui fait l'objet de cette note. L'avantage de
ce système ou de cette conception, c'est, comme l'observe M. Chasles, « de considérer la figure sur laquelle on a à démontrer quelque
propriété générale, dans des circonstances de construction où la
présence de certains points, de certains plans ou de certaines lignes,
qui, dans d'autres circonstances, seraient imaginaires, facilite la
démonstration. » Mais l'induction en vertu de laquelle on passe
ainsi d'un schème à l'autre, est au fond de même nature que celle
par laquelle on passe du réel à l'imaginaire dans la théorie des intégrales définies, ou par laquelle on généralise des résultats démontrés à la faveur de séries convergentes, pour les cas de convergence des séries. Elle aurait besoin d'être légitimée dans chaque
cas particulier, s'il s'agissait de relations géométriques transcendantes; elle ne vaut que pour l'ordre de questions ressortissant de
la géométrie analytique proprement dite, et parce que l'on pourrait démontrer la même chose algébriquement, en établissant une
série de calculs algébriques, parallèle à la série des constructions
opérées sur la figure, ou seulement pensées par l'esprit.

quand il n'est pas créé par un caprice de l'imagination, mais qu'il se trouve au contraire essentiellement adapté à la nature de l'idée représentée, d'ajouter à la clarté de l'idée, et d'en aider le développement.

On embrouillerait tout si l'on confondait ce système de représentation graphique avec celui qu'a imaginé Descartes pour la représentation d'une équation à deux variables, et si on les employait concurremment. D'abord il y a entre eux cette différence, que l'un s'étend, par la considération des trois dimensions de l'espace, à la construction des équations à trois variables; tandis que rien n'autorise à faire subir à l'autre une extension analogue, puisqu'il n'y a pas deux classes d'imaginaires irréductibles entre elles, comme les imaginaires sont irréductibles avec les quantités réelles. Dans la géométrie même à deux dimensions, l'incompatibilité des deux systèmes est bien manifeste. Quand on a, pour la représentation d'une courbe, une équation entre deux coordonnées rectangulaires x et y, si une valeur imaginaire de l'ordonnée y correspond à une valeur réelle de l'abscisse x, c'est une preuve d'impossibilité géométrique; et l'on tomberait dans une étrange erreur, si l'on prétendait construire cette valeur imaginaire à la manière indiquée plus haut. Lorsqu'on a, pour la représentation de la courbe, une équation entre coordonnées polaires r et ω, liées aux coordonnées rectangulaires par les formules

$$x = r\cos\omega, \quad y = r\sin\omega,$$

si une valeur de ω ne donne à r que des valeurs imaginaires, c'est la marque qu'il n'y a pas de points de
la courbe situés sur la droite qui passe par le pôle, et
qui fait avec l'axe polaire l'angle ω. On serait bien mal
fondé à dire, dans ce cas, que les valeurs imaginaires
de r indiquent des rayons vecteurs réels, mais incli-
nés, soit à l'axe polaire, soit à la droite qui fait avec
cet axe un angle ω.

Cependant on est tombé dans des confusions de ce
genre; et pour en donner un exemple, prenons le problème si vulgaire de la division d'une droite en moyenne
et extrême raison. Appelons a cette droite dont nous
supposerons que l'une des extrémités O est prise pour
origine, l'autre extrémité A tombant sur le demi-axe
des x positifs. Le problème a pour équation

$$x^2 + ax - a^2 = 0, \qquad [k_1]$$

dont les deux racines

$$x' = \frac{a}{2}(-1 + \sqrt{5}),$$

$$x'' = \frac{a}{2}(-1 - \sqrt{5}),$$

déterminent deux points m', m'' : le premier situé sur
la droite OA, entre O et A, et qui résout le problème
dans le sens de l'énoncé; le second situé sur le prolongement de OA en arrière du point O, et qui ne convient pas à la lettre de l'énoncé, mais qui satisfait encore à la proportion

$$OA : Om :: Om : mA, \qquad [K]$$

dont l'équation $[k_1]$ est la traduction, faite dans la supposition que le point m tombe entre O et A. Il est clair que si la traduction avait été faite dans l'hypothèse que le point m tombe en arrière du point O, l'équation obtenue n'aurait différé de $[k_1]$ que par le changement de x en $-x$, ou par le changement de signe de son second terme.

Ceci mène à examiner ce que donnerait la traduction de la proportion [K], dans l'hypothèse préconçue que le point m tombe au delà du point A. L'équation qu'on obtient,

$$x^2 - ax + a^2 = 0, \qquad\qquad [k_2]$$

a ses deux racines imaginaires

$$x''' = \frac{a}{2}(1 + \sqrt{-3}),$$

$$x'^{\text{v}} = \frac{a}{2}(1 - \sqrt{-3});$$

d'où il faut conclure que l'hypothèse préconçue implique contradiction. Or, si l'on construit ces valeurs imaginaires, dans le système de représentation graphique qui vient d'être exposé, la construction donnera m''', m'^{v}, situés, l'un au-dessus de OA, l'autre au-dessous, formant chacun avec les points O, A, un triangle équilatéral, et par conséquent satisfaisant à la proportion [K], dès qu'on cesse d'assujettir le point m à tomber sur la ligne OA ou sur son prolongement.

Mais, dès qu'on admet de pareilles solutions du problème qui a conduit à la proportion [K], il n'y a plus de raison pour n'en pas admettre une infinité, correspondant à une infinité de points m, situés dans le plan xy, sur la courbe algébrique donnée par l'équation du quatrième degré

$$(x^2+y^2)^2=a^2[(a-x)^2+y^2].\qquad [k]$$

Quand on fait dans cette équation $y=0$, elle se décompose dans les deux équations du second degré $[k_1]$ et $[k_2]$; lorsqu'on y fait $x=\tfrac{1}{2}a$, elle donne $y=\pm\tfrac{1}{2}a\sqrt{3}$, ce qui est la double solution des triangles équilatéraux symétriques. Le rapprochement signalé, et qu'on a voulu donner comme une preuve de l'obligation où l'on serait de construire les valeurs imaginaires de la manière indiquée, a été amené par cette circonstance singulière dont il n'y a aucune conclusion générale à tirer.

On pourrait considérer la proportion [K] comme un cas particulier de la relation

$$\frac{\mathrm{OA}}{\mathrm{O}m}=n\,\frac{\mathrm{O}m}{m\mathrm{A}},$$

n désignant un nombre quelconque. Le lieu, sur le plan xy, des points qui satisfont à cette relation, est la courbe donnée par l'équation du quatrième degré

$$n^2(x^2+y^2)^2=a^2[(a-x)^2+y^2].$$

Pour $y=0$, cette équation se décompose en deux équations du second degré dont les racines

$$x=\frac{a}{2n}(-1\pm\sqrt{1+4n}),$$
$$x=\frac{a}{2n}(1\pm\sqrt{1-4n}),$$

sont toutes quatre réelles, quand on a $n < \frac{1}{4}$; en sorte qu'il n'y a plus contradiction, comme tout à l'heure, à supposer que le point m tombe sur le prolongement de OA, au delà du point A. Si les deux dernières racines sont au contraire imaginaires, le système de valeurs réelles

$$x = \frac{a}{2n}, \quad y = \pm \frac{a}{2n}\sqrt{4n-1},$$

jouit encore de la propriété d'appartenir à l'un des points des courbes, mais sans qu'il y ait rien à conclure de ce rapprochement fortuit, pour la théorie de la construction des valeurs imaginaires. En définitive, ce système de construction doit être considéré comme un moyen d'appliquer la géométrie à l'algèbre, plutôt que comme un moyen de traiter par l'algèbre des questions de géométrie *.

---

* L'idée de la possibilité et de la convenance d'une représentation graphique des valeurs imaginaires (idée juste si on la rattache au théorème de Moivre, mais idée hasardée ou même fausse, si on la fait dériver du prétendu principe que $\sqrt{-1}$ est un signe de perpendicularité, en confondant ce système de représentation avec celui de Descartes) s'est reproduite plusieurs fois depuis une quarantaine d'années, dans les écrits de MM. Buez, Argand, Français, Gergonne, Mourey, et plus récemment dans deux ouvrages dignes d'attention : l'un de M. Vallès, intitulé : *Études philosophiques sur la science du calcul*, Paris, 1841 ; l'autre qui a pour auteur un estimable professeur de notre Université, M. Faure, et pour titre : *Essai sur la théorie et l'interprétation des quantités dites imaginaires*, Paris, 1845.

CHAPITRE XIII.

NOTIONS SUR LES PRINCIPES DU CALCUL INFINITÉSIMAL. — DES PROBLÈMES DE QUADRATURE ET DE CUBATURE. — ORIGINE DU DÉSACCORD ENTRE LA GÉOMÉTRIE ET L'ALGÈBRE DANS LES PROBLÈMES DE CE GENRE.

111. Pour compléter ce qui nous reste à dire sur la correspondance de la géométrie et de l'algèbre, il nous faudra dorénavant employer la notation et les termes propres à cette branche supérieure de l'analyse, que l'on nomme le *calcul différentiel et intégral*. Nous serions jeté dans des développements hors de proportion avec les autres parties de cet essai, si nous n'admettions pas que le lecteur est déjà suffisamment familiarisé avec les principes et même avec les applications de cette importante doctrine : nous nous contenterons donc de rappeler très-succinctement quelques principes et quelques applications qui ont immédiatement trait à notre sujet.

Quand deux grandeurs variables sont liées entre elles, il y en a une dont on peut considérer les variations comme arbitraires, indépendantes, et qu'on nomme pour cela *variable indépendante,* en réservant le nom de *fonction* à l'autre grandeur dont les variations sont censées subordonnées à celles de la variable indépendante. Le plus souvent le choix de la variable indépendante n'est pas arbitraire : il est déterminé par la nature et le rôle des grandeurs dont il s'agit d'étudier les liaisons. Même en géométrie pure, le mode de génération d'une ligne ou d'une surface indique les coordonnées qu'il est convenable et naturel de prendre pour variables indépendantes, et dont le choix facilite la discussion des propriétés de la ligne ou de la surface. Pour la représentation graphique des fonctions, on regarde ordinairement l'abscisse comme la variable indépendante, et l'ordonnée comme la fonction qui en dépend.

112. Traçons la courbe MN (*fig.* 34) dont l'abscisse et l'ordonnée représentent la variable indépendante et la fonction; puis menons par le point m une sécante mm_1, et concevons que le point m_1 se rapproche indéfiniment du point m : la droite mm_1 tendra à prendre une direction mt, déterminée pour chaque point m de la courbe, et qui est celle de la tangente à la courbe en ce point. C'est là proprement la définition de la tangente; et celle que l'on donne de la tangente au cercle dans les éléments de géométrie, en disant que la tangente est la ligne droite qui n'a qu'un point de commun avec la courbe, exprime bien une propriété secondaire dont jouissent les tangentes du cercle, des sections coniques, et en général les tangentes des lignes qui n'éprouvent pas d'inflexion dans leur courbure, et qui n'ont qu'une branche, mais non la propriété caractéristique des tangentes, quelle que soit la courbe touchée.

On énonce la même propriété caractéristique en disant que la tangente trigonométrique de l'angle formé par la tangente mt avec l'axe des x, ou le rapport des droites ts, ms, respectivement parallèles aux axes des y et des x, est la *limite* dont s'approche indéfiniment le rapport de la différence des ordonnées

$$m_1 p_1 - mp = m_1 s$$

à la différence des abscisses

$$Op_1 - Op = ms,$$

pour les deux points m_1, m de la courbe, quand le point m_1 se rapproche indéfiniment du point m. On l'énonce encore en disant que la direction de la tangente mt se confond avec la direction de la sécante mm_1, quand la corde mm_1 devient *infiniment petite*.

La tangente trigonométrique de l'angle tms, ou le rapport des droites ts, ms, qui est, pour des valeurs suffisamment petites des variations $m_1 s$, pp_1, sensiblement égal au rapport de ces variations, avec lequel il se confond quand les variations deviennent infiniment petites, est la juste mesure, ou, si l'on veut, la juste définition de la *rapidité* avec laquelle l'ordonnée $mp = y$ tend à varier, quand l'abscisse a atteint la valeur $Op = x$. Suivant une notation imaginée par Leibnitz, on désigne par dx, dy les variations infiniment petites des grandeurs x, y, en sorte que le rapport des droites ts, ms a pour expression $\frac{dy}{dx}$.

Ce rapport $\frac{dy}{dx}$ varie avec la position du point m sur la courbe, ou avec la valeur de l'abscisse x. C'est une nouvelle fonction de x, implicitement donnée quand on donne le tracé de la courbe MN, ou la fonction $f(x)$ que représente l'ordonnée de cette courbe. Lagrange appelle cette fonction ainsi liée à $f(x)$ la *dérivée* de $f(x)$, et pour indiquer la liaison ou la dérivation, il la représente par la notation $f'(x)$. La fonction $f'(x)$ a elle-même une dérivée $f''(x)$, qui est la dérivée *du second ordre* par rapport à la fonction *primitive* $f(x)$; et ainsi de suite.

Soit que l'on se propose d'étudier les relations entre les fonctions et leurs dérivées, relations communes à toutes les fonctions continues, algébriques, transcendantes ou empiriques; soit que l'on cherche des méthodes pour calculer la fonction dérivée au moyen de la primitive ou la primitive au moyen de la dérivée, quand l'une ou l'autre comporte une expression algébrique ou transcendante, la doctrine des fonctions dérivées est de la plus haute importance pour le perfectionnement de la science des grandeurs abstraites, comme pour les progrès de la géométrie et pour l'interprétation des lois qui régissent le monde physique. Aussi Leibnitz a-t-il fait une révolution dans les mathématiques pures et appliquées, en systématisant le calcul des *quantités infiniment petites*, en y appliquant un algorithme régulier, et en créant ainsi une méthode uniforme pour aller des fonctions primitives à leurs dérivées, pour revenir des fonctions dérivées à la primitive, et en général pour tenir compte de la loi de continuité dans la variation des grandeurs indépendantes et des fonctions qui en dépendent. Suivant qu'il s'agit de passer des fonctions primitives à leurs dérivées, ou de revenir de celles-ci aux fonctions primitives, le *calcul infinitésimal* prend le nom de *calcul différentiel* ou celui de *calcul intégral*.

113. De même que nous avons défini géométriquement le passage de la fonction primitive à sa dérivée, nous pouvons donner une signification géométrique à l'opération inverse par laquelle on va d'une fonction dérivée à sa fonction primitive. Soit en effet MN (*fig.* 32) la courbe qui a pour équation

$$y = f(x) :$$

et proposons-nous d'évaluer l'aire trapézoïdale comprise entre l'axe des abscisses, la courbe MN, et deux ordonnées m_0p_0, mp, dont l'une correspond à l'abscisse déterminée $Op_0 = x_0$, et l'autre à l'abscisse variable $Op = x$. Cette aire que nous désignerons par u, est une fonction de la variable x. Si x augmente et prend la valeur $Op_1 = x_1$, l'aire u devient u_1, en augmentant du trapèze curviligne mpp_1m_1, et l'on a

$$\frac{u_1 - u}{x_1 - x} = \frac{\text{aire } mpp_1m_1}{pp_1} ;$$

en sorte que la dérivée u' de la fonction u est la limite vers laquelle converge le rapport du trapèze curviligne mpp_1m_1 à son côté pp_1 quand pp_1 converge indéfiniment vers zéro. Mais l'aire de ce trapèze est comprise entre celles de deux rectangles, l'un qui a pour base pp_1 et pour hauteur mp, l'autre qui a pour base pp_1 et pour hauteur m_1p_1; et le rapport des aires de ces deux rectangles, qui est

$$\frac{mp}{m_1p_1},$$

converge indéfiniment vers l'unité quand pp_1 converge indéfiniment vers zéro. Donc aussi le rapport de l'aire d'un de ces rectangles à celle du trapèze intermédiaire converge indéfiniment vers l'unité, et l'on peut écrire

$$\text{limite } \frac{\text{aire } mpp_1m_1}{pp_1} = \frac{mp \times pp_1}{pp_1} = mp = f(x).$$

Donc la fonction u', ou la dérivée de la fonction u, n'est autre chose que la fonction y.

La condition d'avoir pour dérivée la fonction y ne suffit pas pour déterminer complétement la fonction u, puisque cette condition resterait satisfaite, quelque part que fût placée l'ordonnée m_0p_0, à partir de laquelle l'aire u est mesurée. En déplaçant cette origine arbitraire des aires, en la rapprochant ou en l'éloignant de l'origine des coordonnées, on ajoute à la fonction u, variable avec x, une quantité constante, positive ou négative. Si donc, il existe une expression générale des fonctions u, caractérisées par la propriété d'avoir pour dérivée la fonction y, cette expression doit renfermer une *constante arbitraire* que l'on particularisera en assujettissant la fonction u à devenir nulle pour la valeur particulière $x = x_0$. En conséquence, on donne fréquemment le nom de *quadrature* à toute opération par laquelle on détermine une fonction, en l'assujettissant à la double condition d'avoir pour dérivée une fonction donnée, et de prendre une valeur numérique déterminée pour une valeur particulière de la variable dont elle dépend.

Ce que nous venons d'expliquer, en nous appuyant sur la considération des limites, et en employant un langage approprié à ce tour de raisonnement, s'énonce plus simplement encore quand on a recours à la considération des quantités infiniment petites, et quand on use du langage et des notations imaginées pour le besoin de cette méthode. Alors, en effet, il résulte de la définition de la fonction u, que sa différentielle du (ou l'accroissement infiniment petit qu'elle reçoit quand x reçoit l'accroissement infiniment petit dx) est égale à l'aire infiniment petite du rectangle mpp_1m_1; mais l'aire de ce rectangle comprise entre

$$y\,dx \text{ et } (y + dy)\,dx,$$

ne diffère de $y\,dx$ que d'une quantité infiniment petite du second ordre, c'est-à-dire infiniment petite, et partant négligeable, non-seulement par comparaison avec les quantités finies, mais encore par comparaison avec la quantité infiniment petite du premier ordre $y\,dx$. Donc

$$du = y\,dx = f(x)dx, \text{ ou } \frac{du}{dx} = f(x).$$

Si l'on conçoit la différence $x - x_0$ divisée en parties infiniment petites désignées par dx, la fonction u qui est nulle pour $x = x_0$, pourra être considérée comme la somme d'une infinité d'éléments différentiels, égaux à $f(x)dx$, et dont la valeur infiniment petite change généralement d'un élément à l'autre, lors même que la différentielle dx est censée constante, à cause que le facteur $f(x)$ change pour les valeurs de l'abscisse comprise entre x_0 et la valeur extrême x que l'on considère. On exprime cette idée en écrivant

$$u = \int_{x_0}^{x} f(x)dx,$$

ou bien

$$u = \int_{x_0}^{x} y\,dx. \qquad [1]$$

Le signe $\int$ est l'initiale du mot *somme*; il indique une somme d'éléments infiniment petits $y\,dx$, ou l'*intégrale* de la fonction différentielle $y\,dx$. Les lettres x_0, x placées à côté de ce signe, inférieurement et supérieurement, indiquent les valeurs extrêmes de la variable x, entre lesquelles l'intégration ou la sommation des éléments différentiels est censée opérée.

114. Revenons maintenant aux principes de la mesure des aires en géométrie. Après qu'on a défini l'unité de surface, et pris pour cette unité la surface du carré dont le côté est l'unité de longueur, une construction trop connue pour qu'il soit besoin de la reproduire ici, fournit immédiatement la règle pour mesurer la surface d'un rectangle quelconque. Cette construction que l'on peut déguiser, mais non éluder, ne saurait être remplacée par une pure combinaison logique des principes de géométrie déjà connus, tels que les théorèmes de Thalès et de Pythagore, d'où nous avons vu sortir toute la géométrie analytique proprement dite. Mais en revanche, cette construction une fois faite et la formule [1] établie en conséquence, on a fait la part nécessaire de la synthèse géométrique. Tout le reste est une affaire de logique abstraite ou de calcul. Les constructions particulières auxquelles on a recours dans les éléments de géométrie pour trouver la mesure des aires du triangle, du trapèze, du cercle, pour établir tous les théorèmes concernant la comparaison des aires des figures planes, pourraient être suppléées par des opérations de calcul qui seraient autant d'applications de la formule [1].

115. Il en est de même pour la cubature des volumes. Après qu'on a défini l'unité de volume et pris pour cette unité le volume du cube dont le côté est l'unité de longueur, une construction analogue à celle qui vient d'être rappelée à propos des aires, et tout aussi inévitable, fournit la règle pour mesurer le volume d'un parallélépipède rectangle. Ensuite une formule de calcul intégral, analogue à la formule [1], contient virtuellement toute la théorie des cubatures. Pour trouver cette formule, appelons v le volume limité par le plan des xy, par la surface dont l'ordonnée z est une fonction des coordonnées x et y (susceptibles de varier chacune indépendamment l'une de l'autre), et enfin par la surface cylindrique que décrirait l'ordonnée z en suivant une courbe directrice (**80**) tracée dans le plan xy. Le volume v peut être considéré comme la somme d'une infinité de tranches comprises entre des plans perpendiculaires à l'axe des x : la distance de deux plans parallèles infiniment voisins, ou l'épaisseur infiniment petite de chaque tranche étant égale à la différentielle dx. La tranche à son tour peut être considérée comme la somme d'une infinité de parallélépipèdes rectangles, ayant pour arêtes l'ordonnée z variable d'un parallélépipède à l'autre, la différentielle dy qu'il est également permis de considérer comme variant ou comme ne variant pas d'un parallélépipèpe à l'autre, et enfin la différentielle dx constante pour tous les parallélépipèdes d'une même tranche. Le volume de la tranche est donc le produit de l'intégrale

$$\int z\,dy$$

par la différentielle dx, c'est-à-dire une fonction différentielle dont il faut prendre l'intégrale par rapport à la variable x, pour avoir le volume v qui est la somme d'une infinité de pareilles tranches. C'est ce qu'on exprime en écrivant

$$v = \int\int z\,dy\,dx \,;\qquad\qquad [2]$$

et la fonction contenue dans le second membre de l'équation se nomme une *intégrale double*. Les limites de la première intégration par rapport à dy doivent être considérées comme des fonctions de la variable x, déterminées en vertu du tracé de la courbe directrice; les limites de la seconde intégration par rapport à dx sont des valeurs déterminées de x. Pour simplifier, nous omettons d'indiquer les limites au bas et au haut des signes d'intégration.

La formule [2] ainsi établie par des considérations générales, on en peut tirer sans construction nouvelle toutes les règles données dans les éléments pour l'évaluation des volumes des prismes obliques et tronqués, des pyramides et des trois corps ronds.

Sans doute il serait bizarre, dans l'ordre didactique, de recourir au calcul intégral pour carrer le triangle et pour cuber le tétraèdre. Il est tout simple que, dans l'ordre historique des découvertes, on ait carré le triangle et cubé le tétraèdre bien avant que de trouver les règles générales de l'intégration. Néanmoins la quadrature du triangle, la cubature du tétraèdre sont essentiellement des problèmes de calcul intégral : c'est dans le calcul intégral qu'il faut chercher la raison des analogies que peuvent présenter les solutions de ces problèmes et des problèmes de même genre. Si l'on peut éluder tout à fait la sommation des éléments infiniment petits dans la quadrature du triangle, et seulement la déguiser dans la cubature du tétraèdre, cela tient à des circonstances géométriques particulières, accidentelles, non susceptibles d'extension d'un cas à l'autre. Par la même raison, c'est aux formules générales qu'il faut remonter, pour trouver la clef des concordances ou des discordances que l'on rencontre dans les applications de l'algèbre à des problèmes de géométrie qui relèvent essentiellement de la théorie des quadratures et des cubatures (**78**).

116. Considérons d'abord (*fig.* 33) deux courbes $m\mu.m'\nu m''\ldots$, $m\mu.'m'\nu'm''\ldots$, qui se coupent en plusieurs points m, m', m'', etc., et dont les ordonnées variables sont désignées par les lettres Y, y : la formule [1] donnera pour la mesure de l'aire comprise entre ces courbes et deux ordonnées extrêmes correspondant aux abscisses x_0, x,

$$u = \int_{x_0}^{x} (\mathrm{Y} - y)\,dx,$$

quantité positive lorsque Y surpasse y dans tout le cours de l'intégration, et négative au contraire lorsque y surpasse constamment Y. Ainsi, les aires $m\mu.m'\mu'$, $m'\nu m''\nu$ sont des grandeurs données par le calcul avec des signes contraires : résultat qui n'offre aucun sens géométrique.

La ligne $m\mu'm'\sqrt{m''}\ldots$ pouvant être particularisée d'une manière quelconque, il est permis de prendre pour cette ligne l'axe même des abscisses (*fig.* 34) : ce qui montre bien que, si le calcul donne des signes contraires aux aires $m\mu.m'$, $m'\nu m''$, etc., selon qu'elles sont situées d'un côté ou de l'autre de l'axe des abscisses OX, cette opposition n'a pas de signification géométrique. Dès lors nous pouvons et nous devons nous attendre à ne plus trouver dans les applications de l'algèbre à des questions de géométrie relevant des quadratures, cette juste corrélation entre la géométrie et l'algèbre, telle que nous l'avons observée dans la géométrie analytique proprement dite, ou dans toute la série des faits géométriques qui peuvent se déduire analytiquement des seuls théorèmes de Thalès et de Pythagore. On en a déjà vu des exemples dans ce qui précède (**43**); nous citerons encore le suivant.

Par le point m_0 (*Pl.* III, *fig.* 35), pris sur la parabole dont l'équation est

$$y^2 = p x,$$

soit proposé de mener une corde $m_0 m$, à laquelle corresponde un segment dont l'aire ait une valeur donnée k^2. Si l'on appelle x_0, y_0 les coordonnées du point m_0, et x, y celles du point cherché m que nous supposerons dans la situation indiquée sur la figure, les aires des trapèzes parabolique et rectiligne $m_0 p_0 pm$ auront pour valeurs

$$\tfrac{2}{3}(xy - x_0 y_0), \quad \tfrac{1}{2}(x - x_0)(y + y_0);$$

d'où l'on déduit pour l'équation finale en y, après avoir substitué pour x_0, x leurs valeurs en y_0, y, tirées de l'équation de la parabole,

$$(y - y_0)^3 = 6pk^2,$$

ce qui donne l'unique racine réelle

$$y = y_0 + \sqrt[3]{6pk^2}. \qquad [a]$$

Cependant le problème comporte une autre solution, correspondant à un autre point m' situé, non plus en avant, mais en arrière du point m_0 : et même, selon la valeur de la constante donnée k^2, le point m' pourra venir en m'', m''', ce qui répondra à trois cas géométriquement distincts, quoique donnés tous trois par la même solution algébrique

$$y = y_0 - \sqrt[3]{6pk^2}, \qquad [a']$$

ainsi qu'on peut s'en assurer en faisant le calcul pour les trois cas distincts. L'essentiel est de remarquer que les deux solutions $[a]$, $[a']$ ne sont point algébriquement associées, vu qu'elles diffèrent par le signe d'un radical de degré impair : quoiqu'il y ait *a priori* autant de motifs de s'attendre à une association algébrique, que dans le problème de l'inscription des polygones réguliers et dans tant d'autres où une liaison géométrique analogue coïncide avec une association algébrique.

Si nous avions pris, au lieu de la parabole ordinaire, la parabole cubique

$$y^3 = p^2 x,$$

les équations $[a]$, $[a']$ auraient été remplacées par les deux équations du quatrième degré

$$(y - y_0)^4 + 2y_0 (y - y_0)^3 = \quad 4p^2 k^2, \qquad [A]$$
$$(y - y_0)^4 + 2y_0 (y - y_0)^3 = -4p^2 k^2. \qquad [A']$$

L'équation $[A]$ donne toujours pour la différence $y - y_0$ deux valeurs réelles, l'une positive, l'autre négative : la première convient au problème, mais la seconde y est étrangère; car c'est l'équation $[A']$ et non l'équation $[A]$ qu'il faut employer lorsqu'on veut tenir compte dans ce problème, comme dans le précédent, des solutions telles que $m'p'$, correspondant à des points m' pris en arrière de m_0. Par une raison semblable, l'équation $[A']$ fournit au moins une racine étrangère, et même elle ne fournira que des racines étrangères, si l'on donne

$$k^2 > \frac{y_0^4}{4p^2}.$$

Si l'on tenait compte de la branche de la parabole cubique, pour laquelle les coordonnées x et y deviennent négatives, en continuant d'ailleurs de prendre le point (x_0, y_0) sur la branche dont les coordonnées sont positives, le problème, convenablement modifié dans son énoncé, pourrait admettre encore d'autres solutions, mais qui ne seraient données, ni par l'équation [A], ni par l'équation [A′].

117. Quand on considère deux surfaces, ayant respectivement Z et z pour ordonnées perpendiculaires au plan xy, le volume compris entre ces deux surfaces et la surface cylindrique dont la directrice est une courbe arbitrairement tracée dans le plan xy, a pour expression, d'après la formule [2],

$$v = \int\int (Z - z)\,dy\,dx\,;$$

et les expressions algébriques de deux portions de ce volume pourraient prendre des signes contraires par suite du changement de signe de $Z - z$; leur somme pourrait s'évanouir; sans qu'il y eût de sens géométrique attaché à ce changement de signe ou à cet évanouissement. Nous n'aurions qu'à reproduire ici des remarques analogues à celles qui précèdent.

La cubature des solides de révolution se ramène immédiatement aux quadratures ou à l'intégration des fonctions différentielles d'une seule variable. Prenons l'axe de révolution pour celui des x, et soient y l'ordonnée de la courbe méridienne, v le volume de la tranche comprise entre deux plans perpendiculaires à l'axe de révolution, ayant respectivement pour abscisses, l'un la constante x_0, l'autre la variable x : si ces plans étaient à une distance infiniment petite l'un de l'autre, ils délimiteraient une tranche que l'on pourrait considérer comme un cylindre à base circulaire, et qui aurait pour volume

$$dv = \pi y^2 dx,$$

d'où

$$v = \pi \int_{x_0}^{x} y^2 dx. \tag{3}$$

Or, de cette formule naît un désaccord entre la géométrie et l'algèbre, encore plus frappant que ceux qui ont été plus haut signalés, puisque la fonction y^2, et par suite l'expression du volume v peuvent rester réelles, quoique l'ordonnée y prenne une valeur imaginaire, ou quoique la courbe méridienne et la surface de révolution engendrée ne s'étendent pas dans la portion de l'espace comprise entre les plans dont les abscisses sont x_0 et x. Il est aisé de multiplier les exemples particuliers où le désaccord entre la géométrie et l'algèbre s'observe en conséquence de ce désaccord fondamental.

118. Étant donnée une sphère du rayon r, et dont le centre O (*fig.* 36) est à l'origine des coordonnées, on demande de déterminer sur l'axe OX un point P, tel que le plan MPN, perpendiculaire à OX, retranche de la sphère un segment MPNR, dont le volume soit à celui du cône qui a pour sommet le centre O et pour base celle du segment, dans le rapport de $1 : n$.

Désignons par x l'abscisse OP supposée positive :

nous aurons pour l'expression du volume du cône

$$\tfrac{1}{3}\pi x(r^2-x^2), \qquad\qquad [b]$$

et pour celle du volume du segment sphérique

$$\tfrac{1}{3}\pi(2r+x)(r-x)^2; \qquad\qquad [c]$$

de sorte que l'équation du problème est

$$x(r^2-x^2)=n(2r+x)(r-x)^2,$$

ou bien, après la suppression de la racine $x=r$,

$$x(r+x)=n(2r+x)(r-x), \qquad\qquad [d]$$

équation qui a toujours deux racines réelles : l'une étant positive et plus petite que r, l'autre étant négative et numériquement supérieure à r. Quand on prend $n=1$, l'équation se réduit à

$$x^2=r(r-x),$$

et la ligne cherchée OP se confond avec le plus grand segment du rayon OR, divisé en moyenne et extrême raison.

La racine négative, qui donnerait un point situé hors de la sphère, est étrangère au problème géométrique mis en équation.

Si l'on considère le solide de révolution qu'engendre, en tournant autour de l'axe des x, l'hyperbole équilatère qui a pour sommets les points R, R', et pour équation

$$x^2-y^2=r^2,$$

l'expression $[c]$ sera aussi, pour des valeurs de x positives et plus grandes que r, celle du segment hyperbolique mpnR, limité par le plan mpn, mené perpendiculairement à l'axe de révolution, à une distance x de l'origine. Le volume du cône dont le sommet est au point O, et qui a pour base celle du segment, se trouvera exprimé par

$$\tfrac{1}{3}\pi x(x^2-r^2):\qquad\qquad [b']$$

en sorte que, si l'on veut déterminer x par la condition que le volume du segment hyperbolique soit à celui du cône dans le rapport de $1 : n$, il faudra écrire l'équation

$$x(x^2-r^2)=n(2r+x)(x-r)^2,$$

laquelle devient, après la suppression de la racine $x=r$,

$$x(r+x)=n(2r+x)(x-r).\qquad\qquad [d']$$

Celle-ci a ses deux racines distinctes des racines de l'équation $[d']$, et il n'y en a non plus qu'une qui satisfasse au nouvel énoncé géométrique.

Pour des valeurs de n plus grandes que 1, l'une des racines est positive, et c'est la seule qui convienne; l'autre est négative. Pour des valeurs de n plus petites que 1, les deux racines deviennent négatives, et toutes deux sont étrangères à la question géométrique dont l'énoncé implique alors une absurdité, sans que cette absurdité se manifeste dans la valeur algébrique des racines par la présence des signes d'imaginarité.

119. Donnons-nous maintenant pour problème de déterminer l'abscisse OP, de manière que le volume du segment sphérique MPNR soit à celui de l'autre portion de la sphère dans le rapport de $1 : n$. L'expression du volume du grand segment est

$$\tfrac{1}{3}\pi(2r-x)(r+x)^2 ; \qquad [c']$$

en sorte qu'elle ne diffère de celle du petit segment que par le changement de x en $-x$. L'équation du problème deviendra donc

$$(2r-x)(r+x)^2 = n(2r+x)(r-x)^2,$$

ou bien

$$x^3 - 3r^2x + 2\frac{n-1}{n+1}r^3 = 0 , \qquad [e]$$

équation qui tombe dans le cas irréductible et qui a ses trois racines réelles. Quand on suppose $n > 1$, l'une des racines est positive et plus petite que r; une autre racine est aussi positive et plus grande que r; la troisième est négative et numériquement égale à la somme des deux autres, par conséquent numériquement plus grande que r.

La première racine est la seule qui convienne à la question : mais, si l'on se propose de couper l'hyperboloïde de révolution, dont il s'agissait tout à l'heure, par un plan mn perpendiculaire à l'axe des x, de manière que le volume du segment hyperbolique soit au volume de la sphère de rayon r, dans le rapport de $1 : n+1$, comme l'expression $[c]$ convient au volume du segment hyperbolique pour les valeurs de x positives et plus grandes que r, on tombera encore sur l'équation $[e]$; et par conséquent celle des trois racines de cette équation, qui est positive et plus grande que r, résout le problème géométrique énoncé en dernier lieu.

Enfin, si l'on propose de couper l'hyperboloïde par un plan $m'p'n'$, situé du côté des x négatifs, de manière que le volume du segment hyperbolique soit à celui de la sphère du rayon r, dans le rapport de $n : n+1$, comme l'expression $[c']$ convient au volume du secteur hyperbolique, pour les valeurs de x négatives et numériquement plus grandes que r, on tombera une troisième fois sur l'équation $[e]$: de sorte que celle des trois racines de cette équation, qui se trouve négative et numériquement supérieure à r, conviendra au nouvel énoncé géométrique.

Par suite, on peut dire que l'une des racines de l'équation $[e]$ résout le problème de partager la sphère en deux segments dont les volumes soient entre eux dans le rapport de $1 : n$; tandis que les deux autres racines, accouplées, résolvent le problème qui consiste à couper les deux nappes de l'hyperboloïde, de façon que les volumes des deux segments soient entre eux dans le rapport de $1 : n$, leur somme étant égale au volume de la sphère qui a pour diamètre la distance des deux sommets de l'hyperboloïde.

Bien entendu que, pour la sphère et l'hyperboloïde, dans ces problèmes comme dans ceux du numéro précédent, on peut placer en regard de chaque solution une solution symétrique de l'autre côté de l'origine : solution symétrique que l'algèbre ne donne pas ici, bien qu'elle la donne dans tant d'autres cas où on ne la demande pas davantage, par exemple dans le cas de l'inscription des polygones réguliers (**107**).

Le problème de partager une sphère en deux segments dont les volumes aient entre eux un rapport donné, est l'un de ceux que s'est proposés Archimède dans son *Traité de la Sphère et du Cylindre*, liv. II, prop. 5. Archimède en promet la solution qu'il ne complète pas, et qu'il n'a pu compléter, si, comme M. Poinsot le suppose avec vraisemblance dans une note sur l'édition française de Peyrard, il a cherché à résoudre graphiquement, par la règle et le compas, un problème qui relève algébriquement d'une équation du troisième degré, et qui dès lors rentre dans la catégorie de ceux que les anciens qualifiaient de *solides* (**71**, *note*), parce que leur construction exige le tracé de l'une ou de quelques-unes des courbes que l'on obtient en coupant un cône par un plan, à moins qu'on ne préfère employer des courbes d'un genre plus élevé. D'après le commentaire d'Eutocius, la solution entamée par Archimède paraît n'avoir été achevée que six siècles plus tard par Dioclès, le même à qui l'on doit l'invention de la cissoïde *.

---

* Montucla, part. I, liv. V. M. Chasles, *Aperçu historique,* p. 48.

Après avoir donné le premier, dans la note citée, l'élégante interprétation des trois racines de l'équation [e], telle que nous venons de la rapporter, M. Poinsot ajoute : « Ainsi la liaison intime de l'hyperbole équilatère au cercle, fait qu'on ne peut résoudre le problème proposé dans la sphère, sans le résoudre en même temps dans l'hyperboloïde de révolution. » Nous citons ces paroles du célèbre auteur pour prévenir la méprise où l'on tomberait, si on les entendait en ce sens que la liaison de l'hyperbole au cercle est ce qui élève forcément le degré de l'équation ; ce qui amène nécessairement dans l'équation du problème deux racines étrangères, algébriquement associées à celle qui résout le problème proposé dans la sphère ; ce qui rend philosophiquement raison de cette association de racines : car nous venons de voir, à propos des problèmes du numéro précédent, des racines étrangères dont la liaison de l'hyperbole au cercle n'explique point la présence. Mais, le degré de l'équation et le nombre des racines étrangères étant déterminés pour chaque problème par des circonstances algébriques particulières, sans qu'il y ait en général de correspondance exacte entre la géométrie et l'algèbre dans cet ordre de questions, pour des causes que nous avons indiquées, la liaison de l'hyperbole au cercle fait qu'on peut, dans ce cas particulier, interpréter au moyen de la section de l'hyperboloïde, les deux racines étrangères au problème de la section de la sphère. Il y a quelque subtilité peut-être à distinguer ces deux enchaînements d'idées ; mais c'est en cela que nous paraît consister la justesse de la conception philosophique, que nous donnons pour ce qu'elle vaut, et dont nous n'entendons nullement exagérer l'importance *.

---

* En dernier lieu, M. Poinsot fait remarquer que, si l'on remplace dans l'énoncé du problème la sphère de rayon r, par l'ellipsoïde de révolution

$$\frac{x^2}{r^2} + \frac{y^2 + z^2}{b^2} = 1,$$

on tombe encore sur l'équation $[e]$ dans laquelle n'entre pas le paramètre b^2, qu'il suffirait de supposer négatif pour passer de l'ellipsoïde à l'hyperboloïde. On se tromperait cependant, si l'on croyait trouver dans cet exemple une application du principe énoncé dans la note sur le n° **109.** Pour rentrer dans l'application de ce principe, il faudrait que la même racine de l'équation $[e]$ convînt au problème sur l'ellipsoïde et au problème sur l'hyperboloïde : tandis qu'ici, l'une des racines convenant au problème sur l'ellipsoïde, le système des deux autres résout, pour l'hyperboloïde, un problème, non pas analogue dans la stricte acception du mot, mais foncièrement distinct. D'ailleurs, comme nous l'avons déjà indiqué, en nous réservant de l'expliquer plus au long dans nos deux derniers chapitres, l'usage de ce principe cesse d'être légitime, lorsqu'il s'agit de problèmes qui dépendent essentiellement d'intégrales ou de fonctions transcendantes, et qui ne conduisent qu'accidentellement à des équations algébriques, dans les cas particuliers où les intégrales peuvent s'obtenir algébriquement.

CHAPITRE XIV.

DE LA RECTIFICATION DES COURBES ET DE LA QUADRATURE DES SURFACES DE RÉVOLUTION. — DE LA DÉTERMINATION DES LIEUX DES CENTRES DE GRAVITÉ.

120. Désignons par s la longueur de l'arc d'une courbe plane dont x et y sont les coordonnées rectangulaires, la mesure étant prise du point dont l'abscisse est x_0 au point dont l'abscisse est x; et désignons aussi par $y' = f'(x)$ la dérivée de la fonction $y = f(x)$: nous aurons, par une application immédiate du théorème de Pythagore et des principes du calcul infinitésimal,

$$s = \int_{x_0}^{x} \sqrt{1 + y'^2} . \, dx. \qquad [1]$$

Cette formule tomberait en défaut, comme la formule [3] du n° **117**, si y, et par suite y', devenaient imaginaires pour des valeurs de x comprises entre les limites de l'intégration, et que cependant le radical

$$\sqrt{1 + y'^2} = R$$

restât réel. Ce radical doit en général être pris avec le même signe dans toute l'étendue de l'intégration, afin que, si la valeur de l'arc est positive quand il se termine à des points situés au delà de celui qu'on prend pour origine des arcs, elle devienne négative quand l'arc se termine à des points situés en deçà de l'origine, ou réciproquement. En conséquence, lorsque l'intégrale pourra s'obtenir sous forme finie, le radical R qui se retrouvera nécessairement dans l'intégrale (à moins que la quantité sous le signe ne se trouve être accidentellement un carré parfait), ne devra pas y être censé affecté du double signe; au contraire, les radicaux pairs qui pourraient se trouver dans y'^2, et qui proviendraient de la multiplicité des branches de la courbe, devraient être affectés du double signe dans l'intégrale, afin que l'expression de l'arc de la courbe eût toute la généralité qu'elle comporte, et pour qu'elle s'appliquât, non-seulement à une branche de la courbe, mais à toutes les autres.

Remarquons maintenant que, si la courbe avait deux branches symétriques par rapport à une droite parallèle à l'axe des x, y' aurait bien deux valeurs numériquement égales et opposées de signes, mais que le carré y'^2 n'aurait plus qu'une seule valeur. Dans ce cas, si les deux branches se raccordaient en un point m_0 (*fig.* 37) pris pour origine des arcs, il faudrait affecter du double signe le radical R, afin qu'à une même abscisse $Op = x$ pussent correspondre deux arcs m_0m, m_0m', l'un positif, l'autre négatif.

Si, au contraire, les deux branches qui se raccordent au point m_0 (*fig.* 38), n'étaient pas symétriques par rapport à une droite parallèle à l'axe des x, la quantité y'^2 renfermerait un radical pair ρ; il faudrait combiner dans l'intégrale le signe $+$ du radical R avec le signe du radical ρ propre à la branche $m_0 m$, et le signe $-$ du radical R avec le signe du radical ρ qui appartient à la branche $m_0 m'$: toutes les autres combinaisons entre les signes de ces radicaux devraient être rejetées comme étrangères. En sorte que, pour faire cadrer les expressions de l'algèbre avec la marche des courbes, il faudra suivant les cas, tantôt donner aux formules toute l'extension qu'elles comportent algébriquement, et d'autres fois en restreindre la généralité algébrique.

121. Considérons la courbe (*Pl.* I, *fig.* 8), dont il a été question au n° **52**, et qui a pour équation

$$\sqrt[3]{x^2} + \sqrt[3]{y^2} = \sqrt[3]{k^2}.$$

On en tire

$$y' = -\sqrt[3]{\frac{y}{x}} = \pm\sqrt{\left(\frac{k}{x}\right)^{\frac{2}{3}} - 1},$$

et par suite

$$1 + y'^2 = \sqrt[3]{\left(\frac{k}{x}\right)^2},$$

ce qui fait précisément tomber sur ce cas singulier dont il a été question au numéro précédent : cas dans lequel $1 + y'^2$ se trouve être un carré parfait. On tire de là

$$s = \int_{x_0}^{x} \sqrt[3]{\frac{k}{x}} \cdot dx = \tfrac{3}{2}\left[\sqrt[3]{k x^2} - \sqrt[3]{k x_0^2}\right]. \qquad [a]$$

Pour des valeurs de x numériquement plus grandes que k, l'expression algébrique de l'arc s conserve une valeur réelle, tandis que les fonctions y, y' deviennent imaginaires : la courbe ne s'étendant pas dans le sens des x positifs et dans celui des x négatifs au delà des points N et N'.

Il ne faudrait pas croire que les valeurs réelles de l'arc s, pour des valeurs de l'abscisse numériquement plus grandes que k, répondent aux lignes ponctuées $\nu N \nu'''$, $\nu' N' \nu''$, dont le système est embrassé par l'équation

$$\sqrt[3]{x^2} - \sqrt[3]{y'^2} = \sqrt{k^2};$$

car l'on tire de cette équation, en prenant pour l'origine des arcs le point N,

$$s = \tfrac{1}{2}\left[\sqrt{(2x^{\frac{2}{3}} - k^{\frac{2}{3}})^3} - k\right]. \qquad [a']$$

Pour la même origine l'équation $[a]$ devient

$$s = \tfrac{3}{2}(\sqrt[3]{k.x^2} - k);$$

et ces deux formules ne coïncident nullement. D'ailleurs l'une et l'autre tombent en défaut de la même manière. Ainsi la formule $[a']$ donne à s des valeurs réelles, tant que la valeur numérique de x ne tombe pas au-dessous de

$$\frac{k}{2\sqrt{2}};$$

tandis qu'il n'existe pas d'ordonnées réelles pour des valeurs de l'abscisse numériquement plus petites que k.

20

D'après la définition que nous avons donnée de la cycloïde (**63**), si l'on prend pour origine des arcs l'origine O des coordonnées (*fig.* 15), on trouve que l'arc s s'exprime en fonction de l'ordonnée y par la formule

$$s = 4r - 2\sqrt{2r}\,.\,\sqrt{2r-y},$$

où r désigne le rayon du cercle générateur. Cette expression tombe visiblement en défaut pour les valeurs négatives de y, puisque les valeurs correspondantes de s, tirées de la formule, sont réelles et négatives, tandis que la courbe ne s'étend pas du côté des y négatifs. Elle ne donne non plus la valeur de s que pour un seul arceau, et par conséquent n'a pas la généralité que comporte la description géométrique de la courbe. Il faut même, pour que la formule s'étende à un arceau entier, changer le signe du radical qui entre dans la valeur de s, à partir de la valeur $y = 2r$, qui correspond au point Q sommet de l'arceau, et pour laquelle on a

$$s = OQ = 4r.$$

Si le point Q était pris pour origine des arcs et en même temps pour origine des coordonnées y, comptées de Q en S, on aurait entre s et y la relation extrêmement simple

$$s = 2\sqrt{2ry};$$

et maintenant il faudrait prendre le radical avec le double signe, à cause de la symétrie de la courbe par

rapport à la droite QS. Mais la formule tombe encore
en défaut en ce sens qu'elle donne à s des valeurs
réelles pour les valeurs de y plus grandes que $2r$, auxquelles ne correspond plus aucun point de la courbe.

122. La quadrature des aires des surfaces courbes
exige en général, comme la cubature des volumes (**115**), une double intégration : mais la quadrature des surfaces de révolution, de même que la
cubature des solides de révolution (**117**), se ramène
immédiatement à l'intégration des fonctions différentielles d'une seule variable. Prenons, comme dans le
numéro cité, l'axe de révolution pour celui des x;
appelons y l'ordonnée de la courbe méridienne,
u l'aire de la zone interceptée entre deux plans perpendiculaires à l'axe de révolution, ayant respectivement pour abscisses, l'un la constante x_0, l'autre la
variable x. Si ces plans étaient à une distance infiniment petite l'un de l'autre, l'aire de la zone infinité-
simale se confondrait avec celle d'un tronc de cône à
bases circulaires et aurait pour expression

$$du = 2\pi y \sqrt{1 + y'^2} \,.\, dx,$$

d'où

$$u = 2\pi \int_{x_0}^{x} y \sqrt{1 + y'^2} \,.\, dx. \qquad [2]$$

Il est évident que la fonction sous le signe $\int$ peut
rester réelle, quoique les fonctions y, y' passent par
des valeurs imaginaires, ce qui fera tomber la formule

en défaut et amènera un désaccord entre la géométrie et l'algèbre, dans les problèmes dont la solution implique l'emploi de cette formule.

Afin de prendre un cas des plus simples, admettons que la courbe méridienne soit l'ellipse

$$\frac{x^2}{a^2}+\frac{y^2}{b^2}=1,$$

et prenons $x_0=0$: il viendra

$$u=2\pi\frac{b}{a}\cdot\int_0^x\sqrt{a^2-\frac{a^2-b^2}{a^2}x^2}\cdot dx.$$

Dans le cas où l'ellipsoïde de révolution se change en une sphère de rayon r, on a simplement

$$u=2\pi r\int_0^x dx=2\pi r x,$$

expression qui reste réelle, quel que soit x, quoiqu'il y ait absurdité à supposer $x>r$. Ce n'est pas non plus un de ces résultats pour l'interprétation desquels on puisse recourir à l'analogie du cercle et de l'hyperbole équilatère (**119**) : la quadrature de la surface engendrée par la révolution d'une hyperbole équilatère autour de son axe dépend d'une intégrale de forme essentiellement différente.

Supposons $a>b$, ce qui correspond au cas de l'ellipsoïde allongé ; représentons par c l'excentricité de l'ellipse génératrice ; et désignons en outre par la notation arc sin u l'arc dont le sinus est égal à u : il viendra

$$u=\pi b\left(x\sqrt{1-\frac{c^2x^2}{a^2}}+\frac{a}{c}\cdot\mathrm{arc\,sin}\frac{cx}{a}\right).$$

On pourrait attribuer à x des valeurs plus grandes que a et plus petites que $\frac{a}{c}$, sans que l'expression de u cessât d'être réelle, mais alors cette expression perdrait sa signification géométrique. Comme il y a une infinité d'arcs qui correspondent à un même sinus, la grandeur u semblerait comporter une infinité de valeurs distinctes, pour une même valeur de x; mais il n'y en a qu'une seule qui convienne à la question géométrique : au contraire de ce qui arrive dans la discussion du problème de l'inscription des polygones réguliers, où il faut tenir compte de toutes les valeurs des arcs.

Supposons en second lieu $a < b$, ce qui correspond au cas de l'ellipsoïde aplati, et désignons toujours par c l'excentricité de l'ellipse génératrice : nous aurons

$$u = \pi b \left[x \sqrt{1 + \frac{b^2 c^2 x^2}{a^4}} + \frac{a^2}{b^2} \log \left(\frac{bcx}{a^2} + \sqrt{1 + \frac{b^2 c^2 x^2}{a^4}} \right) \right],$$

expression qui reste réelle pour des valeurs quelconques de x.

123. On sait que les centres de gravité des lignes, des aires et des volumes peuvent se définir par la pure géométrie, sans mélange d'idées empruntées à la connaissance expérimentale du monde matériel, et se déterminer par des formules de calcul intégral, analogues à celles qui résolvent les problèmes de quadrature, de cubature et de rectification : c'est dans la théorie des centres de gravité envisagée de ce point de vue, que nous prendrons nos derniers exemples de lieux géométriques, à l'effet d'en comparer l'étendue avec celle des équations qui les expriment.

Sur le cercle (*Pl.* III, *fig.* 39) qui a pour centre le point O et pour rayon la ligne Om_0 égale à l'unité de longueur, prenons à partir du point m_0 un arc $m_0 m = 2\omega$, et tirons-en la corde : le centre de gravité de l'arc $m_0 m$ se trouve sur la droite Oμ bissectrice de l'arc, à une distance r_1 de O, donnée par la formule

$$r_1 = \frac{\sin \omega}{\omega}; \qquad [b_1]$$

le centre de gravité du segment correspondant se trouve sur la même bissectrice, à une distance de O exprimée par

$$r_2 = \frac{4}{3} \cdot \frac{\sin^3 \omega}{2\omega - \sin 2\omega}. \qquad [b_2]$$

En outre, si l'on imagine une sphère dont le centre tombe en O, et dont la section par le plan de la figure soit le cercle déjà décrit, la corde $m_0 m$ pourra être regardée comme l'intersection du plan de la figure avec un plan perpendiculaire qui retranche de la surface de la sphère une calotte sphérique, et de son volume un segment sphérique. Les centres de gravité de la calotte et du segment se trouveront encore dans le plan de la figure, sur la bissectrice Oμ. Le centre de gravité de la calotte sphérique tombe sur le milieu de la flèche de l'arc $m_0 m$: sa distance au point O a conséquemment pour expression

$$r_3 = \tfrac{1}{2}(1 + \cos\omega);\qquad\qquad [b_3]$$

quant au centre de gravité du segment sphérique, sa distance au point O est

$$r_4 = \tfrac{3}{4} \cdot \frac{1 + 2\cos\omega + \cos^2\omega}{2 + \cos\omega}.\qquad\qquad [b_4]$$

Si donc l'on fait varier l'arc $m_0 m$ de 0 à 2π, ou l'arc ω de 0 à π, les équations $[b_1]$, $[b_2]$, etc. seront les équations en coordonnées polaires de lignes telles que $m_0 \mu O$, qu'il faudra considérer comme les lieux des centres de gravité μ qui correspondent à chaque valeur particulière de l'arc ω. Les deux premières appartiennent à des courbes transcendantes, formées d'un nombre infini de spires (*fig.* 40), qui viennent passer par le pôle à chaque révolution du rayon vecteur; les deux dernières équations appartiennent à des courbes algébriques (*fig.* 41). Pour les unes et les autres il n'y a que la portion tracée en plein qui réponde à la définition géométrique. A la vérité l'on peut admettre qu'après que le point mobile partant de m_0 a décrit le tour entier du cercle, il continue de décrire une seconde, une troisième circonférence, et ainsi de suite : en sorte que, lorsqu'il décrirait par exemple la seconde circonférence et qu'il se trouverait ramené en m (*fig.* 39), il y aurait un point μ', où tomberait le centre de gravité du système composé d'une circonférence entière et de l'arc $m_0 m$, ou bien le centre de gravité du système composé du cercle entier et du segment dont la corde est $m_0 m$; et effectivement les spires ponctuées de la *fig*. 40 (où nous avons indiqué la construction de la courbe pour toutes les valeurs de l'arc ω, tant négatives que positives) correspondraient à une telle extension de la définition géométrique. Mais cette extension de la définition primitive est tout aussi permise à l'égard de la calotte et du segment sphériques qu'à l'égard du segment circulaire; et pourtant les courbes algébriques, dont la *fig*. 41 offre le type, n'ont plus les spires en nombre infini que requerrait une telle extension, quoiqu'elles aient toujours une partie étrangère à l'énoncé primitif, indiquée en ligne ponctuée, et correspondant à des valeurs négatives de l'arc ω, comprises entre 0 et $-\pi$, ou bien à des valeurs positives comprises entre π et 2π. En conséquence, soit qu'on restreigne ou qu'on étende la définition du lieu, comme il n'y a pas de raison géométrique pour l'étendre dans deux cas et la restreindre dans les deux autres, le désaccord consiste en ce qu'on a toujours deux équations sur quatre, qui ne cadrent pas avec la définition ainsi restreinte ou étendue.

124. Étant donné le cercle de rayon r, dont le centre est en C (*fig*. 42) sur l'axe des abscisses OX, menons par l'origine la sécante Omn qui fait avec cet axe l'angle ω; désignons par ξ, η les coordonnées en x et y du centre de gravité μ de l'arc $mtn = 2r\varphi$; par

a la distance OC supposée plus grande que r ; par r_1 la distance Cμ : nous aurons :

$$\left.\begin{aligned}
\xi &= a - r_1\sin\omega = a - \frac{rr_1}{a}\cdot\cos\varphi \\
&= a - \frac{r^2\sin\varphi\cos\varphi}{a\varphi}, \\
\eta &= \quad r_1\cos\omega = r_1\sqrt{1 - \frac{r^2}{a^2}\cdot\cos^2\varphi} \\
&= \frac{r\sin\varphi}{\varphi}\cdot\sqrt{1 - \frac{r^2}{a^2}\cdot\cos^2\varphi}.
\end{aligned}\right\} \quad [c]$$

Concevons que la droite Omn, en partant de la position Ot où elle touche le cercle, tourne jusqu'à ce qu'elle vienne toucher la circonférence dans la position symétrique Ot' : l'arc φ variera de 0 à π, et le point μ occupera une suite de positions dont le lieu est une ligne $t\mu$C terminée aux points t, C. Mais la ligne déterminée par le système des équations $[c]$ a plus d'extension. A la vérité elle ne sort pas de l'intérieur du cercle, tant que les variables φ, $\cos\varphi$, $\sin\varphi$ conservent leur sens géométrique : bien qu'on puisse admettre, par d'autres considérations, qu'elle se raccorde avec une autre courbe transcendante, située hors du cercle, ainsi que nous l'expliquerons dans le chapitre suivant. En effet, l'on tire des équations $[c]$

$$(a - \xi)^2 + \eta^2 = \frac{\sin^2\varphi}{\varphi^2}\cdot r^2,$$

et le coefficient de r^2, dans le second membre de cette dernière équation, est toujours < 1, excepté pour $\varphi = 0$, ce qui donne le point t situé sur la circonférence du cercle. D'ailleurs, les équations [c] ne changeant pas par le changement de φ en $-\varphi$, il est inutile de donner à φ des valeurs négatives. Mais on peut faire croître indéfiniment les valeurs positives de φ, au delà de π, ce qui donnera une courbe (*fig.* 43), laquelle décrit autour du centre du cercle une suite infinie de nœuds simulant la forme du chiffre 8, et qui vont en s'étreignant de plus en plus. Si l'on construisait les valeurs négatives du radical, dans l'équation en n, on aurait une courbe symétrique par rapport à l'axe des x.

Imaginons à présent que Omn (*fig.* 42) soit la trace d'un plan perpendiculaire à celui des xy, et que μ soit le centre de gravité de la calotte sphérique dont le centre est en C, qui a pour rayon r et pour base le petit cercle dont mn est le diamètre. Pendant que la trace du plan sécant Omn va de Ot en Ot', le point μ décrit une courbe $t\mu$C (*fig.* 44) dont l'équation en ξ, n résulte de l'élimination de la variable φ entre les équations

$$\left.\begin{array}{l} \xi = a - \tfrac{1}{2} \cdot \dfrac{r^2}{a}(1 + \cos\varphi)\cos\varphi, \\[2mm] n = \tfrac{1}{2} r (1 + \cos\varphi)\sqrt{1 - \dfrac{r^2}{a^2}\cos^2\varphi}. \end{array}\right\} \quad [d]$$

Cette équation résultante est algébrique, à cause que la variable φ n'entre dans les équations précédentes que par son cosinus. La courbe qui est le lieu de l'équation résultante ne peut donc, ni s'arrêter brusquement au point t [**70**], ni former, comme la précédente, une infinité de nœuds autour du point C. D'ailleurs, à cause de la périodicité de la fonction $\cos\varphi$, il ne servirait de rien de faire varier φ au delà des limites 0 et π; mais il faut remarquer qu'après qu'on aura éliminé $\cos\varphi$ entre les équations $[d]$, il ne restera plus de trace de la signification géométrique de cette fonction dans l'équation résultante en ξ, η; que, par conséquent, si l'on attribue à $\cos\varphi$ des valeurs tombant hors des limites -1 et $+1$, et qui néanmoins donnent à ξ, η des valeurs réelles, les points correspondants appartiendront au lieu algébrique, tout aussi bien que ceux qui correspondent à des valeurs de $\cos\varphi$ comprises entre -1 et $+1$. Seulement ces points de la courbe seront complétement étrangers à la définition géométrique de la courbe $t\mu$C; et il n'y aura pas d'extension, pourvuè d'un sens géométrique, qui puisse les y rattacher.

On tire des équations $[d]$

$$(a - \xi)^2 + \eta^2 = \left(\frac{1 + \cos\varphi}{2}\right)^2 \cdot r^2,$$

et le coefficient de r^2, dans cette dernière équation, reste plus petit que l'unité, mais seulement pour les valeurs de $\cos\varphi$ comprises entre -1 et $+1$. Or, lorsqu'on dépouille la variable auxiliaire $\cos\varphi$ de sa signification géométrique, la seconde équation $[d]$ assujettit seulement cette variable auxiliaire à rester numériquement plus petite que $\frac{a}{r}$; et nous supposons, d'après la figure, cette dernière fraction plus grande que l'unité. Pour

$$\cos\varphi = \pm\frac{a}{r},$$

on a

$$\xi = \tfrac{1}{2}(a \mp r), \quad \eta = 0;$$

ce qui donne au lieu résultant de l'élimination de $\cos\varphi$ entre les équations $[d]$, l'allure indiquée sur la *fig.* 44. On a tracé en ligne ponctuée toute la partie étrangère à la définition géométrique.

On peut remarquer l'analogie de cette définition avec celle du lieu géométrique considéré au n° **88**, puisque rien n'empêche de modifier celle-ci, en regardant le point μ de la *fig.* 23 (*Pl.* II) comme le centre de gravité des points m et n où la sécante Omn rencontre le cercle. Inversement, on pourrait rendre indépendante de la considération des centres de gravité et de toute construction à trois dimensions la définition géométrique du lieu qui vient de nous occuper, en définissant le point μ (*fig.* 42) par la propriété d'être le milieu de la flèche de l'arc dont mn est la corde. Par tous ces rapprochements, on voit de mieux en mieux ce qu'il y a d'accidentel dans les circonstances d'après lesquelles les définitions géométriques comportent ou ne comportent pas des modifications qui puissent les faire cadrer, quant à l'étendue, avec les équations par lesquelles les lieux se trouvent algébriquement exprimés.

CHAPITRE XV.

DES DIVERS ORDRES DE SOLUTIONS DE CONTINUITÉ. — DE L'ORIGINE ET DES SOLUTIONS DE CONTINUITÉ DES FONCTIONS TRANSCENDANTES.

125. Nous avons indiqué au chapitre VII, autant que le permettait la rapidité de notre marche, comment, de l'idée de fonction prise dans toute sa généralité, naît une théorie qui a pour objet des propriétés communes à toutes les fonctions, pourvu qu'elles soient continues, et qui ne suppose point que ces fonctions comportent une définition mathématique quelconque. C'est ici le lieu de distinguer des solutions de continuité de divers ordres : car il y a des théorèmes qui tombent ou qui ne tombent pas en défaut pour certaines valeurs singulières, selon l'ordre des solutions de continuité que les fonctions éprouvent pour ces valeurs singulières.

Si la courbe dont la fonction $f(x)$ est l'ordonnée, se trouve, pour une certaine valeur de x, interrompue dans son cours, soit que la fonction n'ait plus de valeur possible pour des abscisses plus grandes que Op (*fig.* 45), soit que l'ordonnée passe brusquement de la valeur pm à la valeur pm' (auquel cas

le point m est qualifié de *point d'arrêt* ou *de rupture*), nous dirons que la fonction $f(x)$ éprouve, pour
$x = \mathrm{O}p$, une solution de continuité *du premier ordre*.
Il en sera de même, si l'ordonnée de la courbe passe
par une valeur infinie, comme cela arrive, pour $x=0$,
à l'hyperbole équilatère (*fig.* 7) dont l'équation est

$$xy = \frac{k^2}{2}.$$

Dans l'un ou l'autre cas, en effet, on ne peut plus, en
prenant des valeurs de x, l'une un peu plus grande,
l'autre un peu plus petite que celle à laquelle correspond la solution de continuité, et en resserrant de
plus en plus l'intervalle, faire tomber la différence
des valeurs correspondantes de la fonction au-dessous
de toute grandeur donnée. Quand une pareille solution de continuité affecte la fonction $f(x)$, elle affecte
aussi, en général, pour la même valeur de x, la
dérivée $f'(x)$ et toutes les dérivées des ordres supérieurs (**112**).

Maintenant, si cette solution de continuité affecte,
non plus la fonction $f(x)$, mais la dérivée $f'(x)$, et
par suite les dérivées des ordres supérieurs, nous dirons que la fonction $f(x)$ éprouve une solution de
continuité *du second ordre*. En ce cas la tangente de
la courbe MN (*fig.* 46) passant brusquement au
point m, de la direction mt à la direction mt', la
courbe a au point m ce que dans les arts graphiques
on appelle un *jarret*, ce qu'on a proposé aussi d'ap-

peler un *point saillant*. Lorsque la solution de continuité du premier ordre affecte la fonction $f''(x)$, et
par suite les dérivées supérieures, de manière que
$f'(x)$ n'éprouve qu'une solution de continuité du second ordre, on dira que $f(x)$ éprouve une solution
de continuité *du troisième ordre*, et ainsi de suite.

126. On a déjà remarqué (**70**) qu'une courbe algébrique ne s'interrompt jamais brusquement dans
son cours; d'où il résulte qu'une fonction algébrique
ne peut éprouver de solutions de continuité du premier ordre, autrement qu'en acquérant une valeur
infinie pour certaines valeurs de la variable dont elle
dépend. Or, la dérivée d'une fonction algébrique est
toujours une autre fonction algébrique. Si l'on désigne
par y' la fonction dérivée de y, et qu'on élimine y
entre l'équation algébrique

$$F(x, y) = 0 ,$$

délivrée de radicaux et de dénominateurs, et sa dérivée immédiate

$$\frac{dF}{dx} + \frac{dF}{dy} y' = 0 ,$$

on obtiendra pour résultante une équation algébrique
en x, y', délivrée aussi de radicaux et de dénominateurs. On obtiendrait sous la même forme l'équation
entre x et y'', y'' désignant la seconde dérivée de y;
et ainsi de suite. On conclut de là qu'une courbe algébrique ne peut pas plus avoir de points saillants que

de points d'arrêt ou de rupture; et en général que les solutions de continuité d'ordre quelconque, subies par une fonction algébrique, résultent toujours du passage de l'une de ses fonctions dérivées et des dérivées subséquentes par des valeurs infinies, et jamais de ce que les fonctions dérivées, à partir d'un certain ordre, passent brusquement d'une valeur finie à une autre, ou s'interrompent brusquement dans leur cours. C'est là ce qu'il faut entendre par la continuité de l'algèbre et des expressions algébriques.

Inversement, si l'on a une courbe dont l'ordonnée y soit représentée dans une portion de son cours, jusqu'au point correspondant à l'abscisse x_0, par la fonction algébrique $f(x)$, et à partir de ce point par une autre fonction algébrique $F(x)$ (soit que les deux fonctions diffèrent absolument dans leur composition, soit qu'elles ne diffèrent que par les signes adhérents aux mêmes radicaux), la courbe doit éprouver une solution de continuité au point où les deux fonctions se raccordent. En d'autres termes, la suite d'égalités

$$F(x_0)=f(x_0), \quad F'(x_0)=f'(x_0), \quad F''(x_0)=f''(x_0),\ldots$$

ne peut pas se prolonger jusqu'à l'infini, à moins que les dérivées des deux fonctions, à partir d'un certain ordre, ne deviennent simultanément infinies : en sorte qu'il y aura une certaine dérivée de y, telle que $y^{(i)}$, qui éprouvera une solution de continuité du premier ordre, pour $x = x_0$, soit en devenant infinie, soit en passant brusquement de la valeur finie $f^{(i)}(x_0)$, à la valeur pareillement finie $F^{(i)}(x_0)$; et d'une manière ou d'une autre, la courbe dont y est l'ordonnée, subira une solution de continuité du $(i+1)^{\text{ième}}$ ordre *.

127. Rien ne s'oppose à ce que des fonctions transcendantes soient interrompues dans leur cours, ou passent brusquement d'une valeur finie à une autre. Considérons, par exemple, la développante de la courbe MPN (*fig.* 47), géométriquement définie par la condition que la *sous-tangente pt* soit constante et égale à OP pour chaque point de la courbe. Cette courbe a l'axe des abscisses pour asymptote, dans le sens des abscisses négatives. Soit m le point de la courbe MPN où vient s'appliquer le point de la tangente mobile $t't$, par lequel est décrite la développante $vm\mu$: pendant que la tangente mobile se déplace en roulant sur la courbe dans le sens mM, elle tend indéfiniment vers la position X'X, sans jamais l'atteindre. Donc il y a un point μ, situé sur OX, dont le point décrivant s'approche d'un mouvement de plus en plus ralenti, sans jamais l'atteindre, et où s'arrête par conséquent le tracé de la courbe $m\mu$.

---

* Ceci revient encore à dire que la fonction algébrique $F(x)-f(x)$ ne peut s'évanouir, ainsi que toutes ses dérivées successives jusqu'à l'infini, pour une certaine valeur de x, à moins d'être identiquement nulle. Voir notre *Traité élémentaire de la Théorie des fonctions et du calcul infinitésimal*, T. I, n° 134.

Dans ce cas, comme dans celui de la spirale hyperbolique (**102**), et en général toutes les fois qu'il s'agit de courbes définies au moyen d'un mouvement continu, le point décrivant n'atteint jamais le point d'arrêt, pour lequel en conséquence M. Lacroix a proposé la dénomination très-convenable de point *asymptote*.

L'équation transcendante

$$y = \text{arc tang} \frac{1}{x},$$

dont le sens géométrique est expliqué par ce qui a été dit au n° **122**, appartient à une courbe qui éprouve aussi une interruption dans son cours : car, selon que x converge vers zéro en passant par des valeurs positives ou négatives, il vient à la limite

$$y = \tfrac{1}{2}\pi, \quad \text{ou bien} \quad y = -\tfrac{1}{2}\pi.$$

Par la même raison, l'origine est un point saillant de la courbe transcendante définie par l'équation

$$y = x \, \text{arc tang} \frac{1}{x};$$

car, en appliquant les règles de la différentiation, on en tire

$$y' = \text{arc tang} \frac{1}{x} - \frac{x}{1+x^2}:$$

ce qui donne encore, pour $x = 0$,

$$y' = \tfrac{1}{2}\pi, \quad y' = -\tfrac{1}{2}\pi,$$

suivant que x converge vers zéro en passant par des valeurs positives ou par des valeurs négatives.

128. Le principe de la correspondance entre la géométrie et l'algèbre, dans la géométrie analytique proprement dite, c'est qu'il faut délivrer de radicaux l'équation entre les coordonnées rectangulaires de la courbe, ou conserver les doubles signes adhérents à chaque radical pair : sans quoi l'on introduirait des solutions de continuité qui ne tiendraient qu'au choix arbitraire des axes, et que ne peut point admettre une définition géométrique, indépendante de l'artifice des coordonnées et du choix des axes (**70**). Mais ce principe n'est plus applicable en général aux courbes transcendantes. Par exemple la cycloïde (*Pl.* I, *fig.* 15) définie au n° **63** nous donnera, si l'on appelle r le rayon du cercle générateur, ω l'angle variable mct, x l'abscisse $Op = Ot - tp$, et y l'ordonnée $pm = ct - ci$:

$$x = r(\omega - \sin \omega), \quad y = r(1 - \cos \omega),$$

d'où $\quad \cos \omega = \dfrac{r - y}{r}, \quad \sin \omega = \pm \sqrt{\dfrac{2ry - y^2}{r^2}} \, ;$

le radical devant être pris positivement ou négativement, suivant que la valeur de l'arc ω donne à $\sin \omega$ une valeur positive ou négative (**76**). L'équation entre x et y est donc

$$x = r \operatorname{arc\,cos} \left(\frac{r - y}{r} \right) \pm \sqrt{2ry - y^2} \, ; \qquad [a]$$

mais, à chaque valeur de x ne correspond que l'une des valeurs en nombre infini, dont est susceptible l'expression

$$r \operatorname{arc\,cos} \left(\frac{r - y}{r} \right) ;$$

et, en outre, les deux signes du radical ne doivent pas être employés simultanément. Il faut prendre le signe supérieur quand le point (x, y) appartient à l'arc OQ, et le signe inférieur quand le point appartient à l'arc QR, en opérant la permutation de signes de la même manière, chaque fois que l'on passe par le sommet ou par le pied d'un arceau. De là l'explication de quelques-unes des singularités qui se sont déjà présentées (**121**), quand on a appliqué à la cycloïde la formule pour la rectification des courbes planes. Si l'on employait simultanément les deux signes du radical dans l'équation [a], cette équation représenterait le système de deux cycloïdes inversement disposées (*fig.* 16), que leur génération géométrique ne lie point l'une à l'autre à la manière des deux branches d'une hyperbole, pour lesquelles l'association algébrique résultant de l'ambiguïté des signes radicaux concourt avec l'association géométrique résultant de ce que les deux branches sont simultanément données par l'intersection d'un plan et d'une surface conique à directrice circulaire.

129. Les courbes transcendantes dont il vient d'être question se trouvent définies par des conditions géométriques, en sorte que les fonctions transcendantes représentées par les ordonnées de ces courbes doivent être censées tirer leur origine de la géométrie. Il faut maintenant considérer les définitions transcendantes qui se rattachent à la théorie abstraite des grandeurs numériques, sans mélange nécessaire de conceptions géométriques. Nous rapporterons ces définitions à trois chefs principaux : l'intercalation, le développement en séries d'un nombre infini de termes et l'intégration.

Les logarithmes nous fournissent l'exemple le plus élémentaire des définitions de fonctions transcendantes par intercalation. Si l'on établit une correspondance de rangs entre les termes des deux progressions, l'une par différences, l'autre par quotients,

$$0,\ 1,\ 2,\ 3,\ 4,\ldots x,\ldots \atop 1,\ a,\ a^2,\ a^3,\ a^4,\ldots a^x,\ldots \Bigg\} \qquad [\mathrm{B}]$$

de manière que le terme x de la première soit l'exposant ou l'indice de la puissance à laquelle le nombre constant a se trouve élevé dans le terme correspondant de la seconde, chaque terme x est dit le *logarithme* de son correspondant a^x. En vertu de la correspondance établie, la grandeur

$$y = a^x \qquad [b]$$

est une fonction de la variable x, fonction que l'on nomme *exponentielle* (**104**); inversement x peut être considéré comme une fonction de y, et cette fonction inverse

$$x = \log y$$

est la fonction *logarithmique*.

Rien n'empêche d'intercaler un nombre quelconque n de moyens différentiels entre deux termes quelconques de la progression par différences, et le même nombre n de moyens proportionnels entre deux termes correspondants de la progression par quotients : les mêmes relations continueront de subsister entre chaque nouveau terme de la première progression et le terme correspondant de la seconde. L'exposant x deviendra une fraction $\frac{p}{q}$, et l'équation [b] exprimera que, pour obtenir le nombre y, il faut élever le nombre a à la puissance p, et extraire du nombre ainsi obtenu la racine dont l'indice est q. L'idée de cette intercalation que l'on peut pousser jusqu'à ce que la différence entre deux termes consécutifs de l'une et de l'autre progression tombe au-dessous de toute grandeur donnée, est l'idée en vertu de laquelle les deux grandeurs x et y, quelle que soit celle que l'on considère comme variable indépendante ou comme fonction, peuvent être censées assujetties dans leurs variations à la loi de continuité. C'est ainsi que des nombres, tels que l'exposant x dans l'équation [b], employés primitivement dans la langue de l'algèbre, non comme mesures de grandeurs, mais comme numéros d'ordre ou comme indices d'opérations, peuvent être assimilés à des grandeurs et même à des grandeurs continues. L'idée d'une telle assimilation équivaut toujours à celle d'intercaler entre les termes d'une série dont la loi est donnée, des termes en nombre infini soumis à la même loi.

Il y a une infinité de systèmes de logarithmes, parce qu'on peut attribuer une infinité de valeurs au nombre a qui figure dans l'équation [b], et qu'on nomme la *base* du système de logarithmes. Les tables de logarithmes, calculées dans un but d'utilité pratique, ont pour base le nombre 10, base de notre numération décimale; mais, dans les mathématiques spéculatives, le signe de la fonction logarithmique désigne toujours, comme au n° **122**, et pour une cause qui sera indiquée plus loin, des logarithmes calculés dans un système dont la base n'est ni le nombre 10, ni même un nombre entier ou fractionnaire, mais une grandeur dont on ne peut donner qu'une évaluation numérique approchée, et à laquelle, par conséquent, il est à propos de conserver une expression littérale. On a affecté à cet usage la lettre e. Les logarithmes dont la base est e s'appelaient autrefois logarithmes *naturels*, et cette dénomination était bonne en ce qu'elle indiquait une base dont le choix tient à la nature de la fonction et non point à la commodité de certaines applications artificielles. Mais maintenant l'usage a prévalu de désigner ces logarithmes par l'épithète de *népériens*, du nom de Neper qui a découvert les logarithmes.

130. Pour donner encore des exemples de solutions de continuité, pris dans les courbes transcendantes dont la définition se tire de celle de la fonction logarithmique ou de son inverse la fonction exponentielle, considérons la courbe qui aurait pour équation

$$y + 1 = e^{-\frac{1}{x}}.$$

Cette courbe est formée de deux branches BL, MN (*fig.* 48), dont la première a pour asymptote, dans le sens des abscisses positives, l'axe même des x, et s'arrête au point B déterminé par le système de coordonnées

$$x = 0, \quad y = -1;$$

tandis que la seconde branche a pour asymptotes l'axe des y dans le sens des y positifs, et l'axe des x dans le sens des x négatifs. En effet, tant que x est positif, la fonction

$$e^{-\frac{1}{x}} = \frac{1}{e^{\frac{1}{x}}}$$

va en décroissant indéfiniment pour des valeurs de x de plus en plus petites, et finalement s'évanouit avec x, tandis qu'elle tend à devenir égale à l'unité pour des valeurs de x de plus en plus grandes. Au contraire, lorsque x passe par des valeurs négatives, la même fonction croît au delà de toutes limites pour des valeurs numériques de x de plus en plus petites, au lieu qu'elle tend encore à devenir égale à l'unité pour des valeurs numériques de x de plus en plus grandes.

La courbe

$$y = \frac{x}{1 + e^{\frac{1}{x}}}$$

n'est pas dans le cas de la précédente, car la fonction y s'évanouit pour $x = 0$, soit qu'on fasse traverser à x une série de valeurs positives ou une série de valeurs négatives. En passant aux fonctions dérivées, on a

$$y' = \frac{1}{1 + e^{\frac{1}{x}}} + \frac{1}{xe^{-\frac{1}{x}} \cdot \left(1 + e^{\frac{1}{x}}\right)^2}.$$

Si maintenant on pose $x = 0$, on trouve $y' = 0$ ou $y' = 1$, suivant qu'on fait passer x par des valeurs positives ou par des valeurs négatives pour arriver à la limite zéro. L'origine des coordonnées est donc un point saillant de la courbe : la branche dont les abscisses sont positives venant toucher l'axe des x en ce point, tandis que la tangente à l'autre branche au même point est inclinée de $45°$ sur cet axe.

131. On appelle *séries convergentes* celles qui satisfont à la condition que la somme de leurs termes converge de plus en plus vers une certaine valeur limite, à mesure que l'on prend un plus grand nombre de termes : cette limite se nomme aussi la *somme* de la série. Pour qu'une série d'un nombre infini de termes dont la loi est donnée, et dans la composition desquels entre la variable x, soit censée déterminer une fonction de x, il faut évidemment que cette série converge vers une valeur limite, ou qu'elle ait une somme pour chaque valeur de x que l'on considère : soit que cette somme puisse s'exprimer en fonction de x *sous forme finie,* c'est-à-dire au moyen d'un nombre fini de termes, à l'aide des signes algébriques ou des signes de fonctions transcendantes déjà définies indépendamment des séries, telles que les sinus et les logarithmes ; soit qu'on ne puisse en calculer numériquement la valeur, pour chaque valeur numérique de x, que d'une manière approchée à l'aide de la série même ; auquel cas la fonction exprimée par la série constitue une fonction transcendante d'une espèce nouvelle.

Une série peut n'être pas convergente dès ses premiers termes : il suffit qu'elle finisse par converger (quelque éloigné que soit dans la série le terme où la convergence commence) pour qu'on doive la considérer comme représentant une fonction déterminée qui en est la somme.

A proprement parler, on ne devrait appeler *divergentes* que les séries pour lesquelles les sommes qu'on obtient en prenant un nombre de termes de plus en plus grand, vont en divergeant, en ce sens que la différence d'une somme à la suivante, au lieu de tendre de plus en plus vers zéro, prend une valeur numérique de plus en plus grande. Telle est la série

$$1 + x + x^2 + x^3 + \text{etc.},$$

pour les valeurs de x numériquement plus grandes que l'unité. Mais on a trouvé plus commode d'appeler divergente toute série qui n'est pas convergente et qui n'a pas de somme. Ainsi l'on dira encore que la série ci-dessus est divergente quand on assigne à x la valeur —1, auquel cas les sommes consécutives prennent alternativement les valeurs 1 et 0.

Une série dont tous les termes ont le même signe reste convergente ou divergente, dans quelque ordre que ces termes se succèdent; et si elle est convergente, la valeur limite vers laquelle la somme de ces termes converge reste aussi toujours la même. Au contraire, une série dont les termes se détruisent en partie par l'opposition de leurs signes, peut être convergente ou divergente selon l'ordre de succession des termes; et quand elle reste convergente malgré le changement d'ordre, la somme peut varier avec l'ordre des termes. Nous avons vu (**28**) que l'idée fondamentale de l'algèbre, ce qui établit le passage de l'arithmétique à l'algèbre proprement dite, c'est de faire abstraction de tout ce qui empêcherait de regarder comme parfaitement symétriques les opérations indiquées par les signes $+$ et $-$, et les combinaisons de ces signes dans le calcul : en sorte que l'ordre de succession des termes d'un polynome soit réputé parfaitement indifférent, nonobstant le mélange des termes positifs et des termes négatifs. A cet égard déjà, les fonctions transcendantes, définies par les sommes de séries convergentes d'un nombre infini de termes, diffèrent donc essentiellement des fonctions algébriques.

De même que, dans le cours d'un calcul algébrique, on opère souvent sur des quantités imaginaires, pour arriver plus brièvement à des relations entre des quantités réelles, après que les signes d'imaginarité se sont détruits les uns les autres (**30**), de même les analystes n'ont fait, pendant longtemps, aucune difficulté d'opérer sur des séries divergentes, de manière à arriver finalement à des séries convergentes ou à des relations entre des quantités exprimées sous forme finie : mais par la suite trop d'exemples ont montré qu'on n'était pas autorisé à regarder comme rigoureux ce mode de procéder, fondé seulement sur l'analogie et sur un sentiment vague de la généralité de l'algèbre, lequel peut induire en erreur ici, précisément à cause de la distinction déjà indiquée entre l'algèbre proprement dite et cette branche de l'arithmétique transcendante qui a pour objet les séries formées d'un nombre infini de termes (**109**, *note*).

132. Une autre conséquence de cette distinction, ou un autre fait qui concourt à l'établir, c'est l'existence de solutions de continuité dans les fonctions définies au moyen de séries convergentes d'un nombre infini de termes. Pour en avoir un exemple, prenons l'équation du second degré en y

$$y^2 - (a + x)y + x = 0,$$

en vertu de laquelle y est une fonction algébrique de x, que nous mettrons sous la forme explicite

$$y = \left(\frac{a+x}{2}\right)\left(1 - \sqrt{1 - \frac{4x}{(a+x)^2}}\right), \qquad [c]$$

en ne retenant que celle des deux racines pour laquelle le radical est affecté du signe $-$, ou la plus petite des deux racines positives lorsque a et x désignent des nombres positifs. La formule de Newton [27], étendue aux exposants fractionnaires, conduit à des séries d'un nombre infini de termes, et l'on a dans le cas présent

$$\left(1 - \frac{4x}{(a+x)^2}\right)^{\frac{1}{2}} = 1 - \frac{1}{2}\cdot\frac{4x}{(a+x)^2} - \frac{1.1}{2.4}\cdot\frac{(4x)^2}{(a+x)^4}$$
$$- \frac{1.1.3}{2.4.6}\cdot\frac{(4x)^3}{(a+x)^6} - \frac{1.1.3.5}{2.4.6.8}\cdot\frac{(4x)^4}{(a+x)^8} - \text{etc.};$$

d'où

$$y = \frac{x}{a+x} + \frac{x^2}{(a+x)^3} + \frac{2x^3}{(a+x)^5} + \frac{5x^4}{(a+x)^7} + \text{etc.}$$

On peut prendre $a = 1$, et alors le développement en série donne

$$y = \frac{x}{1+x} + \frac{x^2}{(1+x)^3} + \frac{2x^3}{(1+x)^5} + \frac{5x^4}{(1+x)^7} + \text{etc.}; \quad [d]$$

tandis que, la quantité sous le signe radical dans l'équation $[c]$ devenant un carré parfait

$$\left(\frac{1-x}{1+x}\right)^2,$$

la fonction y, définie par cette équation ou par la série $[d]$, a pour valeur

$$\left(\frac{1+x}{2}\right)\left(1 - \frac{1-x}{1+x}\right) = x,$$

ou bien

$$\left(\frac{1+x}{2}\right)\left(1-\frac{x-1}{1+x}\right)=1,$$

suivant que la valeur numérique de x tombe au-dessous ou au-dessus de l'unité. La série reste convergente pour toutes les valeurs positives de x; car, lorsqu'on avance de plus en plus dans la série, le rapport d'un terme à celui qui le précède converge vers la limite

$$\frac{4x}{(1+x)^2},$$

toujours numériquement inférieure à l'unité, quand x reste positif, et l'on sait que cette condition assure la convergence de la série. En vertu du même principe, la série est divergente pour les valeurs négatives de x qui tombent, abstraction faite du signe, entre les limites

$$3-2\sqrt{2} \quad \text{et} \quad 3+2\sqrt{2},$$

et convergente pour celles qui tombent en dehors de ces limites.

En conséquence, le lieu de l'équation $[d]$ se compose de trois portions de lignes droites (*fig.* 49) : l'une PM inclinée de 45° sur l'axe OX, terminée aux points M, P qui ont respectivement pour abscisses $+1$ et $-(3-\sqrt{2})$; les deux autres MN, QR parallèles à l'axe des abscisses, menées à une distance de cet axe égale à l'unité, et indéfiniment prolongées, la première dans le sens des abscisses positives, la seconde dans le sens des abscisses négatives : le cours de celle-ci commençant au point Q qui a pour abscisse $-(3+\sqrt{2})$. Les points P et Q sont des points de rupture et répondent à une solution de continuité du premier ordre; M est un point saillant qui répond à une solution de continuité du second ordre.

Il est aisé de voir que le développement en série dont il vient d'être question équivaut au calcul par approximations successives, indiqué au n° **36**, et offre les mêmes solutions de continuité, sans préjudice de celles qui tiennent au défaut de convergence de la série. Les lecteurs versés dans l'analyse y reconnaîtront un cas particulier de la série dite de Lagrange, appliquée au calcul de la plus petite des racines d'une équation algébrique. Réciproquement, toute méthode pour calculer numériquement, par des approximations successives, les racines d'une équation algébrique en y, dont l'un des coefficients x serait censé passer successivement par plusieurs états de grandeur, équivaut à un développement en série; constitue comme le développement en série une définition transcendante de y en tant que fonction de x; et peut, à titre de définition transcendante, offrir des solutions de continuité par le passage d'une branche à l'autre, sur la courbe algébrique qui aurait x pour abscisse et y pour ordonnée.

133. Par conséquent, de même qu'il y a des définitions géométriques qui cadrent précisément, quant à l'étendue, avec des définitions algébriques, et d'autres qui ne cadrent pas; ainsi les mêmes fonctions peuvent comporter à la fois une définition algébrique et une ou plusieurs définitions transcendantes; et ces diverses définitions peuvent cadrer ou ne pas cadrer entre elles quant à l'extension. En d'autres termes, la même définition transcendante peut convenir entre de certaines limites à une certaine fonction algébrique, entre d'autres limites à une autre fonction algébrique, ou bien convenir suivant les limites à diverses fonctions transcendantes autrement définies. Ces convenances et ces disconvenances sont tout à fait analogues aux convenances et aux disconvenances entre les définitions géométriques et algébriques, dont la discussion a fait le principal objet de ce livre.

134. Les trois fonctions transcendantes

$$\cos x, \quad \sin x, \quad e^x$$

(dont les deux premières tirent leur définition élémentaire de la géométrie, tandis que nous venons de définir la troisième, en partant de l'idée d'une intercalation toujours possible entre les termes de deux progressions qui se correspondent) peuvent être aussi définies directement au moyen des séries; car on a

$$\left. \begin{aligned} \cos x &= 1 - \frac{x^2}{1.2} + \frac{x^4}{1.2.3.4} - \text{etc.}, \\ \sin x &= \frac{x}{1} - \frac{x^3}{1.2.3} + \frac{x^5}{1.2.3.4.5} - \text{etc.}, \\ e^x &= 1 + \frac{x}{1} + \frac{x^2}{1.2} + \frac{x^3}{1.2.3} + \text{etc.}; \end{aligned} \right\} \quad [e]$$

et au lieu de tirer des propriétés des fonctions $\cos x$, $\sin x$, e^x ces développements en séries, par des procédés que l'on trouve dans tous les traités élémentaires, on peut très-bien partir des séries, comme des définitions de trois fonctions distinctes, et prouver, par la forme des séries, les propriétés dont jouissent les fonctions ainsi définies, par exemple la périodicité des deux premières. Ces trois séries sont convergentes pour toutes les valeurs finies de x; et de plus les définitions transcendantes tirées des séries cadrent justement, pour toutes les valeurs de x, avec les précédentes définitions des fonctions $\cos x$, $\sin x$, e^x : ce qui n'est pas une suite nécessaire du maintien de la convergence, d'après ce qu'on a vu plus haut.

Les trois équations $[e]$ donnent

$$\cos x + \sqrt{-1}.\sin x = e^{x\sqrt{-1}}, \qquad [f]$$

relation qui cadre avec la formule de Moivre (**104**), et qui peut en fournir au besoin la démonstration directe. Une telle relation n'a pas de sens, tant qu'on se tient à la définition ordinaire de la fonction exponentielle : car on ne sait ce que c'est que d'élever le nombre e à une puissance d'un degré marqué par un exposant imaginaire, et l'on ne conçoit pas mieux l'intercalation de valeurs imaginaires entre les termes des progressions $[B]$ du n° **129**; mais la relation acquiert un sens précis lorsque l'on donne pour définition de la fonction symboliquement désignée par e^x

d'être la somme de la série formant le second membre de la troisième équation $[e]$. Rien n'empêche en effet d'attribuer à la variable x une valeur imaginaire $\alpha\sqrt{-1}$ dans chacun des monomes algébriques dont cette série se compose : la somme des termes réels converge vers une valeur numérique a; la somme des termes imaginaires converge vers une valeur $b\sqrt{-1}$; et les nombres a, b ne sont autre chose, en vertu des deux premières équations $[e]$, que les fractions $\cos\alpha$, $\sin\alpha$.

Ainsi les deux définitions transcendantes de la fonction e^x, déjà données jusqu'ici, quoique cadrant pour toutes les valeurs réelles de la variable x, ont ceci d'essentiellement différent, que l'une s'étend et que l'autre ne s'étend pas aux valeurs imaginaires de la variable. Il en est de même pour les fonctions $\cos x$, $\sin x$; et dès lors toute définition transcendante par des séries d'un nombre infini de termes, dans la composition de chacun desquels n'entrent que des fonctions algébriques de la variable, ou des fonctions circulaires ou exponentielles, ou leurs inverses, est susceptible de s'étendre aux valeurs imaginaires de la variable; lors même que ces fonctions admettraient d'autres définitions transcendantes, aux termes desquelles l'extension aux valeurs imaginaires n'offre aucun sens.

D'après cela, nous pouvons compléter la discussion du lieu donné par les équations $[c]$ du n° **124**; et d'abord, si nous changeons de variable indépendante, en posant $\cos\varphi = u$, ces équations prendront la forme :

$$\left.\begin{aligned}
\xi &= a - \frac{r^2}{a} \cdot \frac{u\sqrt{1-u^2}}{\operatorname{arc\,cos} u}, \\
\eta &= r \cdot \frac{\sqrt{1-u^2}}{\operatorname{arc\,cos} u} \cdot \sqrt{1 - \frac{r^2}{a^2} \cdot u^2}.
\end{aligned}\right\} \quad [u]$$

Or, l'équation $[f]$ donne

$$x = \frac{1}{\sqrt{-1}} \cdot \log(\cos x + \sqrt{-1} \cdot \sin x),$$

d'où l'on tire, en remplaçant x par $\operatorname{arc\,cos} u$,

$$\operatorname{arc\,cos} u = \frac{1}{\sqrt{-1}} \cdot \log(u + \sqrt{u^2 - 1}),$$

ce qui transforme les équations $[u]$ dans les suivantes :

$$\left.\begin{aligned}
\xi &= a - \frac{r^2}{a} \cdot \frac{u\sqrt{u^2-1}}{\log(u + \sqrt{u^2-1})}, \\
\eta &= r \cdot \frac{\sqrt{u^2-1}}{\log(u + \sqrt{u^2-1})} \cdot \sqrt{1 - \frac{r^2}{a^2} \cdot u^2}.
\end{aligned}\right\} \quad [u_1]$$

Sous cette forme elles conviennent aux valeurs de u numériquement > 1 : tandis que sous la première forme (la seule conciliable avec le sens géométrique du problème qui nous a conduits à ces équations) elles conviennent aux valeurs de u numériquement inférieures à l'unité.

On ne peut guère trouver d'exemple plus frappant de l'intime union des fonctions exponentielles et circulaires que dans ce problème, où la même ligne, coupant sous un angle fini aux points t, t' le cercle primitivement donné (*fig.* 42 et 43), est représentée par le système des équations $[u_1]$ pour la portion située hors du cercle, et par le système des équations $[u]$ pour la portion incluse dans le cercle, la seule qui corresponde (et dans une partie seulement de son étendue) à la question géométrique proposée. Il faut d'ailleurs remarquer que les équations $[u]$ ont plus de généralité que les équations $[c]$ du n° **124** dont elles dérivent, à cause de l'ambiguïté du signe radical, par la même raison que l'équation $[a]$ du n° **128** a plus de généralité que la définition géométrique de la cycloïde.

135. Il est contre la nature de la fonction $\log x$ de pouvoir se développer, à la manière de son inverse e^x, dans une série procédant suivant les puissances positives et entières de x; mais on a cette autre formule

$$\log(1+x)=x-\frac{x^2}{2}+\frac{x^3}{3}-\frac{x^4}{4}\text{ etc.,} \qquad [g]$$

qui ne conduit à une série convergente que pour les valeurs de x comprises entre -1 et $+1$. On en tire

$$\log u=\log\left(\frac{1+u}{1+\frac{1}{u}}\right)=\log(1+u)-\log\left(1+\frac{1}{u}\right)$$

$$=u-\frac{1}{u}-\tfrac{1}{2}\left(u^2-\frac{1}{u^2}\right)+\tfrac{1}{3}\left(u^3-\frac{1}{u^3}\right)-\tfrac{1}{4}\left(u^4-\frac{1}{u^4}\right)+\text{etc.}$$

Au rebours de ce que nous avons vu tout à l'heure, cette nouvelle série est divergente pour toutes les valeurs réelles de u, en sorte que la définition d'une fonction par cette série ne peut pas s'appliquer aux valeurs réelles de la variable ; mais, si l'on attribue à u la valeur imaginaire $e^{x\sqrt{-1}}$, il vient

$$\log u = x\sqrt{-1},$$

$$u^m - \frac{1}{u^m} = e^{mx\sqrt{-1}} - e^{-mx\sqrt{-1}} = 2\sqrt{-1}\,.\sin mx :$$

d'où, après la suppression du facteur commun $2\sqrt{-1}$,

$$\tfrac{1}{2}x = \sin x - \tfrac{1}{2}\sin 2x + \tfrac{1}{3}\sin 3x - \tfrac{1}{4}\sin 4x + \text{etc.}$$

Cette dernière série est convergente quel que soit x ; mais elle n'a pour somme $\tfrac{1}{2}x$, que quand la valeur de x tombe entre les limites $-\tfrac{1}{2}\pi$ et $\tfrac{1}{2}\pi$. Le lieu de l'équation

$$y = \sin x - \tfrac{1}{2}\sin 2x + \tfrac{1}{3}\sin 3x - \tfrac{1}{4}\sin 4x + \text{etc.}$$

est un système de portions de droites parallèles (*fig.* 50)

$$\dots\, M_{\prime}N_{\prime},\ \ MN,\ \ M'N',\ \ M''N'',\dots$$

qui auraient respectivement pour équations algébriques

$$\dots, y = \tfrac{1}{2}(x+\pi),\, y = \tfrac{1}{2}x,\, y = \tfrac{1}{2}(x-\pi),\, y = \tfrac{1}{2}(x-2\pi),\dots$$

Les points N, M$'$ ont pour abscisse commune OP $= \pi$; mais l'équation en y, quand on y fait $x = \pi$, ne donne pour la valeur de y, ni l'ordonnée PN, ni l'ordonnée PM$'$, égale et de signe contraire. On tire de cette équation $y = 0$, c'est-à-dire une valeur de y égale à la demi-somme des ordonnées PN, PM$'$. La même chose arrive quand on prend pour x un multiple positif ou négatif de π.

136. Parmi les fonctions dont le mode de définition transcendante se rapporte au chef de l'intégration, nous citerons d'abord celles qui sont de la
forme

$$y = \int_{\alpha_0}^{\alpha_1} f(x, \alpha)\, d\alpha. \qquad\qquad [i]$$

Pour concevoir ce que signifie arithmétiquement une
telle expression, il faut supposer que l'intervalle
$\alpha_1 - \alpha_0$ a été partagé d'abord en un très-grand nombre n de parties représentées par $\Delta\alpha$: la valeur de la
somme

$$[f(x, \alpha_0) + f(x, \alpha_0 + \Delta\alpha) + f(x, \alpha_0 + 2\Delta\alpha) + \dots$$
$$+ f(x, \alpha_0 + (n-1)\Delta\alpha)]\Delta\alpha$$

converge, pour des valeurs de plus en plus grandes
du nombre n, ou pour des valeurs de plus en plus
petites de $\Delta\alpha$, vers une certaine limite déterminée,
variable avec x, et qui est la fonction y que nous entendons définir. Afin de montrer qu'une fonction ainsi
définie transcendentalement peut admettre des solutions de continuité, il n'y a qu'à prendre un cas où la
fonction $f(x, \alpha)$, supposée algébrique, soit la dérivée
par rapport à α d'une autre fonction algébrique $F(x, \alpha)$;
en sorte que, sans avoir besoin d'effectuer le calcul
d'approximation indiqué tout à l'heure, on tire de
l'équation $[i]$, en vertu du principe fondamental du
calcul intégral,

$$y = F(x, \alpha_1) - F(x, \alpha_0);$$

et à faire voir que dans ce cas même les solutions de continuité peuvent s'introduire.

Considérons donc la fonction

$$y = \int_{\alpha_0}^{\alpha_1} \frac{\sin \alpha \, d\alpha}{\sqrt{1 - 2x \cos \alpha + x^2}}$$
$$= \frac{1}{x} \left[\sqrt{1 - 2x \cos \alpha_1 + x^2} - \sqrt{1 - 2x \cos \alpha_0 + x^2} \right] :$$

quand on prend pour limites $\alpha_0 = 0$, $\alpha_1 = \pi$, il vient

$$y = \frac{1}{x} \left[\sqrt{(1 + x)^2} - \sqrt{(1 - x)^2} \right];$$

et comme, en vertu de la définition arithmétique ou transcendante, chacun des radicaux ne doit pas cesser d'être une quantité positive, cette équation donne pour y trois valeurs distinctes

$$y = \frac{2}{x}, \quad y = 2, \quad y = -\frac{2}{x},$$

suivant que la valeur de x est positive et plus grande que 1, ou comprise entre $+1$ et -1, ou négative et numériquement supérieure à 1. En conséquence l'équation

$$y = \int_0^\pi \frac{\sin \alpha \, d\alpha}{\sqrt{1 - 2x \cos \alpha + x^2}}$$

a pour lieu le système de deux arcs d'hyperboles équilatères, ét d'une portion de droite parallèle à l'axe des x.

137. Dans l'intégrale qui forme le second membre de l'équation [i], les limites de l'intégration étaient censées constantes, et la quantité x, dont la variation entraîne celle de la valeur de l'intégrale, entrait comme paramètre dans la composition de la fonction différentielle. Mais on considère plus souvent encore des intégrales telles que

$$y = \int_{x_0}^{x} f(\alpha)\,d\alpha, \qquad [j]$$

dont la valeur varie, à cause que la limite supérieure de l'intégrale est une quantité variable x. Si l'on admet que $f(\alpha)$ soit la dérivée d'une autre fonction $F(\alpha)$ déjà définie indépendamment du procédé de l'intégration, on aura toujours, en vertu du principe fondamental du calcul intégral,

$$y = F(x) - F(x_0); \qquad [J]$$

mais cette seconde définition qui cadre en général avec la précédente, peut subsister pour des valeurs de x_0 et de x, à l'égard desquelles la première définition devient illusoire. En effet, de même que la définition transcendante par le moyen d'une série d'un nombre infini de termes, tombe en défaut et n'a plus aucun sens quand la série cesse d'être convergente, ainsi la définition par le moyen d'une sommation d'éléments différentiels ou infiniment petits devient illusoire, cesse d'indiquer le résultat d'un calcul arithmétiquement possible, quand l'un des éléments différentiels prend une valeur infinie ou indéterminée.

Soit, par exemple,

$$f(\alpha) = \frac{1}{(\alpha - a)^2},$$

et supposons que la valeur de la constante a tombe entre x_0 et x : les équations $[j]$ et $[J]$ deviendront

$$y = \int_{x_0}^{x} \frac{d\alpha}{(\alpha - a)^2},$$

$$y = -\frac{1}{x - a} - \frac{1}{a - x_0};$$

et la seconde équation donne à y une valeur négative, tandis que, d'après la première, y serait formé d'une somme d'éléments constamment positifs. Cette contradiction montre que la première définition tombe en défaut; et en effet l'élément différentiel

$$\frac{d\alpha}{(\alpha - a)^2},$$

qui reste infiniment petit tant que α diffère de a d'une quantité finie, devient au contraire infiniment grand quand α ne diffère de a que d'une quantité infiniment petite : ce qui doit arriver dans le cours de l'intégration, d'après la supposition que la constante a tombe entre les limites de l'intégrale.

Au lieu de l'équation $[j]$ l'on peut écrire

$$y' = f(x),$$

en y joignant la condition que la fonction y devienne nulle pour $x = x_0$. Ainsi, quand on désigne par y le logarithme népérien de x, on peut considérer la fonction y comme définie par l'équation transcendante

$$y = \int_{1}^{x} \frac{d\alpha}{\alpha},$$

ou bien encore comme définie par l'équation différentielle

$$y' = \frac{1}{x}, \quad \text{ou} \quad \frac{dy}{dx} = \frac{1}{x},$$

mais à laquelle il faut joindre la condition que y s'évanouisse pour $x = 1$. Si y désignait, non plus le logarithme népérien de x, mais le logarithme pris dans le système dont la base est un nombre quelconque a, positif et différent de l'unité, l'équation différentielle qui précède serait remplacée par

$$\frac{dy}{dx} = \frac{k}{x};$$

et la constante k serait précisément le logarithme du nombre e, pris dans le système dont la base est a. Il était donc naturel de considérer de préférence en analyse les logarithmes dont la base est le nombre e, ou de faire sur la base la supposition qui ramène à sa forme la plus simple l'équation différentielle qu'on peut et qu'on doit même considérer comme la définition essentielle de la fonction logarithmique (**129**), et comme celle qui rend raison du rôle que joue cette fonction dans les applications du calcul aux phénomènes de la nature.

Par la permutation des lettres x et y, l'équation différentielle précédente devient

$$\frac{dx}{dy} = \frac{k}{y},$$

et celle-ci est l'expression de la propriété d'avoir une

soutangente constante, qui nous a servi à caractériser géométriquement la courbe (*fig.* 47) considérée au n° **127**. En conséquence, lorsqu'on prend pour unité la ligne OP, l'équation de cette courbe est

$$x = \log y,$$

et on l'appelle courbe *logarithmique*. Quand on ajoute, comme nous l'avons fait au numéro cité, la condition que la soutangente constante ait pour valeur cette même ligne OP, la constante k se réduit à l'unité, et la logarithmique se trouve construite dans le système des logarithmes naturels ou népériens.

138. En généralisant les considérations qui ont fait l'objet du numéro précédent, on est conduit à envisager des fonctions transcendantes, définies par des équations telles que

$$f(x, y, y', y'' \ldots y^{(n)}) = 0, \qquad [k]$$

entre la variable indépendante, la fonction et ses dérivées de divers ordres : équation avec laquelle il faut donner les valeurs de la fonction y et de ses dérivées $y', y'', \ldots y^{(n-1)}$, pour une valeur déterminée de la variable indépendante x. Nous renvoyons aux traités de calcul intégral pour l'exposition des méthodes d'après lesquelles, avec ces données, on peut d'une part calculer arithmétiquement les valeurs successives de la fonction y; d'autre part assigner dans certains cas une équation entre x et y,

$$F(x, y) = 0, \qquad [K]$$

qui satisfasse à la condition exprimée par l'équation différentielle proposée, et qui soit compatible avec le système de valeurs *initiales* attribuées aux variables x, y, et aux dérivées de la fonction y, jusqu'à $y^{(n-1)}$.

Il y a tels systèmes de valeurs de x, y, etc., pour lesquels les définitions de la fonction y, l'une essentiellement transcendante et donnée par l'équation $[k]$, l'autre donnée par l'équation $[K]$ et qui peut accidentellement être algébrique, ne cadrent point entre elles : la première devenant illusoire quand la seconde continue d'être applicable. Il arrive encore que la construction arithmétique de l'équation $[k]$, après avoir convenu à une intégrale $[K]$ d'une certaine forme, cadre plus loin avec une autre intégrale $[K_1]$, de forme essentiellement différente.

Considérons, par exemple, la fonction définie par l'équation différentielle du premier ordre

$$y' = -\sqrt{y}, \quad \text{ou} \quad \frac{dy}{dx} = -\sqrt{y}, \qquad [l]$$

et par le système de valeurs initiales x_0, y_0 : cette même fonction sera aussi définie par l'équation intégrale

$$\sqrt{y_0} - \sqrt{y} = \tfrac{1}{2}(x - x_0). \qquad [L]$$

Pour des valeurs croissantes de x, à partir de x_0, la fonction y va en diminuant; et quand enfin elle a atteint la valeur 0, pour une valeur de x égale à

$$x_0 + 2\sqrt{y_0},$$

y' devient nulle, en vertu de l'équation $[l]$: en sorte que, pour la valeur consécutive de x, valeur aussi voisine que l'on veut, mais qui ne doit pas se confondre avec la précédente, on a encore $y=0$, par suite une valeur consécutive de y' qui est encore nulle, et ainsi indéfiniment. Le lieu défini par l'équation $[l]$, ou par la construction arithmétique de proche en proche qui résulte de cette équation, et qu'on peut toujours opérer avec une approximation illimitée; ce lieu, disons-nous, après avoir cadré avec la parabole $[L]$ pour des valeurs de x plus petites que celles qui annulent y, cadre avec la droite

$$y=0, \qquad\qquad [L_1]$$

pour les valeurs supérieures de x.

Si la variable x représente le temps compté d'une certaine origine, et la fonction y une grandeur physique variable avec le temps, de manière que le rapport entre les variations élémentaires de cette grandeur et du temps soit donné par l'équation $[l]$, la grandeur y aura pour expression, d'abord celle que donne l'équation $[L]$, ensuite celle que donne l'équation $[L_1]$; et la construction arithmétique de l'équation $[l]$ se trouvera réalisée dans la nature, non plus d'une manière approchée, au moyen d'intervalles consécutifs dont on conçoit que rien ne limite la petitesse, mais d'une manière rigoureusement conforme à ce qu'exige la loi de continuité.

Considérons encore la fonction définie par l'équation

$$xy' = \alpha y, \qquad [m]$$

et par le même système de valeurs initiales : cette fonction se trouvera pareillement définie par l'équation intégrale

$$\frac{y}{y_0} = \left(\frac{x}{x_0}\right)^\alpha, \qquad [M]$$

équation algébrique, si α désigne un nombre entier ou une fraction rationnelle; mais les deux définitions ne cadreront que pour les valeurs de x, y, qui sont respectivement de mêmes signes que x_0, y_0. Si la fonction y est représentée par l'ordonnée d'une courbe dont la variable indépendante x soit l'abscisse, le calcul arithmétique des valeurs successives de la fonction y par l'équation $[m]$ équivaudra à la construction d'une courbe Om (*Pl.* II, *fig.* 18), passant par le point m dont les coordonnées sont les valeurs initiales x_0, y_0, et par l'origine O. La courbe touchera à l'origine O l'axe des x ou celui des y, suivant que α sera $>$ ou < 1; et l'équation $[m]$ exprimera la propriété géométrique de cette courbe, de couper à angles droits les ellipses en nombre infini que donne l'équation

$$x^2 + \alpha y^2 = \beta^2,$$

quand on y fait passer le paramètre β par toutes les valeurs possibles, de zéro à l'infini (**75**). Or, quel que soit le point m, ou quel que soit le système de valeurs initiales x_0, y_0, d'où l'on est parti pour construire de proche en proche les autres systèmes de valeurs de x, y, quand on est arrivé au point O ou au système de valeurs

$$x = 0, \quad y = 0,$$

la valeur de y', donnée par l'équation $[m]$, se présente sous la forme indéterminée $\frac{0}{0}$; mais en réalité elle est nulle si, comme nous le supposerons, la constante α est plus grande que l'unité, puisqu'alors la courbe mO vient toucher l'axe des x à l'origine. Par conséquent, comme tout à l'heure, la valeur consécutive de y est encore nulle, et ainsi indéfiniment. Le lieu défini par l'équation $[m]$, après avoir été la courbe mO pour les valeurs de x, y, qui sont de même signe que x_0, y_0, devient l'axe même des abscisses, pour les abscisses de signe contraire à l'abscisse initiale, et cesse alors de cadrer avec le lieu de l'équation $[M]$ qui, devenue algébrique pour les valeurs rationnelles de α, accouple de diverses manières au point O les branches auxquelles elle appartient, selon que le numérateur et le dénominateur de la fraction α sont des nombres pairs ou impairs, sans que ces différents modes de conjugaison aient une raison prise dans la définition géométrique de ces courbes, ainsi qu'on l'a montré au n° **73**. Nous voyons maintenant à quoi tient le désaccord alors signalé entre la géométrie et l'algèbre. Il résulte de ce que la définition géométrique qui se traduit dans l'équation $[m]$ est transcendante de sa nature, et ne dépouille pas les caractères qui lui appartiennent en tant que définition transcendante, lors même qu'elle convient accidentellement, dans une portion de son étendue, avec une définition algébrique.

159. Les indications qui précèdent, quoique très-succinctes, mettent suffisamment en jour les liaisons étroites qu'ont entre eux les divers modes de définitions transcendantes, tirées, non plus de la géométrie, mais d'une série de conceptions abstraites qui se rattachent au calcul arithmétique des grandeurs continues, ou à ce que nous avons nommé la logistique *. Tous ces modes de définitions ont pour caractère d'impliquer la considération des limites ou de l'infini. Fonder le calcul différentiel et intégral sur le développement des fonctions en séries, ce n'est donc point, comme se le figurait Lagrange (et l'on n'a pas tardé à le reconnaître, malgré l'autorité d'un si grand nom), ce n'est point dégager le calcul différentiel et intégral de la considération des limites ou des quantités infiniment petites, et le ramener au calcul algébrique des quantités finies.

---

* Nous reproduisons cet archaïsme avec plus de hardiesse, en voyant que M. Chasles, dans la leçon d'ouverture de son cours de géométrie supérieure, faite à la Sorbonne le 22 décembre 1846, et publiée au moment même où nous imprimons ces feuilles, exprime (pag. 19), à peu près dans les mêmes termes que nous (**16**), le regret que ce mot « employé si convenablement par Viète et longtemps après lui, n'ait pas été conservé. »

On manque d'un terme approprié à la désignation de cette partie des mathématiques, qui a pour objet les définitions et les fonctions transcendantes, d'origine arithmétique. Il semblerait convenable de lui imposer la dénomination de *logistique transcendante*, par opposition à la logistique élémentaire, de laquelle procèdent l'algèbre (la *logistique spécieuse* de Viète) et la théorie des fonctions algébriques. La logistique transcendante ne peut s'élever jusqu'au degré d'abstraction de l'algèbre pure, où l'on arrive à ne plus considérer que des symboles et des combinaisons abstraites de signes : tant à cause des solutions de continuité (subordonnées aux valeurs numériques des variables) auxquelles sont sujettes les fonctions transcendantes, que parce que les signes positif et négatif n'y jouent plus des rôles symétriques (**28**); et enfin parce que les notions de limite, d'infiniment petit, et de sommation d'un nombre infini de termes ne conservent pas un sens abstrait, à la manière des opérations fondamentales de l'arithmétique, même après qu'on a dépouillé les symboles littéraux de leur signification numérique (**27**).

La logistique transcendante, distincte de l'algèbre et de la théorie des fonctions algébriques, doit se distinguer encore de la théorie des fonctions en général, qui a pour objet les propriétés communes à toutes les fonctions continues, même à celles qui n'admettent pas de définition mathématique. Tout cela se confond d'ordinaire sous la dénomination d'*analyse transcendante* ou supérieure , par opposition à l'analyse élémentaire ou algébrique : dénomination impropre, en ce qu'elle substitue l'idée d'une méthode à l'idée d'une science dans l'exposition de laquelle, lorsqu'on la traite pour elle-même, on peut suivre presque indifféremment des méthodes très-variées, sans être tenu de faire un usage exclusif ou habituel de tel procédé logique ; quoique la manière de se servir de cette science comme d'instrument, dans d'autres branches des spéculations mathématiques, puisse constituer une méthode et un procédé logique particulier. Il est bon d'indiquer ces impropriétés du langage reçu, sans avoir la prétention de les rectifier : et, au surplus, toutes ces considérations vont être reprises dans un résumé qui fera l'objet de notre dernier chapitre.

CHAPITRE XVI.

CONSIDÉRATIONS GÉNÉRALES SUR LE SYSTÈME DES MATHÉMATIQUES. — RÉSUMÉ.

140. Sous le nom collectif de MATHÉMATIQUES, on désigne un système de connaissances scientifiques, étroitement liées les unes aux autres, fondées sur des notions qui se trouvent dans tous les esprits, portant sur des vérités rigoureuses que la raison est capable de découvrir sans le secours de l'expérience, et qui néanmoins peuvent toujours se confirmer par l'expérience, dans les limites d'approximation que l'expérience comporte. Grâce à ce double caractère que nulle autre science ne présente, les mathématiques, ainsi appuyées sur l'une et sur l'autre base de la connaissance humaine, s'imposent irrésistiblement aux esprits les plus pratiques comme aux génies les plus spéculatifs. Elles justifient le nom qu'elles portent et qui indique les sciences par excellence, les sciences éminentes entre toutes les autres par la rigueur des théories, l'importance et la sûreté des applications.

Les sciences physiques et naturelles reposent sur l'expérience et sur l'induction qui généralise les résultats de l'expérience. Les faits dont l'expérience a procuré la découverte, que l'induction a érigés en lois générales, peuvent à ce double titre devenir l'objet de connaissances certaines, mais dont la certitude n'est point comparable à celle d'un théorème d'arithmétique ou de géométrie. D'abord l'exactitude du fait attesté par les sens est nécessairement comprise entre les limites d'exactitude des sens : tandis qu'en mathématiques pures l'esprit, tout en s'aidant de signes sensibles, n'opère que sur des idées susceptibles d'une précision rigoureuse. En second lieu, l'induction qui généralise les résultats de l'expérience, quoiqu'appuyée sur une probabilité qui peut, dans de certaines circonstances, ne laisser aucune place au doute et entraîner l'acquiescement de tout esprit raisonnable, est un jugement d'une tout autre nature que le jugement fondé sur une déduction mathématique, à la rigueur de laquelle l'esprit ne peut échapper sans tomber dans l'absurdité et dans la contradiction.

D'un autre côté, les démonstrations des vérités mathématiques peuvent toujours se contrôler par l'expérience : en quoi ces vérités diffèrent de celles que l'on se propose d'établir en logique, en morale, en droit naturel, dans toutes les sciences qui ont pour objet des idées et des rapports que la raison conçoit, mais qui ne tombent pas sous les sens. Après qu'un jurisconsulte a analysé avec le plus grand soin une question controversée, après qu'il a mis les principes de solution dans l'évidence la plus satisfaisante pour la raison, il ne peut pas, comme le géomètre, fournir au besoin la preuve expérimentale de la justesse de ses déductions, de la bonté de ses solutions.

Si l'on y fait attention, l'on verra que, pour rendre un compte exact de la dénomination de *sciences positives*, dont on fait aujourd'hui un si fréquent usage, il faut entendre par là les sciences ou les parties des sciences dont les résultats sont, comme ceux des mathématiques, susceptibles d'être contrôlés par l'expérience.

La vérification empirique qu'une loi mathématique comporte peut être rigoureuse ou approchée. On peut vérifier par l'expérience une propriété des nombres, comme celle qui a été énoncée au n° **31** ; et dans ce cas la propriété se vérifiera rigoureusement sur tous les exemples qu'il plaira de choisir. On peut aussi vérifier par l'expérience une proposition de géométrie, comme celle-ci : les bissectrices des trois angles d'un triangle se coupent en un même point ; mais en ce cas la vérification, comme celle d'une loi physique, n'aura lieu qu'approximativement, avec une approximation d'autant plus grande qu'on opérera avec plus de soin et en s'aidant d'instruments plus parfaits. Au reste il y a des propositions de géométrie qui admettent une vérification empirique rigoureuse, par exemple celle-ci : le nombre des angles solides d'un polyèdre, ajouté au nombre de ses faces, donne une somme supérieure de deux unités au nombre de ses arêtes. En général, tout ce qui peut se vérifier par dénombrement, supputation ou calcul (c'est-à-dire à l'aide de signes conventionnels auxquels l'esprit impose une valeur fixe et déterminée) admet une vérification rigoureuse : toute vérification qui implique une opération de mesure ou une construction à l'aide d'instruments physiques, ne saurait être qu'approchée.

141. Le mode de vérification est ordinairement le plus sûr *criterium* pour discerner à quel ordre de spéculations mathématiques appartient telle ou telle proposition. Si je veux vérifier la proposition du n° **31**, je serai obligé de prendre des exemples numériques; et par conséquent la proposition appartient essentiellement à la théorie des nombres, quand même j'aurais fait usage de symboles algébriques pour la démontrer, ou quand même je me serais appuyé sur des propositions d'algèbre dans la démonstration. L'algèbre ne figure alors que comme langue ou instrument. Au contraire, si je veux vérifier la formule de Newton [**27**]

$$(a+b)^m = a^m + \frac{m}{1}a^{m-1}b + \frac{m(m-1)}{1.2}a^{m-2}b^2 + \ldots + b^m,$$

dans le cas d'un exposant entier, je donnerai à l'exposant m une valeur entière, telle que 4, et sans avoir besoin d'attribuer à a et à b des valeurs numériques, j'élèverai le binome $a+b$ à la quatrième puissance par les règles ordinaires, ce qui me donnera un résultat identique avec celui que donne le second membre de l'équation précédente. J'aurai vérifié ainsi un théorème qui fait partie de l'algèbre, en tant que science propre et corps spécial de doctrine ; et j'aurai fait ainsi toucher du doigt la distinction qui n'était établie qu'à l'aide de considérations abstraites, dans le numéro cité. Enfin, si j'attribue à l'exposant m une valeur fractionnaire, ce qui changera le second membre de l'équation précédente en une série d'un nombre infini de termes, et si j'affirme que la formule ainsi étendue subsiste encore, il me faudra, pour vérifier l'assertion, donner à a et à b des valeurs numériques, celle de b étant une petite fraction de celle de a, et je trouverai ainsi qu'en prenant dans le second membre un nombre de termes de plus en plus grand, j'approche de plus en plus de la valeur du premier membre, calculée directement. Ce mode de vérification du théorème ainsi étendu montre qu'il rentre alors dans la logistique transcendante (**138**), dont l'une des branches a pour objet de calculer les limites numériques vers lesquelles tendent les séries d'un nombre infini de termes, qui se succèdent suivant une loi donnée.

142. L'une des parties des mathématiques, celle qui a pour objet la théorie des chances, nous offre l'exemple d'un mode singulier de vérification par l'expérience. On trouve *a priori*, par les règles des combinaisons, que la probabilité d'amener un *sonnez* avec deux dés ordinaires est $\frac{4}{36}$; et le résultat du calcul direct, comme tout autre résultat d'arithmétique, peut d'abord se contrôler par le dénombrement effectif des combinaisons : mais en outre, si l'on construit deux dés, en prenant toutes les précautions pour qu'ils soient autant que possible réguliers et homogènes, et si on les projette un grand nombre de fois, on devra trouver que le nombre des sonnez amenés est sensiblement $\frac{4}{36}$ du nombre total des coups; et voilà pourquoi la théorie des chances embrasse un ordre spécial de spéculations mathématiques et positives, et non pas seulement une classe de problèmes d'arithmétique et des rapports purement intelligibles. La vérification empirique du résultat trouvé *a priori* comportera d'autant plus d'exactitude, qu'on aura d'une part apporté plus de soin à la construction des instruments aléatoires, et d'autre part multiplié davantage le nombre des épreuves.

143. Si, dans l'exposition des doctrines mathématiques, on rencontrait des principes, des idées, des conclusions qui ne pussent être soumises au *criterium* de l'expérience; si l'on trouvait dans les écrits des géomètres des discussions relatives à des questions de théorie que l'expérience ne pourrait trancher, on serait averti par cela seul que ces questions ne sont pas, à proprement parler, mathématiques ou scientifiques; qu'elles rentrent dans le domaine de la spéculation philosophique dont la science, quoi qu'on fasse, ne peut s'isoler complétement, et dont elle ne s'isolerait, si la chose était possible, qu'aux dépens de sa propre dignité.

Soit, par exemple, la question du passage du commensurable à l'incommensurable (**16**), qui se présente à chaque pas en géométrie, en mécanique, et en général quand il s'agit de rapports entre des grandeurs continues. Il est clair que lorsqu'un raisonnement a conduit à établir de tels rapports dans l'hypothèse de la commensurabilité, quelque petite que soit la commune mesure, on a établi tout ce qui peut se vérifier par l'expérience : car, dès qu'il s'agit de passer à des mesures effectives, on ne peut entendre par grandeurs incommensurables que celles dont la commune mesure est d'autant plus petite que l'on opère avec des intruments plus parfaits. Lors donc que les géomètres, non contents de cette simple remarque, se mettent en frais de raisonnements pour prouver que le rapport établi dans le cas de la commensurabilité subsiste encore quand on passe aux incommensurables ; lorsqu'ils imaginent à cet effet divers tours de démonstration, directs ou indirects ; lorsqu'ils admettent les uns et rejettent les autres, souvent sans tomber d'accord entre eux, en réalité ils ne font, ni de la géométrie, ni de la mécanique, ni des mathématiques proprement dites : ils font (et à Dieu ne plaise que nous les en blâmions, nous qui dépensons à ce travail, ou à un travail du même genre, le peu de forces que nous pouvons dépenser!) ils font l'analyse et la critique de certaines idées de l'entendement, non susceptibles de manifestation sensible; ils se placent sur le terrain de la spéculation philosophique; ils font ce qu'on est convenu de désigner, ce que bien des gens décrient sous le nom de métaphysique, et nullement de la science positive.

Nous en dirions autant, à plus forte raison, des théories sur les valeurs négatives, imaginaires, infinitésimales : théories qu'il faut bien aborder, qu'il n'y a pas moyen d'éluder dans l'exposition didactique de la science du calcul, mais que chaque géomètre conçoit à sa manière, et qui sont un objet immanent de controverses que ne peuvent trancher, ni des démonstrations formelles, ni le contrôle de l'expérience, tandis que tout le monde est d'accord sur les résultats positifs et vraiment scientifiques; chacun sachant, par exemple, quelles règles il faut appliquer pour trouver infailliblement les racines négatives d'une équation algébrique, soit qu'il adopte sur les racines négatives la manière de voir de Carnot, de d'Alembert ou de tout autre. L'union intime et pourtant la mutuelle indépendance de l'élément philosophique et de l'élément scientifique dans le système de la connaissance humaine se manifestent ici par ce fait bien remarquable : que l'esprit ne peut régulièrement procéder à la construction scientifique sans s'appuyer sur une théorie philosophique quelconque, et que néanmoins les progrès et la certitude de la science ne dépendent point de la solution donnée à la question philosophique.

144. Nier la philosophie des mathématiques, c'est donc tout simplement nier l'une des conditions de la construction rationnelle et régulière des mathématiques ; et nier la philosophie en général, c'est nier l'une des conditions de la construction du système général des connaissances humaines. Mais, d'un autre côté, confondre l'élément philosophique avec l'élément scientifique de la connaissance ; prétendre, comme on le fait si souvent aujourd'hui, que la philosophie est la science ou une science, c'est tomber dans un abus de langage aussi préjudiciable à la vérité qu'aux intérêts de la cause qu'on veut servir : car il ne manquera pas de gens qui prouveront très-bien que la philosophie n'est ni la science, ni une science ; et qui, de ce que la philosophie n'est pas ce que ses adeptes voudraient qu'elle fût, seront portés à conclure que ce n'est rien ; et tenteront de mutiler l'esprit humain, en condamnant à l'inaction ou à l'impuissance l'une de ses plus nobles facultés.

Effectivement, conclure que toutes les théories philosophiques sont indifférentes et de nulle valeur au fond, parce qu'on ne peut pas en finir, par le calcul ou par l'*experimentum crucis* de Bacon, avec deux théories philosophiques contradictoires, ce serait comme si l'on niait le goût et le beau dans les arts, parce qu'on ne peut pas prouver, par syllogisme ou par expérience, la supériorité d'une toile de Rubens sur le méchant tableau qu'un homme, au goût bizarre, a la fantaisie de préférer. Le sentiment du vrai en philosophie appartient à cette faculté supérieure de l'esprit qui saisit l'ordre et la raison des choses; qui procède par analogie et par induction plutôt que par jugement déductif, en sorte qu'elle ne peut être soumise au contrôle du calcul ou de la déduction syllogistique; qui opère sur des idées et des rapports purement intelligibles, et qui dès lors ne peut pas davantage être soumise au contrôle de l'expérience sensible.

145. Au premier rang des questions philosophiques, en mathématiques comme ailleurs, se placent celles qui portent sur la valeur représentative des idées. On en a vu de nombreux exemples dans tout ce qui précède. L'algèbre n'est-elle qu'une langue conventionnelle, ou bien est-ce une science ayant pour objet des rapports qui subsistent entre les choses, indépendamment de l'esprit qui les conçoit? Tout le calcul des valeurs négatives, imaginaires, infinitésimales n'est-il que le résultat de règles admises par conventions arbitraires; ou toutes ces prétendues conventions ne sont-elles que l'expression nécessaire de rapports que l'esprit est obligé sans doute de représenter par des signes de forme arbitraire, mais qu'il ne crée point à sa guise, et qu'il saisit seulement, en vertu de la puissance qu'il a de généraliser et d'abstraire? Voilà ce qui partage les géomètres en diverses écoles; voilà le fond de la philosophie des mathématiques, et c'est aussi le fond de toute philosophie. Comme toute connaissance, depuis la plus grossière jusqu'à la plus raffinée, implique un rapport entre un objet perçu et une intelligence qui le perçoit, la forme de la connaissance peut toujours de prime abord être attribuée indifféremment à la constitution de l'intelligence qui perçoit, ou à la constitution de l'objet perçu : de même que le déplacement relatif des diverses parties d'un système mobile peut de prime abord être indifféremment attribué au déplacement absolu de l'une ou de l'autre partie du système. Mais il y a des analogies, des inductions philosophiques qui mènent à préférer telle hypothèse à telle autre logiquement admissible, et qui même en certains cas sont de nature à exclure tout doute raisonnable, bien qu'il n'y ait pas de démonstration formelle ou d'expérience possible, pour réduire à l'absurde la contradiction sophistique.

Démontrer logiquement que certaines idées ne sont point de pures fictions de l'esprit, n'est pas plus possible qu'il ne l'est de démontrer logiquement l'existence des corps; et cette double impossibilité n'arrête pas plus les progrès des mathématiques positives que

ceux de la physique positive. Mais il y a cette différence, que la foi à l'existence extérieure des corps fait
partie de notre constitution naturelle, est, comme on
dit, une croyance du sens commun, bien qu'en ceci
l'induction philosophique puisse venir au besoin à
l'appui du sens commun; tandis qu'il faut se familia-
riser, par la culture des sciences, avec le sens et la
valeur de ces idées spéculatives sur lesquelles on ne
tomberait pas sans des études scientifiques. C'est ce
qu'exprime ce mot fameux attribué à d'Alembert : *Allez
en avant, et la foi vous viendra;* non pas une foi aveu-
gle, machinale, produit irréfléchi de l'habitude, mais
un acquiescement de l'esprit, fondé sur la perception
simultanée d'un ensemble de rapports qui ne peuvent
que successivement frapper l'attention du disciple, et
d'où résulte un faisceau d'inductions auxquelles la
raison doit se rendre en l'absence d'une démonstration logique que la nature des choses rend impossible.

146. La philosophie des mathématiques consiste
encore essentiellement à discerner l'ordre et la dépendance rationnelle de ces vérités abstraites dont
l'esprit contemple le tableau; à préférer tel enchaînement de propositions à tel autre aussi irréprochable
logiquement (**78** et **115**), parce qu'il satisfait mieux
à la condition de faire ressortir cet ordre et ces connexions, tels qu'ils résultent de la nature des choses,
indépendamment des moyens que nous avons de

transmettre et de démontrer la vérité. Il est évident
que ce travail de l'esprit ne saurait se confondre avec
celui qui a pour objet l'extension de la science positive; et que les raisons de préférer un ordre à un
autre, sont de la catégorie de celles qui ne s'imposent
point par voie de démonstration logique.

147. Nous avons dit que les sciences mathématiques ont pour caractère essentiel de s'appuyer uniquement sur des principes que la raison saisit sans le
secours de l'expérience, de manière pourtant que les
résultats de la théorie puissent être constamment
contrôlés par l'expérience. Du moment qu'on invo-
que des principes, des lois ou des faits qui ne peuvent être donnés, ou qui du moins, dans l'état de
nos connaissances, ne sont donnés que par l'expérience, on sort du cadre des mathématiques pures,
on entre dans le domaine de ces sciences mixtes, que
l'on connaît sous le nom de sciences physico-mathé-
matiques ou sous toute autre dénomination analogue.
Ainsi, la partie de la statique où l'on traite des conditions d'équilibre d'un système de forces appliquées
à des points que l'on suppose invariablement liés entre
eux, est une branche des mathématiques pures comme
la géométrie; car les notions premières sur lesquelles
toute cette théorie repose, ne sont pas des résultats de
l'expérience, ou bien ne dépendent de l'expérience que
comme en dépendent les notions premières qui nous

servent à construire la théorie de l'étendue figurée. Au contraire, la science de l'équilibre des fluides appartient à la physique mathématique, car elle se fonde sur un principe de physique que l'expérience proprement dite a seule pu donner, au moins dans l'état très-imparfait de nos connaissances sur la constitution des corps, savoir le principe de l'égale transmission de la pression en tous sens.

148. Si les idées que nous avons exposées sont justes ; s'il n'est pas permis de dire avec Vico que « nous démontrons les vérités géométriques parce que nous les faisons, » il est clair que les conditions qui fixent le cadre des mathématiques pures doivent tenir, d'une part à la manière d'être des choses, d'autre part à l'organisation de l'esprit humain; et dès lors il est peu probable, *a priori*, qu'on puisse soumettre les mathématiques pures à une classification systématique du genre de celles qui nous séduisent par leur simplicité et leur symétrie, quand il s'agit d'idées que l'esprit humain crée de toutes pièces et peut arranger à sa guise, sans être gêné par l'obligation de reproduire une vérité indépendante de lui. Chose remarquable ! les mathématiques, sciences exactes par excellence, sont du nombre de celles où il y a le plus de vague et d'indécision dans la classification des parties, où la plupart des termes qui l'expriment se prennent, tantôt dans un sens plus large, tantôt dans un sens plus rétréci, selon le contexte du discours et les idées propres à chaque auteur, sans qu'on soit parvenu à en fixer nettement et rigoureusement l'acception dans une langue commune. Les études qui précèdent en ont fourni de nombreux exemples; et si nous avons parfois proposé de préciser d'une certaine manière des acceptions restées ambiguës ou indécises, ç'a été par le besoin de rendre provisoirement notre pensée; nullement avec la prétention de fixer définitivement la langue, que n'auraient pas manqué de fixer depuis longtemps, si la chose était possible, tant d'hommes éminents qui l'ont travaillée. Toutes les fois qu'un rapport est parfaitement déterminé de sa nature, on tombe bientôt d'accord d'un signe précis pour l'exprimer. Le vague de la langue accuse souvent l'imperfection de notre connaissance de l'objet, et alors la langue se corrige par le progrès de nos connaissances; mais il accuse plus souvent encore l'impossibilité absolue d'exprimer avec les signes du langage, en leur conservant toujours la même valeur fixe, des rapports dont nous ne disposons pas, et qui admettent malgré nous des modifications continues (**27**). C'est ce qui arrive à l'égard des termes employés pour diviser en compartiments le domaine des mathématiques; et rien ne montre mieux, contre Vico, que l'objet des mathématiques existe hors de l'esprit humain, et indépendamment des lois qui gouvernent notre intelligence.

24

Quand même on pourrait imaginer de tels compartiments bien délimités, il faudrait que la classification offrît l'exacte traduction des rapports que ces compartiments auraient entre eux; et c'est ce que la nature des choses rend encore impossible. Par la forme même du langage, nos idées s'enchaînent dans le discours suivant l'ordre que les géomètres qualifient de linéaire (**109**); et comme il n'arrive que très-accidentellement qu'un tel ordre corresponde, même grossièrement, à l'ordre réel des choses, tel que la pensée le conçoit, on a recours à l'artifice des tableaux synoptiques, sorte de construction géométrique à deux dimensions, moyen bien insuffisant encore, auquel il est évident qu'on substituerait souvent avec avantage une construction géométrique à trois dimensions, si l'on avait des moyens commodes de la réaliser physiquement. Mais, plus fréquemment encore, l'espace, avec ses trois dimensions, ne suffirait pas pour nous donner une image sensible des rapports très-multipliés, ou même infiniment multipliés, qu'ont entre elles les diverses parties d'un système, objet de l'intuition intellectuelle; et ceci s'observe notamment pour le système des mathématiques. La théorie des nombres relève de celle de l'ordre et des combinaisons; et, sous un autre aspect, le calcul des combinaisons est une application de l'arithmétique. Des faits d'arithmétique ont leur raison dans certaines lois de l'algèbre, et des faits d'algèbre ont leur raison dans certaines propriétés des nombres. Tous ces liens peuvent être partiellement et successivement indiqués; les systématiser synoptiquement ou les exprimer dans une classification, paraît chose impossible.

149. Il n'est guère plus aisé de donner du système une définition proprement dite, uniquement tirée de la nature de l'objet, qu'il ne l'est de définir et de classer les diverses parties du système. Les mathématiques pures ont pour objet les idées de nombre, de grandeur, d'ordre et de combinaison, de chances, d'étendue, de situation, de figure, de ligne, de surface, d'inclinaison, et même les idées de temps et de forces, quoique, pour celles-ci, on ne puisse pousser bien loin la construction scientifique, sans recourir à des données de l'expérience. Toutes ces idées s'enchaînent et se combinent de diverses manières, et donnent lieu à des rapprochements, souvent très-inattendus, comme lorsqu'on voit figurer dans l'évaluation des chances de la reproduction d'un événement, le rapport de la circonférence du cercle à son diamètre. Mais ces idées ont-elles un caractère commun qui rende raison de leur association en un tout, et dont l'idée soit l'idée même des mathématiques prises dans leur ensemble? On n'a pas eu de peine à apercevoir que les lignes, les surfaces, les angles, les forces, etc. sont des grandeurs mesurables, et l'on en a tiré cette définition vulgaire, d'après laquelle les mathématiques sont les sciences qui traitent de la mesure ou des rapports des grandeurs; mais, avec un peu plus d'attention, on remarque qu'une foule de théorèmes sur les nombres (la plupart de ceux qui composent la théorie des nombres proprement dite) peuvent être conçus indépendamment de la propriété qu'ont les nombres de servir à la mesure des grandeurs; qu'une multitude de théorèmes de géométrie (ceux qui composent la géométrie *descriptive* proprement dite, par opposition à la géométrie *dimensive*) seraient parfaitement intelligibles, quand même on ne considérerait pas les lignes, les angles, etc., comme des grandeurs mesurables; que dans l'algèbre, enfin, les symboles algébriques peuvent souvent dépouiller toute valeur représentative de quantités réelles ou de grandeurs, sans que les formules cessent d'avoir une signification. De là une conception philosophique clairement exprimée par Descartes, que Leibnitz n'a point négligée, et qu'en dernier lieu M. Poinsot a reproduite avec des développements très-dignes de fixer l'attention des géomètres, conception d'après laquelle les spéculations mathématiques auraient pour caractère commun et essentiel de se rattacher à deux idées ou catégories fondamentales : l'idée d'ORDRE, sous laquelle on peut ranger comme autant de variétés ou de modifications spécifiques, les idées de *situation*, de *configuration*, de *forme* et de *combinaison*; et l'idée de GRANDEUR, qui implique celles de *quantité*, de *proportion* et de *me-*

sure *. Au lieu donc de cette unité systématique qu'il est dans la nature de l'esprit humain de rechercher, et que la définition vulgaire des mathématiques semble promettre, nous tombons sur un cas de *dualité* (**77**), à moins que nous ne nous élevions à des abstractions plus hautes et à des systèmes plus hardis, en considérant avec Leibnitz l'espace comme l'ordre des phénomènes simultanés, le temps comme l'ordre des phénomènes successifs : auquel cas toute spéculation mathématique se rattacherait médiatement ou immédiatement à l'idée d'ordre, et l'unité systématique serait rétablie.

---

* « Atqui videmus neminem fere esse, si prima tantum scho-
« larum limina tetigerit, qui non facile distinguat ex iis quæ occur-
« runt, quidnam ad mathesim pertineat, et quid ad alias discipli-
« nas. Quod attentius consideranti tandem innotuit, illa omnia
« tantum, in quibus ORDO vel MENSURA examinatur, ad mathesim
« referri, nec interesse utrum in numeris, vel figuris, vel astris,
« vel sonis, aliove quovis objecto talis mensura quærenda sit; ac
« proinde generalem quamdam esse debere scientiam, quæ id omne
« explicet, quod circa ORDINEM et MENSURAM nulli speciali materiæ
« addicta quæri potest, eamdemque, non adscititio vocabulo, sed
« jam inveterato atque usu recepto, mathesim universalem nomi-
« nari, quoniam in hac continetur illud omne, propter quod aliæ
« scientiæ et mathematicæ partes appellantur. » (DESCARTES, *Re-*
gulæ ad directionem ingenii, reg. IV.)

« Quoi qu'il en soit, vous voyez que les mathématiques nous
offrent par tous ces deux objets de spéculation : d'un côté, la *gran-*
deur ou la *quantité*, c'est-à-dire la *proportion* ou la *mesure* des

150. Mais nous ne nous proposons pas de faire de telles excursions dans la région des abstractions de la métaphysique, et si loin du terrain des sciences positives. En nous tenant à la distinction posée par Descartes, nous devons fixer l'attention sur un fait très-digne de remarque, à savoir que, pour les applications aux phénomènes de la nature, les spéculations mathématiques dont l'importance est sans comparaison la plus grande, sont certainement celles qui portent sur la proportion ou la mesure des grandeurs : de sorte que la plupart des autres spéculations de mathématiques pures (et notamment celles qui ont pour objet ces propriétés des nombres dont nous avons tant

---

grandeurs; de l'autre, le *nombre*, l'*ordre* et la *situation* des choses, sans aucune idée de mesure ou de quantité. De sorte que les mathématiques, considérées de la manière la plus générale, pourraient être définies la science qui a pour objet le NOMBRE, l'ORDRE et la MESURE. » (POINSOT, *Réflexions sur les principes fondamentaux de la théorie des nombres*, p. 5.)

Ces deux passages, pris dans leur ensemble, tendent à établir la même division bifide, quoique M. Poinsot ait placé en dernier lieu une troisième catégorie, celle du nombre, à côté des catégories de l'ordre et de la mesure, et que Descartes ait dit au contraire avec précision qu'on peut indifféremment faire aux nombres ou à l'étendue figurée l'application des deux catégories fondamentales. C'est à tort qu'on a cru trouver le germe de cette distinction catégorique dans Aristote (*Métaph.*, liv. XI, chap. III), ainsi que le prouve la lecture attentive du texte, qu'il nous paraît inutile de transcrire ici.

parlé) sont avec raison, à ce point de vue, réputées de pure curiosité, et ne cessent de paraître telles que lorsque, pouvant faire avancer la théorie de la mesure des grandeurs, elles sont ou promettent d'être médiatement utiles à l'interprétation des phénomènes naturels.

Aussi, tandis que les philosophes, depuis Pythagore jusqu'à Kepler, avaient cherché vainement dans des idées d'ordre et d'harmonie, mystérieusement rattachées aux propriétés des nombres purs, l'explication des grands phénomènes cosmiques (1), la vraie physique a été fondée le jour où Galilée, rejetant des spéculations depuis si longtemps stériles, a conçu l'idée, non-seulement d'interroger la nature par l'expérience, comme Bacon le proposait de son côté, mais de préciser la forme générale à donner aux expériences, en leur assignant pour objet immédiat la mesure de tout ce qui peut être mesurable dans les phénomènes naturels. Et pareille révolution a été faite en chimie un siècle et demi plus tard, lorsque Lavoisier s'est avisé de soumettre à la balance, c'est-à-dire à la mesure, des phénomènes dans lesquels on ne songeait généralement à étudier que ce par quoi ils se rattachent aux idées de combinaison et de forme. C'est cette même direction que l'on poursuit dans l'étude de phénomènes bien plus compliqués encore, quand on tâche de mesurer par la statistique tout ce qu'ils peuvent offrir de mesurable.

Il faut reconnaître en même temps que dans les mathématiques, considérées comme un corps de doctrine abstraite, indépendamment de toute application aux lois des phénomènes physiques, les parties dont l'organisation logique a reçu le plus de perfection, celles qui ont été soumises aux méthodes les plus générales et les plus uniformes, et qui finalement ont donné lieu à la construction d'une langue, réputée la plus parfaite de toutes, sont précisément celles qui concernent la grandeur ou la quantité ; d'où il est résulté : 1° qu'on a imaginé, autant qu'on l'a pu, des méthodes pour ramener artificiellement à des problèmes sur les grandeurs ou les quantités, des problèmes qui portent directement sur l'ordre, la situation ou la forme, et notamment les problèmes de géométrie descriptive à des problèmes de géométrie dimensive ; 2° qu'à défaut de telles méthodes, les questions à résoudre ont exigé un surcroît de sagacité pour trouver la solution, ou pour démontrer simplement ce qui comportait en effet une démonstration simple, et ce qui n'avait été obtenu d'abord qu'à l'aide de considérations détournées.

151. Là est le fondement réel de la distinction entre la *synthèse* et l'*analyse*, telle que les géomètres l'entendent et doivent l'entendre, dans l'état présent de la doctrine. Nous ne reproduirons pas ici toutes les théories des logiciens sur la nature et sur le contraste de ces deux opérations de l'esprit, ni tout ce qu'ont dit à leur tour les géomètres, pour accommoder à leur science les théories générales des logiciens[*]. Nous adopterons tout d'abord la distinction que Kant a faite entre les jugements analytiques et synthétiques : distinction lumineuse et simple, si on la dégage des formes scolastiques dans lesquelles s'est trop complu ce grand logicien.

En effet, quand nous étudions un objet, nous pouvons partir de certaines propriétés de l'objet, exprimées par des définitions; puis, sans avoir besoin de fixer davantage notre attention sur l'objet, en ayant soin seulement de ne point enfreindre les règles de la logique, arriver à des conclusions ou à des jugements que Kant qualifie d'analytiques, qui éclaircissent et développent la connaissance de l'objet plutôt qu'ils ne l'étendent, à proprement parler : car on était censé nous donner implicitement, avec les notions exprimées par les définitions d'où nous sommes partis, toutes les conséquences que la logique est capable d'en tirer. Ou bien, au contraire, nous pouvons avoir besoin de laisser notre attention fixée sur l'objet même, pour trouver, soit par expérience, soit par

----

[*] Consultez notamment la *Logique* de Port-Royal, les ouvrages de Condillac et de Kant, l'article *Analyse* par d'Alembert et Condorcet dans le *Dictionnaire de Mathématiques de l'Encyclopédie*, les réflexions mises par Lacroix en tête de la première édition de ses *Éléments de Géométrie*, les écrits de Carnot, de M. Poinsot et de M. Chasles.

quelque considération ou construction que la nature de l'objet nous suggère, une propriété de cet objet qui n'était pas implicitement contenue dans les termes de la définition, qui ne pouvait pas en être tirée par la force de la logique seule. Les jugements par lesquels nous affirmons l'existence de telles propriétés dans l'objet, sont ceux que Kant qualifie de synthétiques, et qui véritablement étendent la connaissance que nous avons de l'objet. La synthèse est *empirique*, s'il nous faut recourir à l'expérience pour obtenir cet accroissement de connaissance : dans le cas contraire, la synthèse est dite *a priori;* et cette dernière synthèse est celle que l'on pratique en mathématiques pures.

Par exemple, je veux prouver que deux triangles sont égaux lorsqu'ils ont un côté égal et deux angles adjacents égaux chacun à chacun; et pour cela, j'imagine de placer les deux triangles l'un sur l'autre de manière que les côtés et les angles égaux coïncident : après quoi il suffit de se reporter à la notion ou à la définition du triangle, pour reconnaître que ceci entraîne la coïncidence des autres parties. Cette synthèse ou construction idéale était nécessaire pour rendre manifeste la proposition énoncée; elle fait l'essence et la force probante de la démonstration.

Je veux prouver que deux lignes droites A , B , situées d'une manière quelconque dans l'espace, sont coupées par trois plans parallèles en parties proportionnelles; et pour cela j'imagine ou je construis idéalement une troisième droite C, joignant un point de la droite A à un point de la droite B. On a déjà prouvé que les droites A et C qui se coupent, sont coupées par les trois plans parallèles en parties proportionnelles; la même proposition est valable pour les droites C et B; et par l'intermédiaire de la droite C construite auxiliairement, la proposition se trouve ainsi étendue aux droites A et B situées dans l'espace d'une manière quelconque. Peu importe que la construction soit indiquée ou non par une figure; l'essentiel est qu'elle se fasse par la pensée; et pour cette synthèse idéale, il faut la contemplation de l'objet même; il ne suffit pas de se laisser aller aux déductions de la logique.

De pareilles synthèses ont lieu dans la théorie des nombres comme dans celle de l'étendue figurée. Ainsi, au n° 3, pour prouver que le produit de m par n est identique au produit de n par m, nous avons imaginé diverses manières de grouper les unités du produit; et la conception de ces groupements divers, qu'ils soient ou non rendus sensibles par des images, est une véritable synthèse ou construction idéale, donne lieu à un jugement synthétique, dans le sens qui vient d'être expliqué.

Que si je veux généraliser cette proposition en prouvant qu'on peut, dans le produit $mnpq\ldots$, intervertir d'une manière quelconque l'ordre des multiplications, je le ferai à l'aide d'un raisonnement qui sans doute s'appuie encore sur une construction ou une synthèse : mais cette synthèse n'est plus fournie par la contemplation des nombres et de leurs propriétés ; car le même raisonnement serait valable pour des différentiations successives, comme il l'est pour des multiplications successives ; et en général il sera valable toutes les fois que le résultat indiqué par la caractéristique mn équivaudra au résultat indiqué par la caractéristique nm : de sorte que la généralisation dont il s'agit pour le moment tient à la théorie de l'ordre plutôt qu'à la théorie des nombres.

152. Or, si l'on a appelé procédé synthétique celui qui consiste à tirer successivement, de la contemplation de la nature spéciale de l'objet, les constructions propres à manifester les vérités qu'on a en vue d'établir, il conviendra d'appeler par opposition procédé analytique celui qui consiste à définir l'objet une fois pour toutes, et à tirer ensuite de cette définition toutes les propriétés de l'objet, en appliquant des règles fournies par une théorie plus générale : par exemple, s'il s'agit d'un objet géométrique, en appliquant des règles qui conviennent, non-seulement aux grandeurs géométriques, mais à des grandeurs quelconques.

C'est en ce sens que les géomètres ont été amenés à faire usage des termes d'analyse et de synthèse ; et cet usage qui doit pouvoir s'expliquer comme tous les faits du langage, s'explique et se justifie à certains égards, si en effet nous avons bien saisi, d'après Kant*, le caractère important par lequel contrastent les deux procédés généraux que l'esprit peut suivre

---

* Après que nous avons tâché de faire ressortir le mérite de l'idée de ce philosophe, il doit nous être permis de critiquer l'usage qu'il en a fait pour opposer les mathématiques, toujours fondées suivant lui sur une synthèse *a priori*, aux spéculations métaphysiques qui ne consisteraient qu'en jugements analytiques. Il a méconnu, d'une part, que l'induction fournit au jugement, en fait de spéculations philosophiques, la base que lui fournit l'expérience ou la synthèse empirique, en fait de spéculations sur les lois du monde sensible ; d'autre part, que les mathématiques n'ont pas moins besoin de l'analyse que de la synthèse, dans l'acception même qu'il donne à ces termes. Le caractère distinctif du *corollaire*, c'est d'être implicitement donné avec la proposition ou les propositions dont il résulte, et d'en pouvoir être tiré analytiquement, sans synthèse nouvelle ; mais la tâche de mettre en relief certains corollaires n'en est pas moins importante. Les résultats d'un calcul sont implicitement contenus dans les données du calcul, ce qui ne détruit pas le mérite du calcul. L'organisation des méthodes, en mathématiques comme dans les autres sciences, a pour but d'économiser le travail du jugement synthétique ; et c'est en mathématiques qu'on a les plus beaux exemples de telles méthodes.

Leibnitz qui ne le cédait assurément pas à Kant comme philosophe, et qui de plus était un grand géomètre, a voulu distinguer les mathématiques de la métaphysique, en ce que, suivant lui, les mathématiques seraient fondées sur le principe d'identité, et la métaphysique sur le principe de la raison suffisante. Nous contestons

dans la recherche de vérités inaperçues ou dans la démonstration de vérités acquises. Les géomètres entendent par analyse, dans l'acception du terme la plus large et la plus usitée, l'algèbre et toutes les branches du calcul des grandeurs, à l'aide de signes généraux qui ont fait disparaître toute trace de ce qu'il y avait de spécial et de particulier dans la nature de ces grandeurs : de manière qu'on ne retient même le plus souvent, parmi les propriétés des nombres, que celles qui peuvent s'étendre à des valeurs quelconques, entières ou fractionnaires, rationnelles ou incommensurables. Les règles du calcul une fois assises sur un petit nombre de propriétés fondamentales des grandeurs, le calcul devient une langue, un instrument logique qui fonctionne pour ainsi dire de lui-même, sans que l'attention ait besoin d'être fixée sur autre

encore cette distinction. Si, pour prouver la règle du parallélogramme des forces, on s'appuie sur cet axiome, que la résultante de deux forces égales est dirigée suivant la bissectrice de l'angle des forces, parce qu'il n'y aurait pas de raison pour qu'elle inclinât plus vers une composante que vers l'autre, on n'aura pas plus empiété sur le domaine de la métaphysique, que lorsqu'on s'appuie en géométrie sur cet axiome, que la ligne droite est le plus court chemin d'un point à un autre. Nous persistons à penser que le caractère distinctif des mathématiques doit se tirer de ce qu'elles ont pour objet des vérités que la raison saisit sans le secours de l'expérience, et qui néanmoins comportent toujours la confirmation de l'expérience.

chose que sur le maintien constant des règles du calcul.

On devra appeler en conséquence, et l'on appelle effectivement géométrie analytique une méthode pour résoudre les problèmes de géométrie ou certaines classes de problèmes de géométrie ; pour démontrer certaines séries de propositions géométriques, en exprimant d'abord, à l'aide d'une synthèse préliminaire, les propriétés caractéristiques de l'objet que l'on considère : de façon que toutes les autres propriétés puissent s'en déduire par les seules forces du calcul, et qu'on puisse ensuite faire abstraction de l'objet considéré, pour s'appliquer entièrement à résoudre les difficultés de calcul, s'il s'en présente. On appellera mécanique analytique une méthode pour traduire d'un seul coup en analyse les conditions d'équilibre ou de mouvement, tenant à la nature spéciale des grandeurs qui figurent en mécanique : de manière qu'après cette traduction préliminaire on n'ait plus qu'à appliquer les règles générales du calcul ; et ainsi de suite.

L'avantage de la méthode analytique ainsi définie consiste principalement dans la généralité et la régularité de ses procédés : tandis que les procédés synthétiques qui ne nous font jamais perdre de vue l'objet spécial de nos recherches, permettent de saisir le caractère le plus immédiatement applicable à la manifestation de la propriété qu'on a en vue, et ont souvent sur les procédés analytiques l'avantage de la simplicité et de la brièveté.

153. On peut ranger les questions de géométrie en autant de séries ou sous autant de chefs distincts, qu'il faut de constructions ou de synthèses distinctes pour fournir au calcul les matériaux de combinaisons ultérieures. Ainsi, après que les théorèmes de Thalès et de Pythagore ont été établis à l'aide d'une synthèse convenable, il y a une foule de théorèmes, parmi ceux mêmes qu'on a coutume de démontrer synthétiquement dans tous les traités de géométrie, qui peuvent s'en déduire par le calcul, et qui, en ce sens, n'en sont que de simples corollaires : mais, si l'on veut passer à la mesure des aires, il faudra absolument une construction ou une synthèse nouvelle, qui deviendra la souche d'une multitude d'autres corollaires analytiques, et de laquelle, si on lui a donné la généralité convenable, on pourra, par l'analyse, tirer des théorèmes qu'on est dans l'usage de démontrer synthétiquement, par exemple ceux qui donnent l'aire du triangle, du trapèze, du cercle, etc. (**114**). En indiquant une telle classification des théories géométriques, on ne peut avoir pour but de remplacer par des applications de formules abstraites, des constructions très-simples et parfaitement appropriées aux besoins de l'enseignement élémentaire : mais on **a** en vue de rendre raison de certaines connexions entre les faits géométriques que le calcul rattache à la même synthèse, parmi celles que l'on peut appeler primitives et irréductibles.

154. Nous nous trouvons ainsi ramenés à ce qui a fait l'objet principal de cet ouvrage, à l'explication des concordances et des discordances que l'algèbre et la géométrie présentent, quand on applique l'algèbre aux questions de géométrie. Il ne sera pas inutile, en terminant, de résumer brièvement la théorie que nous en avons donnée.

Les opérations fondamentales de l'arithmétique trouvent leur application en géométrie; et, par une réciprocité nécessaire, elles peuvent être représentées par des constructions géométriques. On construit une quatrième proportionnelle, on extrait une racine carrée avec la règle et le compas, tout comme on pourrait extraire une racine carrée avec un pendule et une horloge, en comptant le nombre de vibrations que le pendule exécute dans un temps donné, et pour une longueur donnée du pendule. Mais on ne peut songer à recourir à des expériences de physique pour démontrer des propriétés d'arithmétique abstraite, qui dépassent en certitude et en rigueur tout ce que l'expérience est capable de donner : tandis que les constructions idéales de la géométrie s'adaptent très-bien à la manifestation de certaines propriétés des grandeurs abstraites, et peuvent seules donner une image sensible de la loi de continuité dans la variation des grandeurs (**59**). Aussi n'a-t-on jamais considéré l'arithmétique et la géométrie comme deux sciences dont l'une serait subordonnée à l'autre : mais, tandis que les Grecs, dans leur prédilection pour la géométrie, s'attachaient à la rendre aussi indépendante que possible de l'arithmétique, l'alliance des spéculations sur les nombres et sur les figures est le trait saillant de la doctrine mathématique des Hindous et des Arabes, recueillie au moyen âge par les Occidentaux; et dans les temps modernes on n'a plus cessé de considérer la théorie de l'étendue et celle qui a pour objet les nombres et les grandeurs abstraites comme deux sciences qui se correspondent dans leurs développements, en se prêtant un appui mutuel et nécessaire *.

Cependant l'algèbre n'est pas seulement une arithmétique généralisée; et les rapports, reconnus de tout temps, entre la géométrie et l'arithmétique, ne suffi-

---

* On ne peut trouver cette pensée mieux exprimée que dans un passage de l'introduction au traité de l'*Abacus*, écrit par Léonard de Pise (Fibonacci) au commencement du XIIIe siècle, et qui a donné, plus nettement que tout autre, le signal de la rénovation des mathématiques dans l'Occident, par l'importation des doctrines d'origine hindo-arabe :

« Et quia arismetica (*sic*) et geometriæ scientia sunt connexæ et
« suffragatoriæ sibi ad invicem, non potest de numero plena tradi
« doctrina nisi intersecantur geometrica quædam vel ad geome-
« triam spectantia... »

Ce passage fait partie des fragments de l'*Abacus*, publiés par M. Libri, dans son *Histoire des Sciences mathématiques en Italie*, Tom. II, pag. 288.

Remarquons en passant cette orthographe *arismeticá*, qui semble montrer que la prononciation grecque, dans les mots d'origine

raient pas pour rendre raison d'une correspondance qui s'établirait entre les faits algébriques et les faits géométriques. Il existe une théorie des équations algébriques, parfaitement indépendante de la nature des questions de géométrie, de physique, etc., auxquelles on les applique ou qui y conduisent; et la théorie dont il s'agit est la partie principale du corps de doctrine, de la branche particulière des mathématiques, que l'on appelle *algèbre*. Par la nature propre de l'algèbre, les équations d'un degré supérieur au premier admettent nécessairement plusieurs racines associées, parmi lesquelles, selon la nature du problème qui a conduit à l'équation, il peut s'en trouver qui ne conviennent pas du tout au problème, ou qui n'y conviennent qu'au moyen de certaines modifications dans l'énoncé. On peut facilement faire voir que, pour des questions de physique parfaitement analogues, les solutions analogues sont tantôt associées, tantôt dissociées par l'algèbre, d'après des circonstances qui influent sur la composition algébrique de l'équation, sans influer essentiellement sur la nature de la question de

---

grecque, était familière à cette époque aux chrétiens latins. On écrivait de même *algorismus* pour *algorithmus*, d'où nous avons fait *algorithme;* mais ce mot que l'Académie n'a point accueilli dans la dernière édition de son *Dictionnaire*, quoiqu'on l'emploie fréquemment, paraît être d'origine arabe : il désignait spécialement au moyen âge les règles de calcul fondées sur la valeur de position des chiffres.

physique, sur le nombre des réponses qu'on y peut faire et sur le sens de ces réponses.

Quant aux questions de géométrie, on en trouve aussi qui semblent parfaitement analogues, et pour lesquelles les solutions analogues sont tantôt associées, tantôt dissociées par l'algèbre ; ce que nous exprimons en disant que, dans ce cas, il y a désaccord entre la géométrie et l'algèbre : mais, d'un autre côté, l'attention se fixe bientôt, et se concentre (pour ainsi dire) exclusivement sur des questions où, par contre, l'accord le plus parfait et le mieux soutenu paraît régner entre la géométrie et l'algèbre, l'une associant ou dissociant ce que l'autre associe ou dissocie. Il y a lieu de rechercher à quoi tient, dans les cas les plus fréquents, cette correspondance entre l'algèbre et la géométrie ; comment on peut au contraire rendre raison de la discordance dans les cas réputés exceptionnels ; comment enfin l'on peut introduire l'ordre et la classification dans des faits qui se présentent d'abord avec confusion et irrégularité. En un mot, il y a lieu de se proposer de construire une théorie de la correspondance de l'algèbre et de la géométrie.

155. Pour cela il faut remonter à des abstractions d'un ordre plus élevé, à une théorie qui domine en quelque sorte par sa généralité l'algèbre aussi bien que la géométrie. Cette théorie qui n'a pas moins d'importance que de généralité, est celle des fonctions; car, par cela seul que l'on conçoit un lien de dépendance entre deux grandeurs susceptibles de varier avec continuité, l'une des grandeurs variables peut être dite fonction de l'autre, lors même que le lien qui les unit ne serait pas de nature à s'exprimer par une équation algébrique ou par une définition géométrique : et les fonctions continues quelconques sont susceptibles de se classer d'après certains caractères généraux, jouissent en conséquence de certaines propriétés générales, et sont l'objet d'une théorie qu'on peut sans doute appliquer aux fonctions d'origine algébrique ou géométrique, mais dont la conception ne suppose pas nécessairement la connaissance préalable de l'algèbre et de la géométrie. Toutefois, si l'on veut représenter par un signe sensible le lien de dépendance entre deux grandeurs variables, il faut recourir à un procédé graphique, toujours en vertu de ce principe, que dans l'espace seul peuvent exister des images sensibles de la continuité. C'est ici qu'intervient avec toute sa généralité l'idée originairement conçue par Descartes dans le but spécial d'appliquer l'algèbre à l'étude des propriétés des lignes que la géométrie considère. En effet, si l'on convient de représenter par les deux coordonnées rectangulaires d'un point mobile sur un plan, les deux grandeurs simultanément variables suivant une loi quelconque, le tracé de la ligne décrite par le point donnera l'image sensible de la loi suivant laquelle les deux grandeurs varient simultanément. Ce mode de représentation est conventionnel, sans doute, mais non arbitraire; et c'est ici le point capital à remarquer, le nœud de la théorie : car on ne comprendrait pas qu'une convention arbitraire eût établi entre la géométrie ordinaire et l'algèbre, entre la géométrie supérieure et la théorie des fonctions (84) une correspondance qui fait si naturellement suite à celle que l'on a reconnu exister, indépendamment de toute convention, entre la théorie des nombres et celle de l'étendue figurée. On pourrait convenir d'autres systèmes de coordonnées, et l'on en emploie effectivement d'autres avec avantage, quand le but est d'appliquer le calcul à l'étude de certains objets déjà définis géométriquement; mais lorsqu'on veut, à l'inverse, représenter dans l'espace les affections des grandeurs quelconques, il faut, pour que la représentation soit juste, pour qu'elle n'introduise pas des limitations, des restrictions, des particularités étrangères à l'idée de ces grandeurs; pour qu'elle donne la juste mesure de l'indétermination des valeurs; il faut, disons-nous, employer nécessairement le système de représentation par des coordonnées parallèles à des axes fixes, ayant une origine commune; et la construction la plus simple, comme la plus naturelle, consiste à prendre ces axes perpendiculaires entre eux.

156. Ainsi en possession d'un mode de représentation graphique, approprié à des grandeurs et à des fonctions continues quelconques, nous pouvons le concevoir appliqué aux fonctions déterminées par des équations algébriques : ce qui nous donnera des lignes qu'on peut appeler algébriques, en réservant l'épithète de géométriques aux lignes dont la définition résulte de conditions géométriques, comme seraient celles de passer par un point donné et de couper sous un angle constant toutes les droites passant par un autre point donné. En fait, une multitude de lignes qui tirent leur origine de la géométrie, ou qu'on peut définir par la pure géométrie, ne sont pas des lignes algébriques. Réciproquement, il nous a paru convenable de ne réputer géométriques, parmi les lignes algébriques, que celles qui peuvent être individuellement définies par la pure géométrie : bien qu'elles jouissent toutes de certains caractères généraux que l'on peut énoncer géométriquement, et en considération desquels des auteurs justement accrédités les qualifient toutes de géométriques. Mais, à quelque opinion que l'on s'arrête sur ce point de classification, il y a incontestablement des lignes qui sont à la fois géométriques et algébriques, et parmi ces lignes celles dont l'idée sert de point de départ à toutes les spéculations du géomètre : la ligne droite et le cercle. Les relations arithmétiques qui constituent les théorèmes de Thalès et de Pythagore, étant exprimées en algèbre, fournissent immédiatement les équations de la ligne droite et du cercle ; et l'extension que l'algèbre donne aux énoncés arithmétiques, par le jeu des signes, cadre précisément avec les notions géométriques de la ligne droite et du cercle. L'équation algébrique de la ligne droite convient à la droite indéfiniment prolongée de part et d'autre d'un point ou d'une origine arbitraire, prise sur la droite, comme le requiert la notion de la ligne droite ; et l'équation algébrique du cercle convient, comme le requiert la notion du cercle, aux quatre quadrans dans lesquels le divisent deux axes rectangulaires, menés par le centre du cercle suivant des directions arbitraires.

157. Or, les théorèmes de Thalès et de Pythagore sont les fondements d'une multitude d'autres qui peuvent s'en déduire par le calcul, sans synthèse nouvelle. Pareillement, les équations de la ligne droite et du cercle conduiront, si l'on veut, par l'enchaînement des déductions analytiques, sans autre synthèse ou construction nouvelle que celle qui consiste à généraliser dans l'espace la conception des coordonnées rectangulaires, aux équations du plan, de la sphère, du cône, du cylindre, et des lignes qui sont données au moyen de l'intersection de ces surfaces les unes par les autres, notamment aux équations des lignes connues sous le nom de sections coniques. Il en résulte que la concordance primitive,

signalée tout à l'heure, devra subsister, par la seule
force de l'analyse, dans toute cette branche des mathématiques que l'on appelle proprement géométrie
analytique, et qui a pour objet les affections des lignes
et des surfaces que l'on peut ainsi définir géométriquement et algébriquement, en les rapportant à des
coordonnées rectangulaires que lient entre elles des
équations algébriques. En conséquence, les branches
de courbes, les nappes de surfaces, associées par la
définition géométrique, le seront par l'équation algébrique; et lorsqu'on résoudra par des intersections de
lieux géométriques les problèmes d'analyse déterminée, le nombre des racines associées algébriquement
dans l'équation finale, cadrera exactement avec le
nombre des solutions que comporte le problème géométrique, si l'énoncé est convenable.

Quand on applique l'algèbre à des questions de géométrie, de la série de celles dont nous parlons, soit
qu'il s'agisse de la discussion des propriétés des lieux
géométriques, ou de résoudre des problèmes d'analyse
déterminée, on n'emploie pas toujours la méthode des
coordonnées rectangulaires; on prend souvent d'autres coordonnées, d'autres inconnues, qui sont ou qui
paraissent être plus immédiatement appropriées à l'espèce de la question; mais les coordonnées ou les inconnues choisies peuvent toujours être considérées
comme des fonctions des coordonnées qu'on prendrait pour variables ou pour inconnues, si l'on em-

ployait dans tous les cas, d'une manière directe et uniforme, la méthode des coordonnées rectangulaires. En tenant compte de cette remarque, on trouve l'explication systématique et régulière de toutes les exceptions ou anomalies apparentes ; on voit qu'elles sont des conséquences des principes mêmes de l'algèbre ; et que les discordances accidentelles, dans ce mode d'application à la géométrie, mode que nous qualifions d'indirect, sont une suite nécessaire de la concordance fondamentale dans le mode d'application que nous qualifions de direct, et où l'on procède uniformément par l'emploi des coordonnées rectangulaires. Entrer dans plus de détails à cet égard, ce serait reproduire les développements qui ont fait l'objet de nos précédents chapitres.

158. Si maintenant nous sortons de la série des propositions géométriques considérées jusqu'ici, et qui toutes peuvent être considérées comme des corollaires algébriques des théorèmes de Thalès et de Pythagore, pour entrer dans des applications d'un autre ordre, qui requièrent des synthèses nouvelles, telles que celles qui ont pour objet les quadratures, les cubatures, les rectifications, il faudra voir, dans chaque ordre d'applications, pour chacune de ces synthèses que nous qualifions de primitives ou d'irréductibles, s'il en résulte entre la géométrie et l'algèbre une concordance ou une discordance fondamentale, sauf à suivre dans les développements par l'analyse, comme nous l'avons fait pour la série précédente, les conséquences algébriques de l'accord ou du désaccord fondamental. En fait, nous avons constaté de telles discordances fondamentales, et nous en avons suivi les conséquences dans certaines applications particulières : ce qui a complété la revue que nous nous étions proposé de faire.

Remarquons en outre que les problèmes dont nous venons de parler sont essentiellement du ressort du calcul intégral ; et que, s'ils conduisent en certains cas à des calculs algébriques, ce n'est qu'accidentellement : parce qu'il n'arrive qu'accidentellement qu'une intégrale puisse s'obtenir algébriquement, c'est-à-dire qu'une fonction dont on a la définition transcendante par une intégrale, comporte en même temps une définition algébrique. Et encore, lorsque cette circonstance se présente, il arrive souvent que les deux définitions, algébrique et transcendante, ne cadrent pas dans toute leur étendue ; que la définition transcendante qui convient à une fonction algébrique entre des limites déterminées, convient au delà de ces limites à d'autres fonctions algébriques. Les mêmes fonctions peuvent être définies par des intégrales de diverses formes, ou comporter des définitions transcendantes d'une autre sorte, comme celles qui résultent des développements en séries convergentes d'un nombre infini de termes. Ces diverses définitions transcendantes des mêmes fonctions ont pour caractère commun d'impliquer, chacune à sa manière, la considération des limites ou de l'infini; mais en général on ne peut pas leur attribuer la même étendue : les unes admettent des restrictions ou subissent des solutions de continuité que les autres n'admettent ou ne subissent pas; et dès lors il est tout simple que des définitions transcendantes ne cadrent pas dans toute leur étendue avec les mêmes définitions géométriques; ou que, les unes et les autres coïncidant dans toute leur étendue, elles ne coïncident que dans une portion de leur étendue avec certaines définitions algébriques.

159. Enfin il est intéressant de remarquer que ces problèmes de géométrie, qui ressortissent du calcul intégral, c'est-à-dire de l'une des branches de la logistique transcendante, appartiennent à la géométrie dimensive, dont l'objet direct est la mesure des grandeurs géométriques, longueurs, aires, volumes, etc. : tandis que cette autre partie de la géométrie, qui est dans une corrélation remarquable avec l'algèbre, à laquelle convient par excellence le nom de géométrie analytique, quand on la traite par l'algèbre à la faveur du système des coordonnées rectangulaires, rentre dans la géométrie descriptive, ou dans cette partie de la doctrine géométrique qui a pour objet la situation et la forme, la génération des lignes et des surfaces par des mouvements continus, la recherche des affections des lignes et des surfaces ainsi engendrées, et où l'on n'emploie qu'auxiliairement, pour une telle recherche, la considération des grandeurs et des mesures, suivant ce que nous avons indiqué dès le commencement du chapitre III de cet ouvrage. Or, un contraste de même nature existe entre la logistique transcendante, où l'on n'est jamais autorisé à perdre de vue la nature arithmétique des quantités, où toutes les questions portent sur des valeurs numériques, où toutes les vérifications ne peuvent se faire qu'avec des nombres (**140**); et l'algèbre proprement dite qui porte sur des relations d'ordre, de combinaison et de forme, sur des résultats indépendants des valeurs numériques, et qu'en général on pourrait vérifier sans avoir besoin d'attribuer aux symboles des valeurs numériques particulières.

Ainsi, non-seulement les concordances et les discordances peuvent se rattacher à des chefs généraux, se classer et s'enchaîner logiquement, mais au fond la distinction même des chefs de concordance et de discordance se rattache à une corrélation fondamentale dont nous pouvons entrevoir la raison philosophique, tenant à ce que les nombres et l'étendue figurée manifestent à leur manière les mêmes idées fondamentales dont le type est dans la théorie générale de l'ordre; ce qui nous met sur la voie du sens voilé, mais profond, de ce mot de Pascal : « La nature s'imite.....

Les nombres imitent l'espace, qui sont de nature si différente *. »

160. Quelle que soit d'ailleurs la valeur qu'on veuille accorder à ces dernières remarques, nous croyons que la théorie dont nous venons d'offrir le résumé succinct, et qui n'avait pas encore été donnée (quoique, dans la multitude d'écrits que le sujet a fait naître, on doive s'attendre à trouver des traces d'idées qui s'y rapportent), fournit une explication régulière et systématique de toutes les particularités d'accord et de désaccord entre la géométrie et l'algèbre. Par là nous nous imaginons avoir contribué, dans la mesure de nos forces, à satisfaire ce besoin de l'esprit qui le pousse à s'enquérir de la raison des choses, à tâcher de mettre de l'ordre dans les choses qui se présentent avec un désordre apparent. Mais en avouant cette prétention, beaucoup trop ambitieuse peut-être, nous nous garderons de comparer notre travail à celui qui a pour objet l'extension de la science positive, par la découverte de théorèmes démontrables et démontrés. Nous avons au contraire assez insisté pour faire sentir en quoi diffèrent le perfectionnement philosophique de la

---

* T. I, p. 202, de l'édition des *Pensées*, d'après les manuscrits autographes, donnée en 1844 par M. Prosper Faugère. Ce fragment est du nombre de ceux qu'avaient écartés tous les précédents éditeurs.

théorie et l'extension de la science positive. Après que les sciences se sont enrichies d'un grand nombre de faits positifs, l'assentiment des bons esprits peut faire accueillir une idée, une conception philosophique qui place ces faits dans un ordre plus lumineux ; mais l'idée même n'est point un·fait qui tombe dans le domaine de l'expérience sensible ou de la démonstration formelle.

FIN.

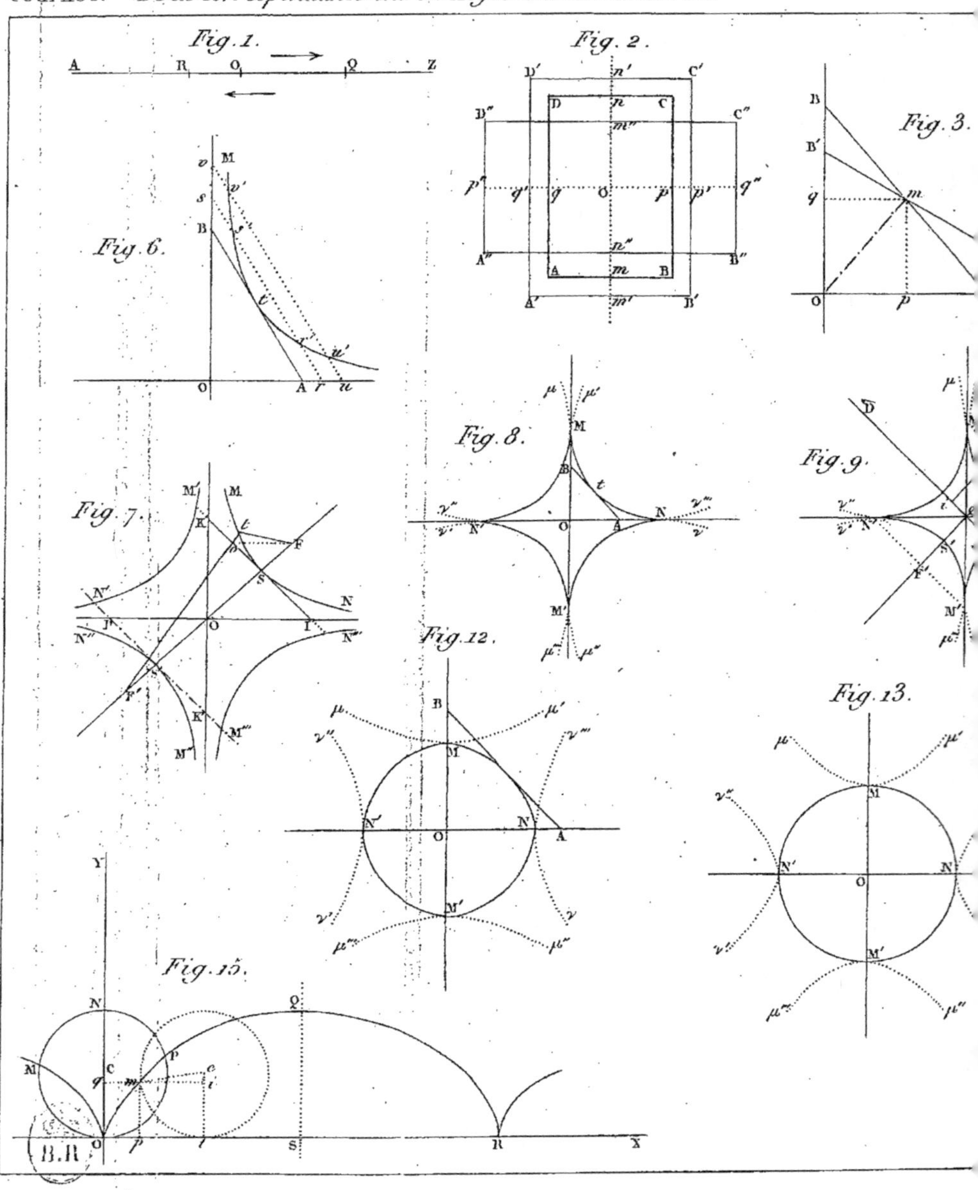

Fig. 1.
Fig. 2.
Fig. 3.
Fig. 6.
Fig. 7.
Fig. 8.
Fig. 9.
Fig. 12.
Fig. 13.
Fig. 15.
B.R.

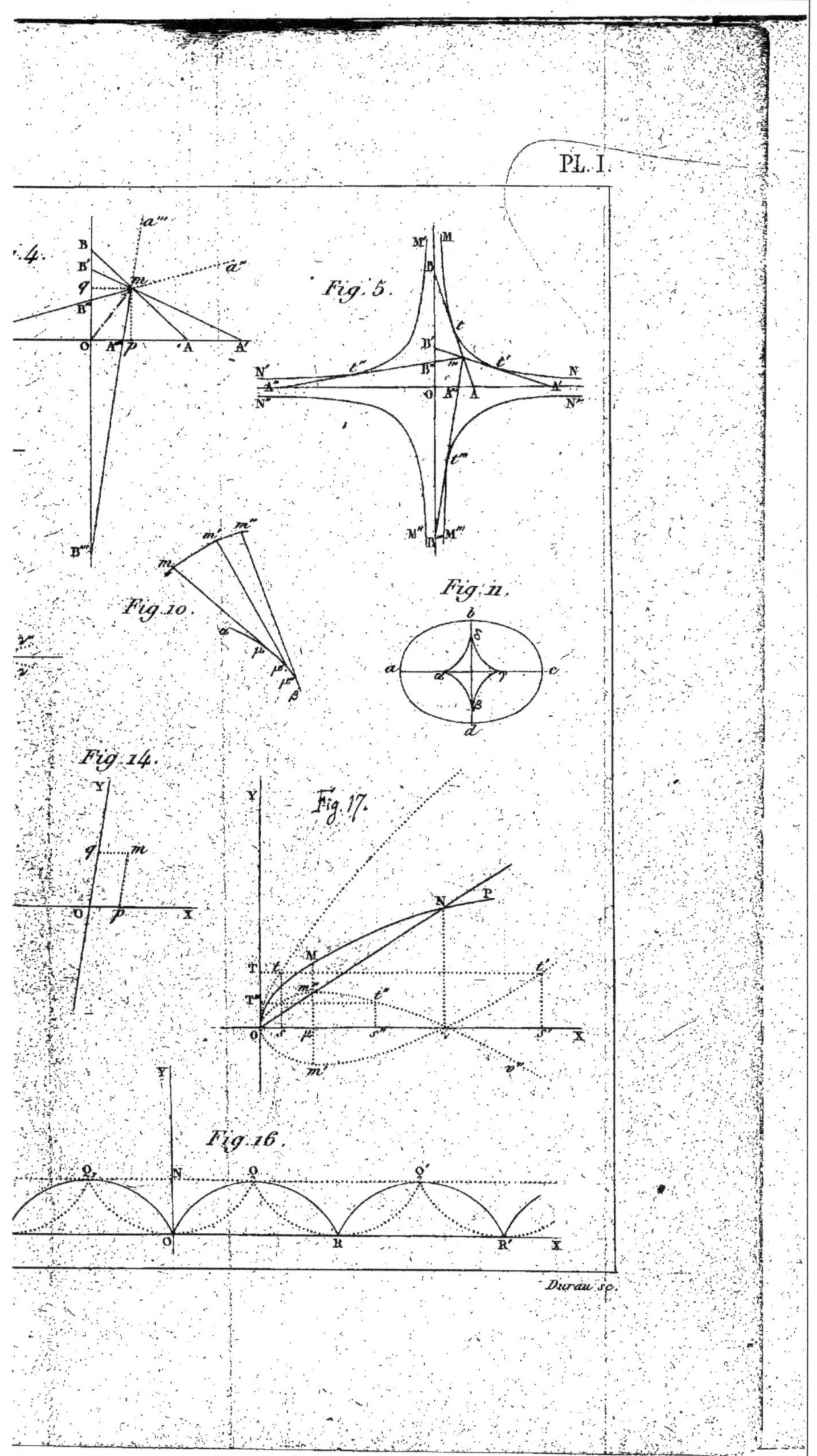
Fig. 4.
Fig. 5.
Fig. 10.
Fig. 11.
Fig. 14.
Fig. 17.
Fig. 16.
Durau sc.

Cournot. *De la correspondance entre l'Algèbre et la Géométrie.*

Fig. 18.

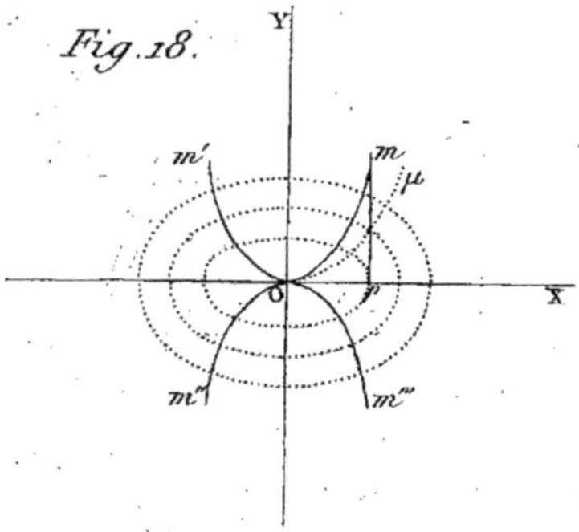

Fig. 19.

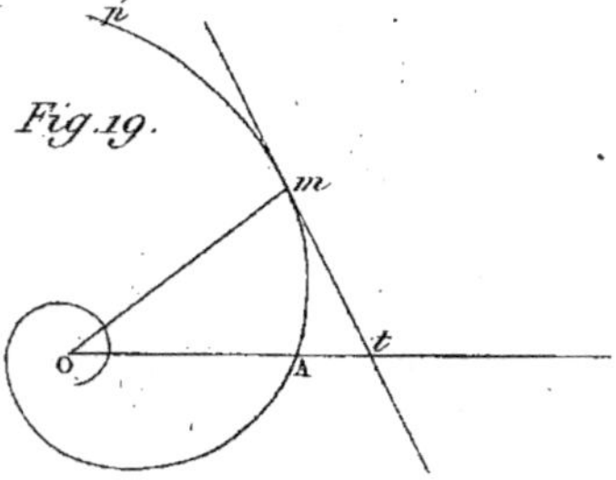

Fig. 23.

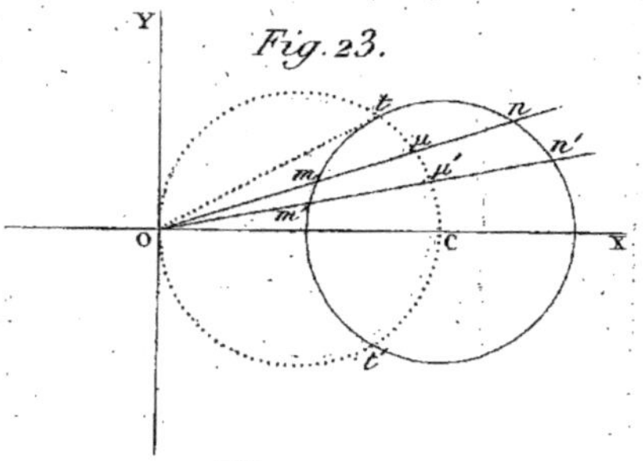

Fig. 24.

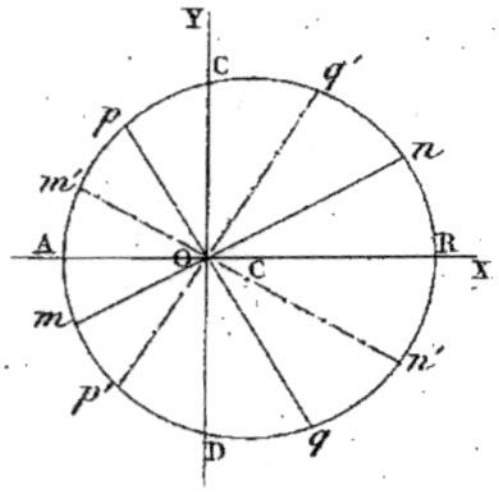

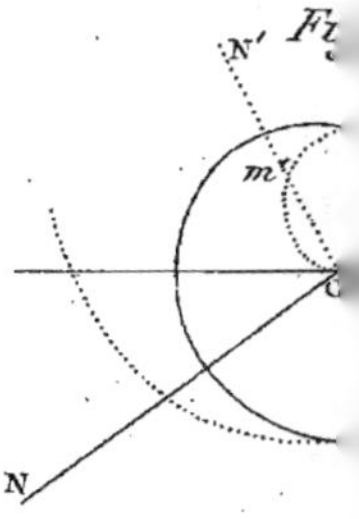

Fig. 27.

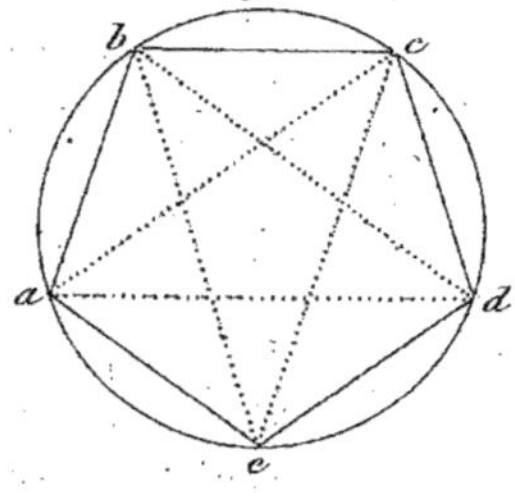

Fig. 28.

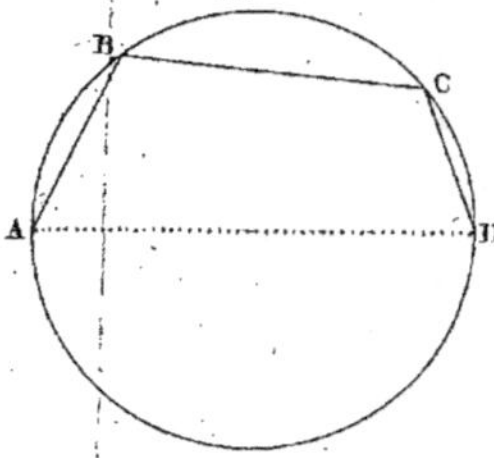

Fig. 29.

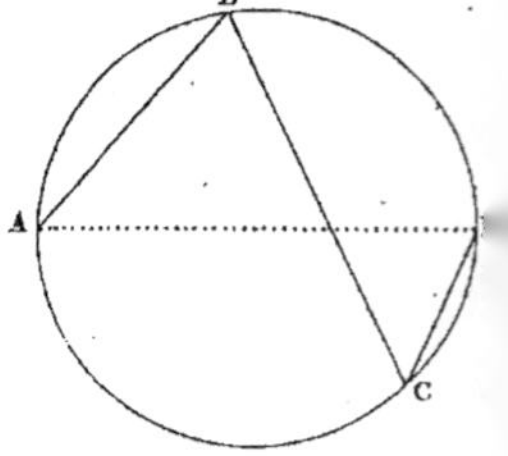

Fig. 31.

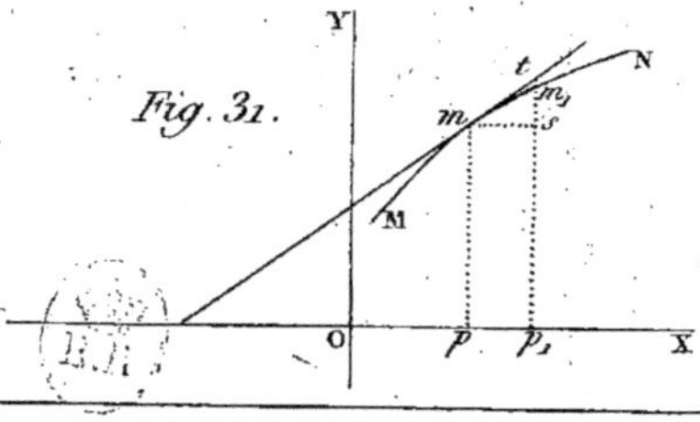

Fig. 32.

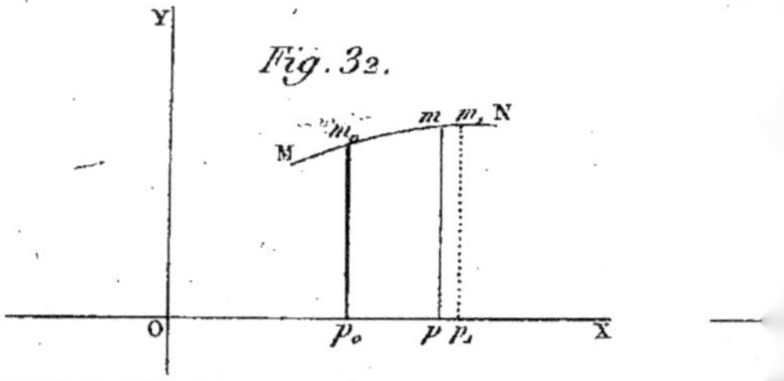

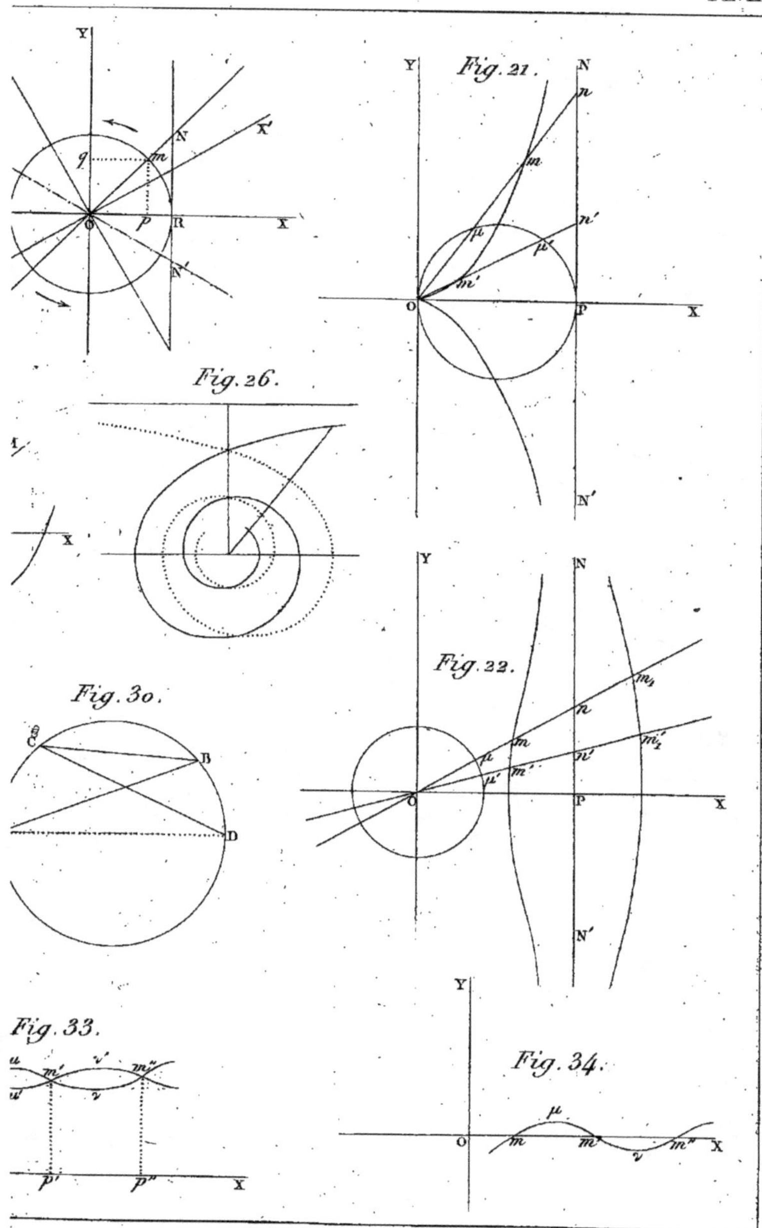

Fig. 21.
Fig. 26.
Fig. 30.
Fig. 22.
Fig. 33.
Fig. 34.
Durau sc.

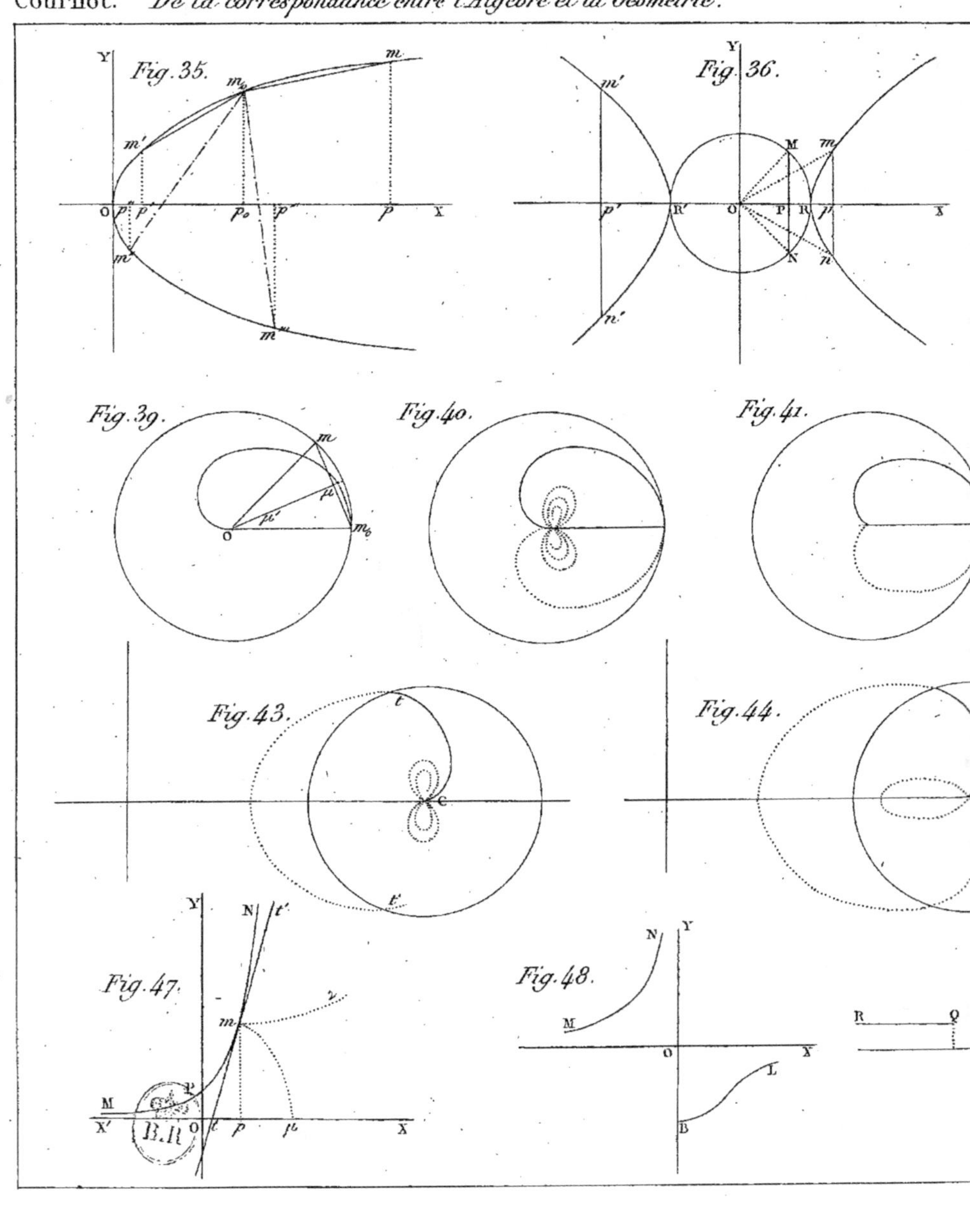

Fig. 35.
Fig. 36.
Fig. 39.
Fig. 40.
Fig. 41.
Fig. 43.
Fig. 44.
Fig. 47.
Fig. 48.

Fig. 37.

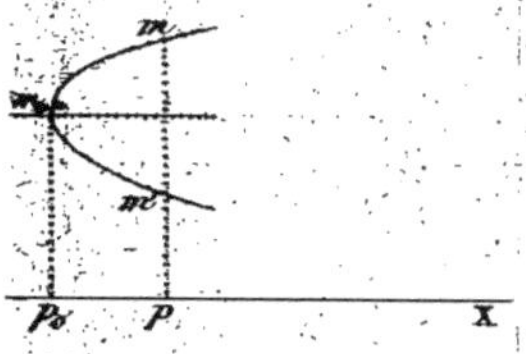

Fig. 38.

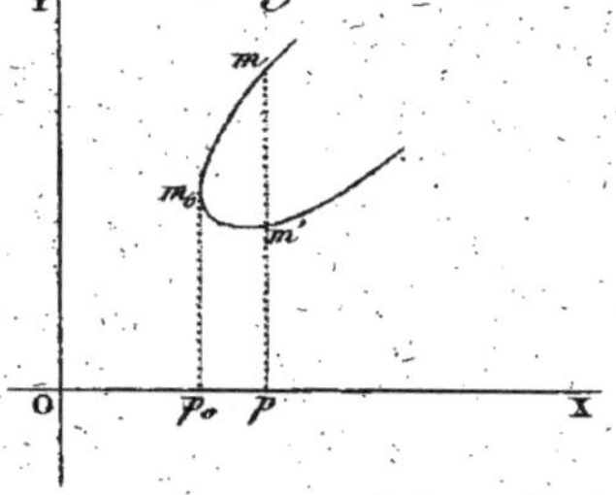

Fig. 42.

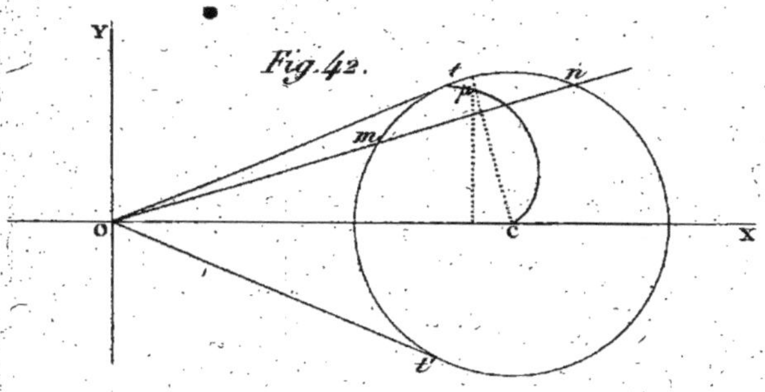

Fig. 45.

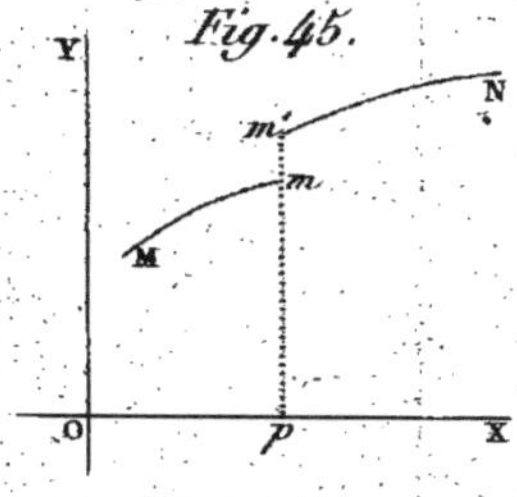

Fig. 46.

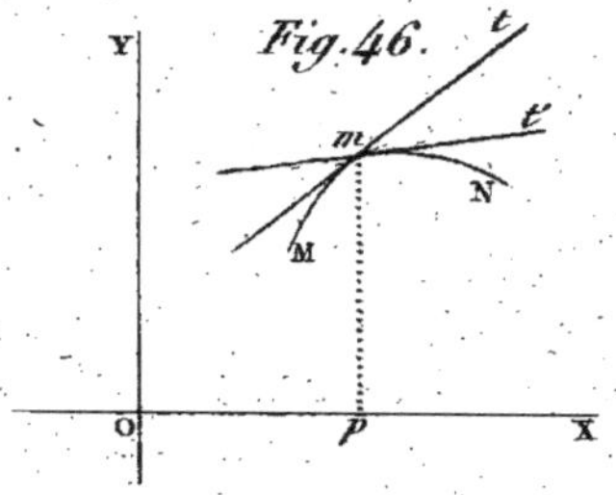

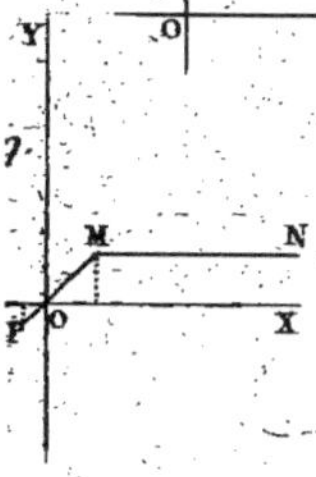

Fig. 50.

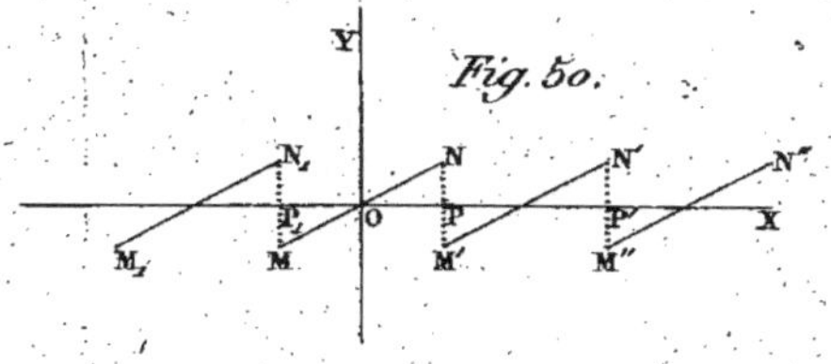

Durau sc.